■ 高等院校信息技术应用型系列教材

Java程序设计（第2版）

赖小平 主 编
林显宁 副主编

清华大学出版社
北 京

内容简介

Java是目前软件设计领域应用广泛且功能极为强大的编程语言，是网络时代最重要的程序设计语言之一。本书注重理论结合实践，采用循序渐进的方法，全面、系统地介绍Java SE的核心技术，使读者掌握面向对象的思想和面向对象的程序设计方法。全书共13章，内容包括Java语言概述、Java语法基础、Java程序流程控制、数组与字符串、类与对象、类的继承与多态、抽象类与接口、异常处理、文件的读/写、Java SE API常用类、泛型与集合、图形用户界面GUI和多线程(篇幅所限，JDBC数据库编程和Java网络编程通过二维码扫描阅读方式提供)。每章除讲解大量的例题外，还深入、透彻地分析若干综合实例，内容涵盖当前章节的主要知识点。书中的典型案例有简易计算器、猜数游戏、超级大乐透彩票开奖、手机接口的定义和实现、信号灯程序、简易记事本、学生信息管理系统等。

本书概念清晰，结构合理，叙述简明易懂，适合应用型本科、高职高专院校学生使用。无论是编程新手，还是具有编程基础的读者，都可以从书中获得新知识。

图书在版编目(CIP)数据

Java程序设计/赖小平主编.—2版.—北京：清华大学出版社，2021.6(2023.9重印)
高等院校信息技术应用型系列教材
ISBN 978-7-302-56059-3

Ⅰ.①J… Ⅱ.①赖… Ⅲ.①JAVA语言－程序设计－高等学校－教材 Ⅳ.①TP312.8

中国版本图书馆CIP数据核字(2020)第126966号

责任编辑：刘翰鹏
封面设计：傅瑞学
责任校对：袁　芳
责任印制：丛怀宇

出版发行：清华大学出版社
网　　址：http://www.tup.com.cn，http://www.wqbook.com
地　　址：北京清华大学学研大厦A座　　**邮　　编**：100084
社 总 机：010-83470000　　**邮　　购**：010-62786544
投稿与读者服务：010-62776969，c-service@tup.tsinghua.edu.cn
质量反馈：010-62772015，zhiliang@tup.tsinghua.edu.cn
课件下载：http://www.tup.com.cn，010-83470410
印 装 者：三河市天利华印刷装订有限公司
经　　销：全国新华书店
开　　本：185mm×260mm　　**印　　张**：22　　**字　　数**：531千字
版　　次：2017年4月第1版　2021年6月第2版　　**印　　次**：2023年9月第4次印刷
定　　价：68.00元

产品编号：088651-01

前言

Java是一种完全面向对象的程序设计语言，具有卓越的通用性、高效性、平台移植性和安全性，从而得到广泛的应用。在全球云计算和移动互联网产业高速发展的环境下，Java具备显著的优势和广阔前景。本书以Java SE 7.0为基础，注重可读性和实用性，全面、系统地介绍Java SE的核心技术。通过条理清晰的知识归纳和通俗易懂的实例讲解，帮助学生快速掌握Java SE的核心技术，并能够使用Java解决一般问题。

全书共分13章。第1章主要介绍Java语言的特点、运行机制和应用领域，以及Java开发环境与开发工具。第2～4章介绍Java基本语法：标识符与关键字，变量，运算符与表达式，顺序、选择、循环三种流程控制，Java方法，数组与字符串。第5章主要介绍类和对象的关系、类的定义、构造方法、成员变量和局部变量、对象的创建等知识点。第6章主要介绍类的继承与多态。第7章主要介绍抽象类与接口的概念，以及包的使用。第8章探讨如何解决Java的异常处理问题。第9章主要介绍Java标准程序库中各种处理I/O操作的类的用途及使用方法。第10章介绍Java SE API文档中一些常用类和接口的用法。第11章介绍泛型，讲解常见的集合框架用法。第12章主要讲述Java的图形界面技术，包括窗口、组件和菜单设计、布局管理器等。第13章主要介绍线程的概念、创建、常用方法及同步等知识。

受篇幅所限，本书通过二维码扫描阅读方式提供JDBC数据库编程和Java网络编程。JDBC数据库编程介绍Access数据库、JDBC的概念、Java中数据库的常用连接方式、数据库访问，以及数据库的查询、添加、更新和删除操作。通过简单的数据库操作实例，介绍Java中使用JDBC访问数据库的编程基础。Java网络编程介绍网络编程中的URL类、InetAddress类、TCP程序设计、UDP程序设计，并通过案例Echo程序加强知识应用。学习者可在学完本书文字内容后扫描前言下方的二维码获取。

本书的例题全部在JDK 1.7环境下编译通过。

本书由广东交通职业技术学院赖小平和广东理工学院林显宁策划和统稿，并与广东理工学院李小莲、向志华、陈雪娟、彭雄新、陈伟莲共同完成书稿的编写和审核工作。其中，第1章和第2章由李小莲编写；第3章由林显宁编写；第4～6章和第11章由赖小平编写；第8章和第9章由向志华编写；第10章由陈伟莲编写；第7章和第12章由陈雪娟编写；第13章由彭雄新编写。

本书内容在超星“学习通”平台创建了在线课程，需要在线课程的学习者可自主加入在线学习。

由于编者水平有限,书中难免有不足之处,恳请广大师生、读者批评、指正。

编　者
2020年12月

JDBC数据库编程.pdf

Java网络编程.pdf

目录

第 1 章

Java 语言概述

Java 是一种面向对象的程序设计语言。本章首先介绍 Java 的发展历程，让读者对 Java 有基本的认识，了解 Java 的特点和运行机制；然后详细讲解 Java 开发环境的搭建和开发流程，包括一些基本的注意事项。

学习目标

- 认识 Java，并了解其发展历程。
- 熟悉 Java 语言的特点及应用领域。
- 掌握安装并配置 Java 开发环境的方法。
- 掌握 Java 中 Path 及 classpath 属性的作用。
- 能够编写并运行一个简单的 Java 程序。
- 掌握 Java 的开发流程。
- 了解常用的 Java 开发工具。

1.1 认识 Java

1.1.1 什么是 Java

在认识 Java 之前，先了解两个基本概念。

1. 软件开发

软件开发是根据用户要求建造软件系统或者系统中的软件部分的过程。软件开发是一项包括需求捕捉、需求分析、设计、实现和测试的系统工程。软件是一系列按照特定顺序组织的计算机数据和指令的集合，分为系统软件和应用软件。软件一般使用某种程序设计语言来实现，通常采用相应的开发工具进行开发。

开发出来的软件系统可以帮助人们解决和处理各种问题，必然产生人机交互。人机交互方式有两种：图形用户界面(graphical user interface，GUI)和命令行界面(command line interface，CLI)。第一种方式简单直观，用户易于接受，容易上手操作，如 Windows 操作系统；第二种方式需要一个控制台，用户输入特定的指令，让计算机完成操作，较为麻烦，需要用户记住一些命令，如 DOS 操作系统。

2. 计算机语言

语言是人与人之间用于沟通的一种方式。例如，中国人与中国人用普通话沟通；中国人要和英国人交流，需要学习英语。计算机语言是人与计算机交流的方式。如果人要与计算机交流，需要学习计算机语言。计算机语言有很多种，如 C、C++、Java、PHP 等。

Java 是 Sun 公司（全称 Stanford university network，于 1982 年成立。2009 年 4 月 20 日，被甲骨文公司以约 74 亿美元收购）开发的一套编程语言，主设计者是 James Gosling（见图 1-1），最早来源于一个叫 Green 的项目。这个项目最初的目的是为家用电子消费产品开发一个小巧、易用、安全稳定、与平台无关的分布式代码系统，以便通过网络对家用电器进行控制。一开始，Sun 公司的工程师们准备采用 C++ 语言来开发，但由于 C++ 过于复杂，安全性差，于是他们决定基于 C++ 开发一种符合自己要求的新语言。1991 年 4 月，历时 18 个月，新语言的第一个版本诞生了。命名时，James Gosling 看到窗口的橡树（见图 1-2），遂为其取名为 Oak，希望它能够有橡树一般坚强的生命力。后来，他发现 Oak 是 Sun 公司另外一种语言的注册商标，于是 1995 年将这种新语言更名为 Java，即太平洋上一个盛产咖啡的岛屿的名字。Java 是一种用于网络的，精巧而安全的语言，使程序能够最大限度地利用网络资源。

图 1-1　James Gosling

图 1-2　印度橡树

Java 语言发展到今天，有多个版本。1995 年 5 月 23 日，Sun 公司推出 JDK 1.0 版，标志着 Java 正式进军 Internet。1998 年，Sun 公司对 JDK 1.0 升级，并推出 JDK 1.2 的开发包，加入大量的轻量级组件包。从此，Java 正式命名为 Java 2。

Java 语言经历了以下 3 个发展方向。

（1）J2SE（Java 2 platform standard edition）：包含构成 Java 语言核心的类，如数据库连接、接口定义、输入/输出和网络编程，主要用于开发一般个人电脑上的应用软件。

（2）J2ME（Java 2 platform micro edition）：包含 J2SE 中的一部分类，用于消费类电子产品的软件开发，如呼机、智能卡、手机、PDA 和机顶盒。

（3）J2EE（Java 2 platform enterprise edition）：即 Java 企业版，包含 J2SE 中的所有类，还包含用于开发企业级应用的类，如 EJB、Servlet、JSP、XML 和事务控制，也是现在 Java 应用的主要方向，用于开发企业级应用软件。

上述 3 项中的核心部分是 J2SE，J2ME 和 J2EE 是在 J2SE 基础上发展起来的。

【注】在 2005 年“Java 十周年大会”之后，上述 3 门技术被重新命名。

（1）J2SE 更名为 Java SE。

（2）J2ME 更名为 Java ME。

（3）J2EE 更名为 Java EE。

1.1.2 Java语言的特点

Java总是和C++联系在一起,而C++是从C语言派生而来的,所以Java语言继承了这两种语言的大部分特性。Java的语法从C语言继承而来,Java许多面向对象的特性都受到C++的影响。事实上,Java中的几个自定义特性都来自或可以追溯到它的这些前驱语言。略有不同的是,Java语言完全面向对象,摒弃了C和C++的不足。Java语言的诞生与过去近30年中计算机语言的不断改进和发展密切相关。

Sun公司在《Java白皮书》中对Java的定义是:"Java: A simple, object-oriented, distributed, interpreted, robust, architecture-neutral, secure, portable, high-performance, multi-threaded, and dynamic language."即Java是一种具有简单、面向对象、分布式、解释型、健壮、安全、与体系结构无关、可移植、高性能、多线程和动态执行等特性的语言。下面简述Java的主要特性。

1. 简单易用

Java语言是一种相当简洁的面向对象程序设计语言,它省略了C++语言中所有难以理解、容易混淆的特性,如头文件、指针、结构、单元、运算符重载和虚拟基础类等,更加严谨、简洁。

Java源代码的书写不拘泥于特定的环境,可以使用记事本、文本编辑器等;将源文件编译后,可直接运行;再通过调试,得到预期的结果。

此外,Java可以自动完成垃圾收集工作,回收不再使用的内存,使用户无须担心内存管理之类的事情。

2. 面向对象

面向对象是指以对象为基本粒度,其下包含属性和方法。对象的说明用属性表达,通过使用方法来操作这个对象。可以这么说,面向对象是软件工程学的一次革命,大大提升了人类的软件开发能力,是一个伟大的进步,是软件发展重大的里程碑。作为一种现代编程语言,是不能偏离面向对象这一方向的,Java语言也不例外。

Java是一种面向对象的语言,具有面向对象的诸多优点,如代码扩展、代码复用等。

3. 分布式

Java语言具有强大的、易于使用的联网能力,非常适合开发分布式计算的程序。Java应用程序可以像访问本地文件系统那样通过URL访问远程对象。

使用Java语言编写Socket通信程序比使用其他任何语言都要简单。它适用于公共网关接口(CGI)脚本的开发,还可以利用Java小应用程序(Applet)、Java服务器页面(Java server page,JSP)、Servlet等手段构建更丰富的网页。

4. 解释型

Java是一种解释型语言,相对于C/C++,用Java语言写出来的程序效率低,执行速度慢。但它可以通过在不同平台上运行Java解释器,解释Java代码,实现"一次编写,到处运行"的目标。为此,牺牲效率是值得的。而且,现在的计算机技术日新月异,运算速度也越来越快,用户不会感到太慢。

5. 健壮

Java语言在伪编译时做了许多早期潜在问题的检查,在运行时又做了一些相应的检

查，可以说是一种非常严格的编译器。它的这种“防患于未然”的手段将许多程序中的错误扼杀在“摇篮”之中，使许多在其他语言中必须通过运行才会暴露出来的错误，在编译阶段就被发现了。

另外，Java 语言具备保证程序稳定、健壮的特性，有效地减少了错误，使 Java 应用程序更加健壮。

6. 具有较高的安全性

人们设计 Java 语言时，在安全性方面考虑得很仔细，做了许多探究，使其成为目前非常安全的一种程序设计语言。

对 Java 来说，安全性分为 4 个层面，即语言级安全性、编译时安全性、运行时安全性和可执行代码安全性。语言级安全性指 Java 的数据结构是完整的对象，这些封装过的数据类型具有安全性。编译时，要检查 Java 语言和语义，保证每个变量对应一个值，编译后生成 Java 类。运行时，Java 类需要使用类加载器载入，由字节码校验器校验之后才可以运行。Java 类在网络上使用时，对其权限进行了设置，以保证被访问用户的安全性。

7. 可移植性

对于程序员而言，写出来的程序如果不需要修改就能够同时在 Windows、Mac OS、UNIX 等平台上运行，简直就是美梦成真，Java 语言让这个原本遥不可及的事越来越近。使用 Java 语言编写的程序，只需较少的修改，甚至有时根本不需修改，即可在不同的平台上运行。

8. 拥有较高的性能

由于 Java 是一种解释型语言，其执行效率就会低一些，但采取下述两种措施，可使其拥有较高的性能。

（1）Java 语言源程序编写完成后，先使用 Java 伪编译器进行伪编译，将其转换为中间码（也称为字节码）再解释。

（2）提供了一种即时（just-in-time，JIT）编译器。当需要更快的速度时，使用 JIT 编译器将字节码转换成机器码，将其缓冲下来，速度就会更快。

9. 具有多线程处理能力

线程是一种轻量级进程，是现代程序设计中必不可少的一种特性。多线程是指允许一个应用程序同时存在两个或以上的线程，用于支持事务并发和多任务处理。多线程处理能力使程序具有更好的交互性和实时性。

Java 在多线程处理方面性能超群，除了内置的多线程技术之外，还定义了一些类、方法等来建立和管理用户定义的多线程，具有让用户惊喜的强大功能，而且在 Java 语言中进行多线程处理也很简单。

10. 是一种动态语言

Java 是一种动态的语言，表现在以下两个方面。

（1）在 Java 语言中，可以简单、直观地查询运行时的信息。

（2）可以将新代码加入到正在运行的程序中。

1.1.3 Java 程序的运行机制

在 Java 中处理代码的过程如图 1-3 所示。

从图 1-3 中可以看出，Java 源文件的扩展名为.java，通过编译，生成 *.class 文件，在计

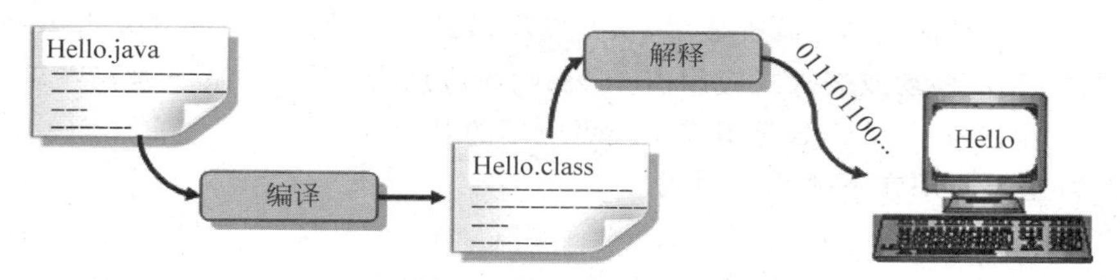

图 1-3 Java 程序的运行机制

算机上执行。此时执行 *.class 的计算机并不是物理上可见的，而是 Java 自己设计的一台计算机——Java 虚拟机(Java virtual machine,JVM)。Java 通过 JVM 进行可移植性操作。

在 Java 中，所有的程序都在 JVM 上运行。JVM 是在一台计算机上由软件或硬件模拟的计算机，它读取并处理编译过的、与平台无关的字节码 *.class 文件。Java 解释器负责将 Java 虚拟机的代码在特定的平台上运行。JVM 的基本原理如图 1-4 所示。

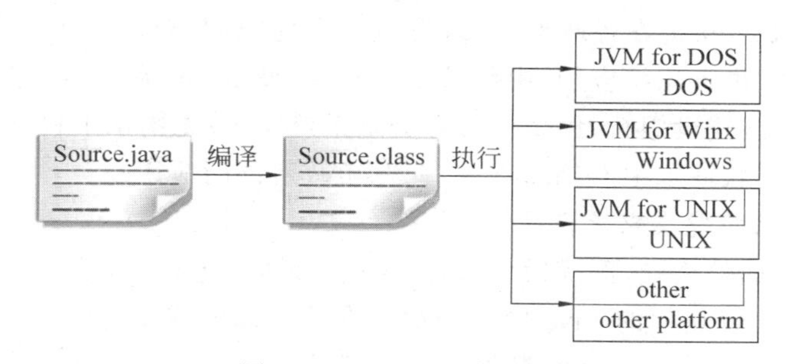

图 1-4 JVM 的基本原理

从图 1-4 中可以发现，所有的 *.class 文件都在 JVM 上运行，即 *.class 文件只需要认识 JVM，由 JVM 去适应各个操作系统。如果不同的操作系统安装了符合其类型的 JVM，那么程序无论在哪个操作系统上都可以正确地执行。

有些读者可能很难理解以上的解释。其实这个过程类似于下述情景：有一位中国富商，同时要和美国、韩国、俄罗斯、日本、法国、德国等几个国家的客户洽谈生意，可是他不懂这些国家的语言，所以他针对每个国家都请了一位翻译。他只对翻译说话，不同的翻译就会将他说的话译给相应的客户。这样，富商只需要对各位翻译说话，就可以同几个国家的客户进行沟通。

【注】 Java 的两种核心机制如下所述。

(1) Java 虚拟机(Java virtal machine)，是一台利用软件方法实现的虚拟的计算机，具有指令集，并使用不同的存储区域，负责执行指令，管理数据、内存、寄存器。对于不同的平台，有不同的虚拟机。Java 虚拟机屏蔽了底层运行平台的差别，实现了“一次编译，到处运行”。

(2) 垃圾收集机制(garbage collection)，即回收不再使用的内存空间。在 C/C++ 等语言中，由程序员负责回收无用内存。Java 语言撤销了程序员回收无用内存空间的责任，它提供一种系统级线程来跟踪存储空间的分配情况，并在 JVM 空闲时，检查并释放那些可被释放的存储空间。垃圾回收在 Java 程序运行过程中自动执行，程序员无法精确控制和干预。

1.1.4 Java 语言的应用领域

Java 技术自 1995 年问世以来，在我国的应用和开发迅速普及。总体来看，主要集中于

企业应用开发。根据有关单位调查显示,从开发领域的分布来看,Web 开发占了一半以上,为 57.9%;Java ME 移动或嵌入式应用占 15%;C/S 应用占 11.7%;系统编程占 15.4%。近 30%的开发者用 Java 从事 C/S 应用或系统级应用的开发。

Java 语言主要应用在下述几个领域。

1. 行业和企业信息化

由于 Sun、IBM、Oracle、BEA 等国际厂商相继推出基于 Java 技术的应用服务器以及各种应用软件,带动了 Java 在金融、电信、制造等领域日益广泛的应用。例如,清华大学计算机系利用 Java、XML 和 Web 技术研制开发了多个软件平台,东方科技的 Tong Web、金蝶的 Apusic、中创的 Inforweb 等 J2EE 应用服务器,以及和佳 ERP 和宝信 ERP 等 ERP 产品,在许多企业得到应用。

2. 电子政务及办公自动化

东方科技、金蝶、中创等公司开发的 J2EE 应用服务器在电子政务及办公自动化中广泛应用。例如,金蝶的 Apusic 在民政部、广东省市工商局应用;东软电子政务架构 EAP 平台在社会保险、公检法、税务系统应用;中创的 Inforweb 等 Infor 系列中间件产品在国家海事局、山东省政府及中国建设银行、民生银行等金融系统应用;无锡永中科技基于 Java 平台开发的国产化集成办公软件永中 Office 在一些省、市政府部门应用。

3. 嵌入式设备及消费类电子产品

无线手持设备、通信终端、医疗设备、信息家电(如数字电视、机顶盒、电冰箱)、汽车电子设备等是近几年来比较热门的 Java 应用领域。在这方面的应用有中国联通 CDMA 1X 网络中基于 Java 技术的无线数据增值服务——UniJa。

4. 辅助教学

在辅助教学方面,东南大学与中兴通信公司利用 Java 语言联合开发了远程教学系统,用于本地网上教学、课后学习和异地远程教育;清华大学利用 Java 语言进行了计算机软件基础课教学改革,分析、研究 Java 教学软件 BlueJ 的汉化方案;电子科技大学应用 Java RMI 技术进行远程教育;西安电力高等专科学校采用 Java 技术开发了交互式电站仿真系统,实现电站锅炉仿真、锅炉膛火焰仿真,为实现网上仿真进行了有益的探索。

1.2 Java 开发环境与开发工具

1.2.1 Java 开发环境

一台计算机上安装了 JVM,即可运行 Java 程序。但是要开发 Java 程序,还需建立 Java 开发环境。不同领域的 Java 开发应用所需的版本不同,本书使用 Java SE 开发环境。

1. Java SE 的组成

Java SE 是一个包含 Java 开发环境和运行环境的套件,由以下 3 项组成。

(1) Java development kit(JDK):Java 应用程序开发环境。

Java 不仅提供了丰富的语言和运行环境,还提供了一个免费的 Java 开发工具集,以便程序员开发 Java 开发工具包。Java 2 SDK 开发工具集如表 1-1 所示。

表 1-1 Java 2 SDK 开发工具集

工具名称	说明
javac	Java 编译器，用于将 Java 源程序编译成字节码
java	Java 解释器，用于解释、执行 Java 字节码
appletviewer	小应用程序查看器，用于测试和运行 Java Applet 程序
javadoc	Java 文档生成器
jdb	Java 调试器
javap	Java 类文件反汇编器
javah	C 文件生成器，实现在 Java 类中调用 C++ 代码

JDK 中除了包括 Java 开发工具以外，还包括 JRE，所以安装了 JDK，就不用单独安装 JRE 了。

(2) Java runtime environment(JRE)：Java 应用程序运行环境，包括 Java 虚拟机和 Java 程序所需要的核心类库等。如果仅需运行开发好的 Java 程序，计算机只需要安装 JRE。

(3) Java plug-in：Java 插件。

JVM、JRE 与 JDK 的关系如图 1-5 所示。

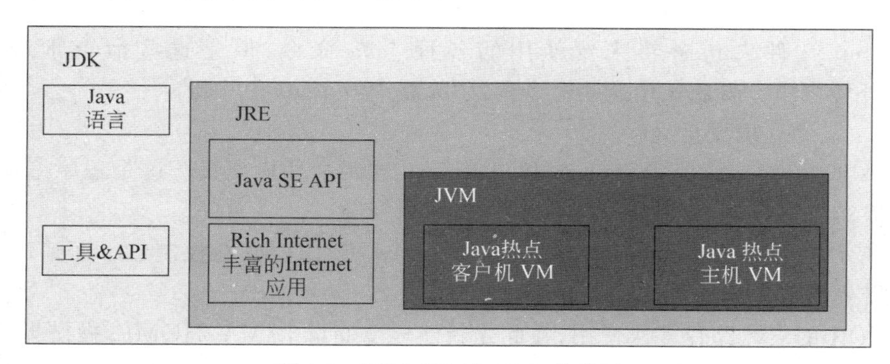

图 1-5 JVM、JRE 与 JDK 的关系

2. 建立 Java SE 开发环境

步骤 1：安装 JDK(本书使用 JDK 1.6 版本)。

(1) 准备好 JDK 的安装文件 jdk-6u18-windows-i586se.exe。从 Oracle 公司的网站(http://www.oracle.com/technetwork/java/javase/downloads/index-jsp-138363.html)下载 JDK 工具包。

(2) 运行.exe 文件，安装 JDK。默认安装在 C:\Program Files\Java 文件夹下，本书更改安装在 D:\Java 文件夹下。

(3) 按照安装向导的提示，完成安装，即可看到如图 1-6 所示的文件夹。

① bin：一些执行文件，包括 Java 的编译器、解释器和工具。

② demo：各种演示的实例。

③ lib：保存的库文件。

④ include：Win32 子目录，都是本地文件。

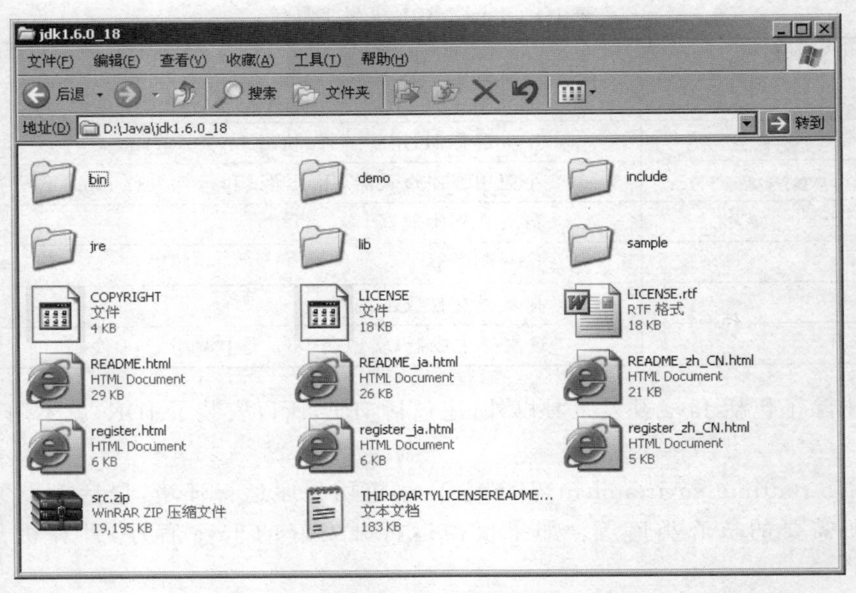

图 1-6　安装 JDK 后的文件夹

⑤ jre：Java 程序运行环境的根目录。

其中，bin 文件夹包含将来要使用的各种 Java 命令，但是这些命令本身并不在 Windows 环境之中。要想使用这些命令，必须先在 Windows 中注册。

步骤 2：设置环境变量。

在 JDK 安装完毕后，需设置 path 和 classpath 这两个环境变量。这是程序编译和运行的重要保证。

path 指示 Java 命令的路径，如 javac、java、javaw 等。这样，在控制台下面编译、执行程序时就不需要再输入路径了。

由于 JDK 的安装路径多次使用，在此先新建环境变量 JAVA_HOME，操作步骤如下：

(1) 选择“我的电脑”→“属性”命令，在打开的窗口中选择“高级系统设置”命令，打开“系统属性”对话框，如图 1-7 所示。

(2) 选择“高级”选项卡，然后单击“环境变量”按钮，打开“环境变量”对话框，如图 1-8 所示。

(3) 单击“系统变量”栏中的“新建”按钮，弹出“编辑系统变量”对话框。在“变量名”文本框中输入 JAVA_HOME，在“变量值”文本框中输入 C:\Java\jdk1.7.0_03，如图 1-9 所示。

path 环境变量包含在 Windows 系统里，修改一下，使其指向 JDK 的 bin 文件夹，即在“环境变量”对话框中单击“系统变量”栏中的“编辑”按钮，弹出“编辑系统变量”对话框，然后在“变量值”文本框的最前面加上路径，再用“;”将后面的路径分隔开，如“%JAVA_HOME%\bin;”，如图 1-10 所示。

注意：

环境变量的各变量值之间需用分号分隔。

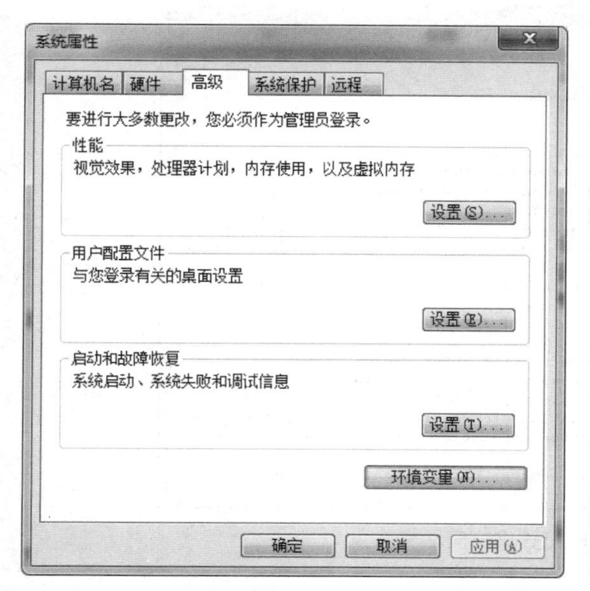

图 1-7 “系统属性”对话框

图 1-8 “环境变量”对话框

图 1-9 设置 JAVA_HOME 路径

图 1-10 设置 Path 路径

classpath 是类库的默认搜索路径，即告诉 JVM 要使用或者执行的 *.class 文件所在的文件夹。这是专门针对 Java 的，故系统里没有这个环境变量，需要进行手动加入。classpath 的设置流程为：在“环境变量”对话框中单击“系统变量”栏中的“新建”按钮，弹出“编辑系统变量”对话框；然后在“变量名”文本框中输入 classpath，在“变量值”文本框中输入.;%JAVA_HOME%\lib\dt.jar;%JAVA_HOME%\lib\tools.jar，如图 1-11 所示。注意，最前面是“.;”，这告诉 JDK，搜索类时，先查找当前文件夹的.class 文件。

图 1-11 设置 classpath 路径

最后，单击“确定”按钮，保存设置。启动 cmd 命令行方式，输入 javac，如果出现如图 1-12 所示的内容，则表示 JDK 配置成功。

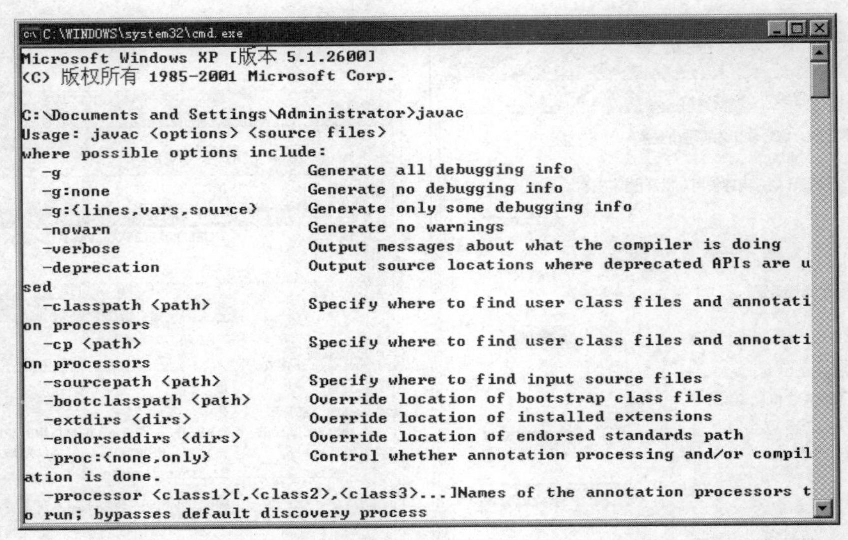

图 1-12　JDK 配置成功演示

注意 1：修改 Path 与 classpath 之后，要重新启动命令行方式。

在进行环境设置时，可能出现“此命令不是系统内部命令”的提示，原因是在配置环境属性之前，命令行方式已经启动，之后再配置 Path 路径和 classpath 路径，于是该环境肯定无法立即生效。此时重新启动命令行方式，可以把新的设置读取进来。

注意 2：javac 与 java 命令的作用。

javac.exe 是 Java 本身提供的编译命令，主要目的是将 *.java 文件编译成 *.class 文件。java.exe 是 Java 提供的解释命令，主要用于解释、执行字节码文件。

1.2.2　Java 开发工具

学过程序设计的人都知道，使用 Basic 语言进行程序设计，可以使用 QBasic、Visual Basic 等开发工具；使用 C 语言进行程序设计，可以使用 Turbo C、Visual C++、C++ Builder 等开发工具。这些开发工具集成了编辑器和编译器，是集成开发工具，使用较方便。学习 Java 程序设计，同样需要方便、易用的开发工具。

Java 的开发工具很多，而且各有优缺点，初学者往往不知道有哪些常用的开发工具，或者由于面临的选择比较多而产生困惑。目前，比较流行的 Java 开发工具有 EditPlus、JCreator、Eclipse、MyEclipse、JBuilder、NetBeans 等。下面介绍几款常用的开发工具，以便初学者掌握并做出选择。

1. 文本编辑器 EditPlus

EditPlus 是功能全面的文本、HTML、程序源代码编辑器，默认支持 HTML、CSS、PHP、ASP、Perl、C/C++、Java、JavaScript 和 VBScript 的语法着色。通过定制语法文件，还可以扩展到其他程序语言。EditPlus 编辑界面如图 1-13 所示。

EditPlus 是共享软件，它的官方网址是 www.editplus.com，最新版本是 EditPlus 3.31。

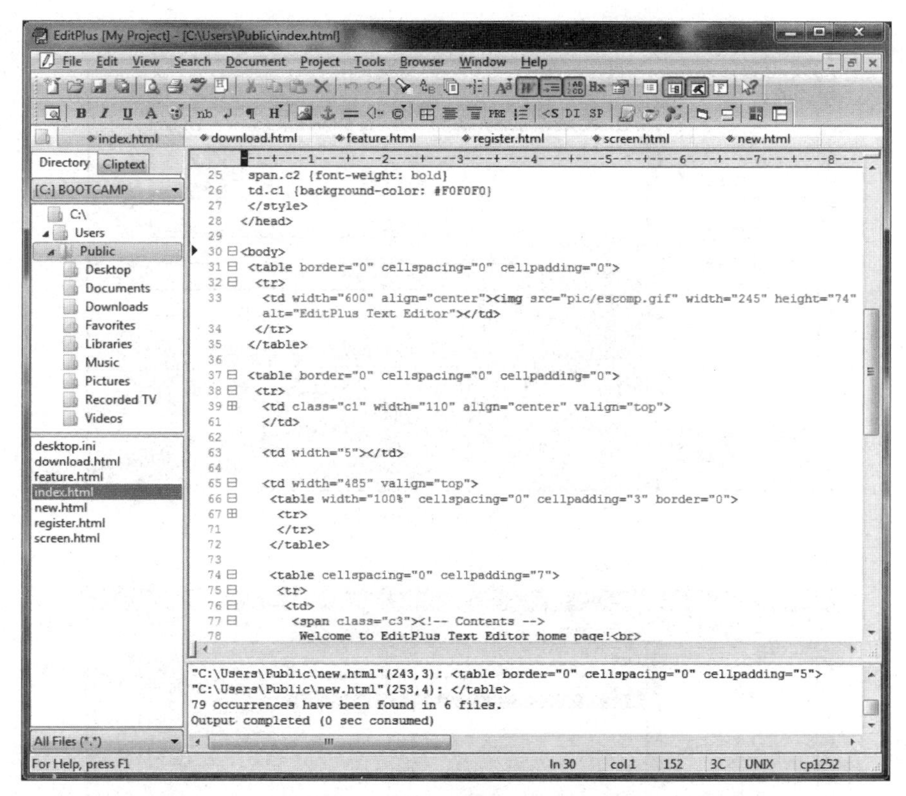

图 1-13　EditPlus 编辑界面

它具有启动速度快、界面简洁、完善的代码高亮、代码折叠、多文档编辑界面等优点。

另外，为了便于 Java 程序开发，可以在 Tools 菜单的 Configure User Tools 菜单项配置用户工具。配置好 Java 编译器 Javac 和解释器 Java 之后，通过 EditPlus 的菜单可以直接编译执行 Java 程序。

在配置 EditPlus 之前，先将 Java 的运行环境安装且调试好。单击菜单“工具(Tools)”→“配置用户工具...”命令，然后选择“组和工具项目”中的 Group 1，再单击面板右边的“组名称...”按钮，将文本“Group 1”修改为“Java 编译程序”。接着单击“添加工具”按钮，再选择“程序”，修改其属性。

1）添加编译功能

“菜单文本”的内容修改为 Javac；在“命令”中，选择安装 JDK 后的 bin 文件夹中的编译器 javac.exe，路径为 D:\Java\jdk1.6.0_18\bin\javac.exe；“参数”项选择“文件名”，即显示为 $(FileName)；“初始目录”项选择“文件目录”，显示为 $(FileDir)；最后选中“捕捉输出”复选框，界面如图 1-14 所示。

2）添加执行功能

将“菜单文本”的内容修改为 Java；在“命令”中，选择安装 JDK 后的 bin 目录中的编译器 java.exe，路径为 D:\Java\jdk1.6.0_18\bin\java.exe；在“参数”中选择“不带扩展名的文件名”，显示为 $(FileNameNoExt)；在“初始目录”中选择“文件目录”，显示为 $(FileDir)。注意，不要选中“捕捉输出”复选框，否则将弹出命令控制台，界面如图 1-15 所示。

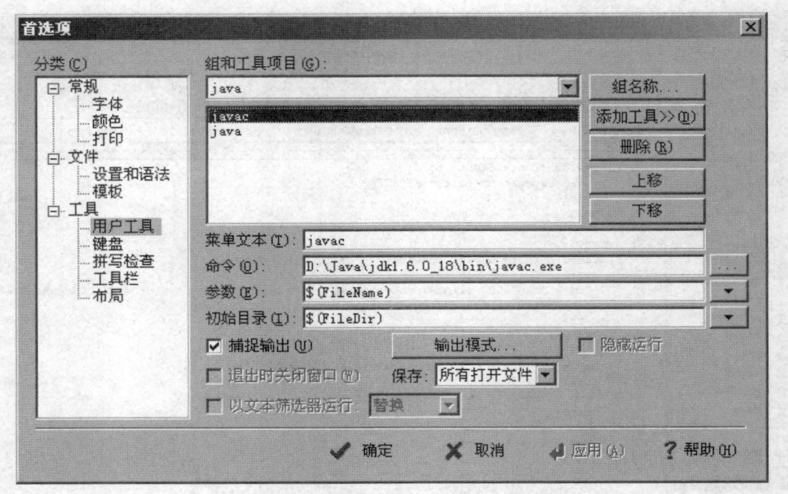

图 1-14　添加编译功能界面

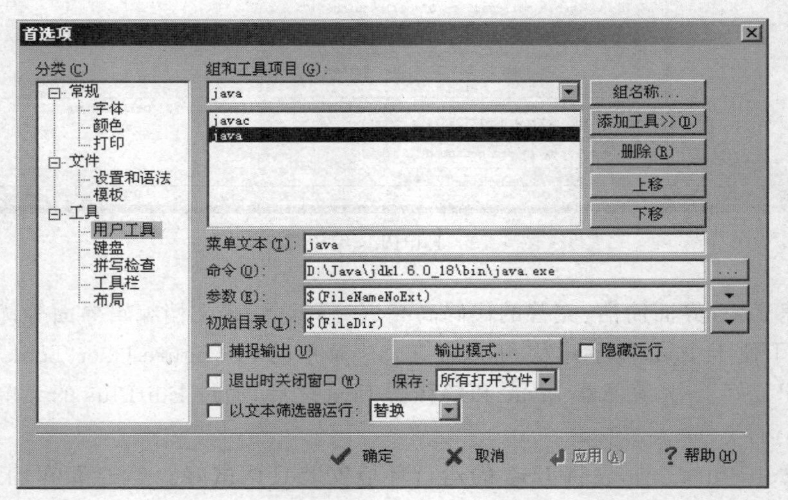

图 1-15　添加执行功能界面

至此，完成 EditPlus 的基本设置，可以写一段 Java 程序进行调试。按 Ctrl+1 组合键进行编译，按 Ctrl+2 组合键运行程序，错误提示显示在输出窗口中。双击某一行错误信息，EditPlus 自动定位到出错行，弹出简单的 Java IDE 界面。EditPlus 是一款非常适合初学者用于开发与学习的工具。除特殊说明外，本书所讲实例都是使用该工具编写、调试的。

2. JCreator

JCreator 是一个用于 Java 程序设计的集成开发环境（IDE），具有编辑、调试、运行 Java 程序的功能，其官方网址是 www.jcreator.com。当前版本是 JCreator 5.0，又分 LE 和 Pro 版本。该软件比较小巧，对硬件要求不是很高，完全用 C++ 语言编写，速度快，效率高，具有语法着色、代码自动完成、代码参数提示、工程向导、类向导等功能。第一次启动 JCreator 时，提示设置 Java JDK 主目录及 JDK JavaDoc 目录。软件自动设置类路径、编译器及解释器路径，还可以在“帮助”菜单中使用 JDK Help。通过 JCreator，不用激活主文档，就可以直接编译或运行 Java 程序。

JCreator 的最大特点是与机器中所装的 JDK 完美结合，这是其他任何一款 IDE 不能比拟的。它是一种初学者很容易上手的 Java 开发工具，但只能用于简单的程序开发，对中文支持性不好，不支持企业 J2EE 的开发。

3. Eclipse

Eclipse 是一种可扩展的开放源代码 IDE。它允许在同一个 IDE 中集成来自不同供应商的工具，并实现工具之间的互操作性，从而显著改善项目工作流程，使开发者专注于实际的嵌入式目标。其官方网址是 www.eclipse.org。Eclipse 的最大特点是它能接受由 Java 开发者自己编写的开放源代码插件，这类似于 Microsoft Visual Studio。Eclipse 为工具开发商提供了更好的灵活性，使他们能更好地控制自己的软件技术。Eclipse 是一款非常受欢迎的 Java 开发工具，所以使用者越来越多，Eclipse 工作界面如图 1-16 所示。

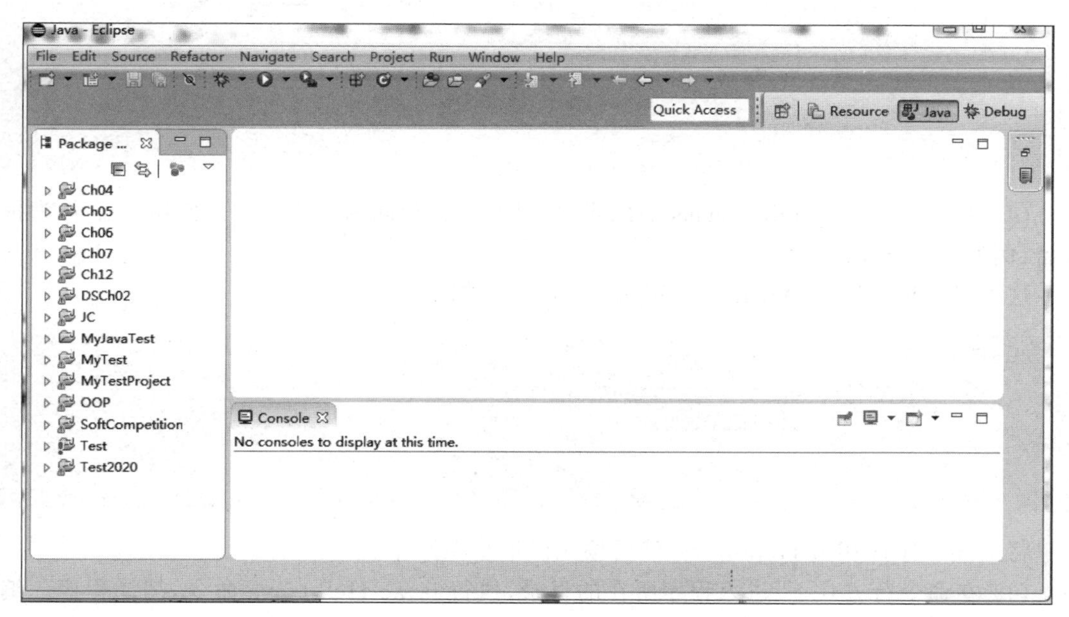

图 1-16　Eclipse 工作界面

1.2.3　Java 程序开发过程

Java 程序分为两种类型，一种是 Application 程序；另一种是 Applet 程序。其中，有 main()方法的主要是 Application 程序，又分为控制台应用程序和 GUI 应用程序。本书主要讲解 Application 程序，Applet 程序主要应用于网页编程，现在基本不再使用。

Java 程序的开发过程如图 1-17 所示。

首先，建立一个文本文档，包括符合 Java 规范的语句。

开发 Java 程序必须遵循下述基本原则。

(1) Java 区别大小写，即 Public 和 public 是不同的标识符。

(2) 用大括号({})将多条语句组合在一起，语句之间必须用分号隔开。

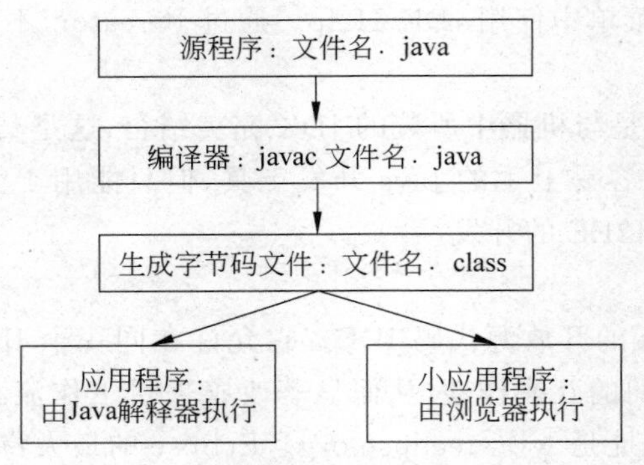

图 1-17 Java 程序的开发过程

(3) 一个可执行的应用程序必须包含下述基本框架。

```
public class Test{
    public static void main(String args[]) {
          ...;                                //程序代码
    }
}
```

(4) 文件名必须与 public class 后的类名相同(包括相同的大小写)，并使用.java 作为扩展名，例如 Test.java。

这里以输出“Hello World!!”字符串为例，代码如下：

```
public class Hello {
    public static void main(String args[]){
        System.out.println("Hello World!!");
    }
}
```

将上述程序保存为 Hello.java，然后按照以下步骤操作。

(1) 在命令行方式下，进入程序所在的目录，执行 javac Hello.java 命令，编译程序。编译完成后，发现在目录中多了一个字节码文件 Hello.class。这就是最终要使用的文件。

(2) 程序编译之后，输入 java Hello，执行程序，得到输出结果。

具体的操作过程可以参考图 1-18 完成。

图 1-18 运行 Hello.java 程序

程序输出结果如下：

```
Hello World!!
```

程序说明：

- public class 指明是一个公共类。最多只能有一个公共类。
- 在所有的 Java Application 中，所有程序都是从 public static void main(String args[])开始运行。刚接触的读者可能觉得有些难记，后面将详细讲解 main()方法的各个组成部分。main()方法有且只有一个，且严格按照格式定义。
- 一定要注意字母的大小写问题。在 Java 中是严格区分大小写的。
- 一定以公共类名相同的主文件名 Hello.java 存盘，且大小写一致。

此时如果对上述程序不明白也没有关系，只要将程序输入电脑，然后按照步骤编译、执行即可。这里只是让读者对 Java Application 程序有一个初步印象。

注意：新手常见错误。

(1) 编译时：

HelloWorld.java:7：类 helloworld 是公共的，应在名为 helloworld.java 的文件中声明

```
public class helloworld{}
```

产生这个错误的原因是类名与源文件名不一致。class 定义的类名为 helloworld，且用 public 修饰，故存放它的文件名必须为 helloworld.java，而且严格区分大小写。

(2) 运行时：

```
Exception in thread "main" java.lang.NoSuchMethodError: main
```

产生这个错误的原因是 main()方法定义错误。main()方法是程序的入口，其声明部分有严格规定，必须为 public static void main(String[] args)或 public static void main(String args[])。

1.3 Java程序举例

案例1 简单控制台应用程序

1. 案例要求

在屏幕上输出“你好，Java!”。

2. 案例分析

这是一个简单的 Java 控制台应用程序，在控制台屏幕中输出“你好，Java!”字符串。

3. 案例实现

(1) 启动 EditPlus，选择菜单“文件”→“新建”→Java 命令，根据 Java 模板创建源文件，如图 1-19 所示。

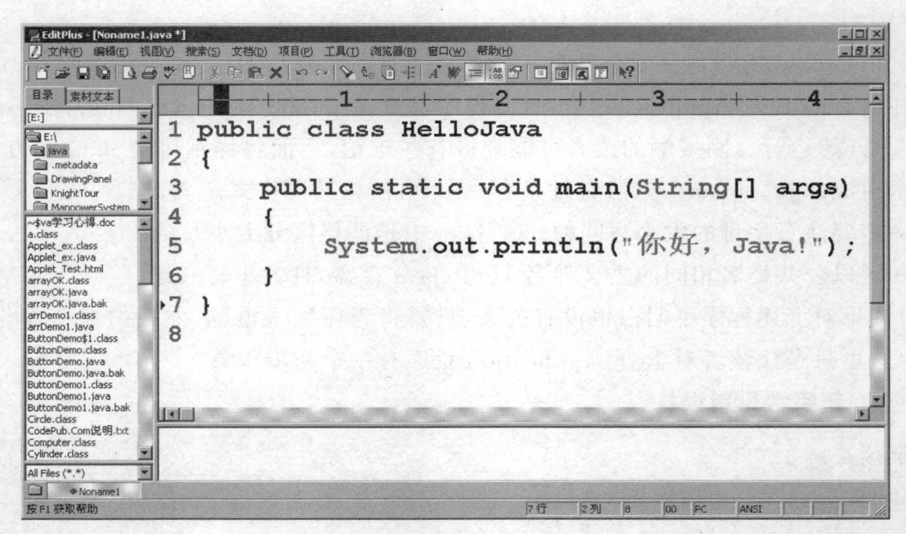

图 1-19　案例 1 的源代码

（2）将文件保存在文件夹 E:\java 下，命名为 HelloJava.java。

（3）按 Ctrl+1 组合键编译文件。文件编译成功，如图 1-20 所示，在当前文件夹下生成一个字节码文件 HelloJava.class。

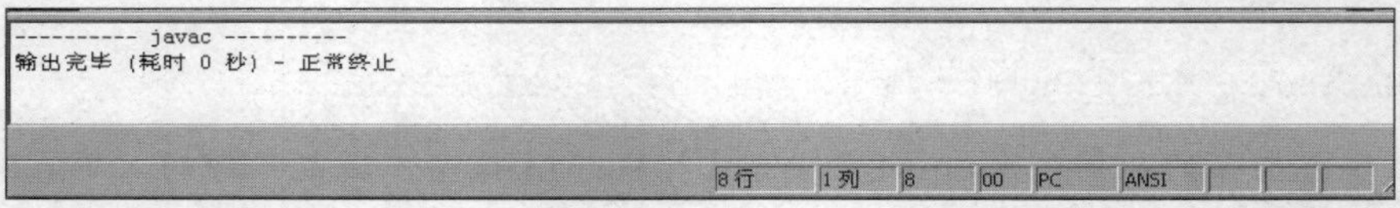

```
---------- javac ----------
输出完毕 (耗时 0 秒) - 正常终止
```

图 1-20　案例 1 编译成功

（4）按 Ctrl+2 组合键解释、执行字节码文件，在屏幕中输出“你好，Java!”，如图 1-21 所示。

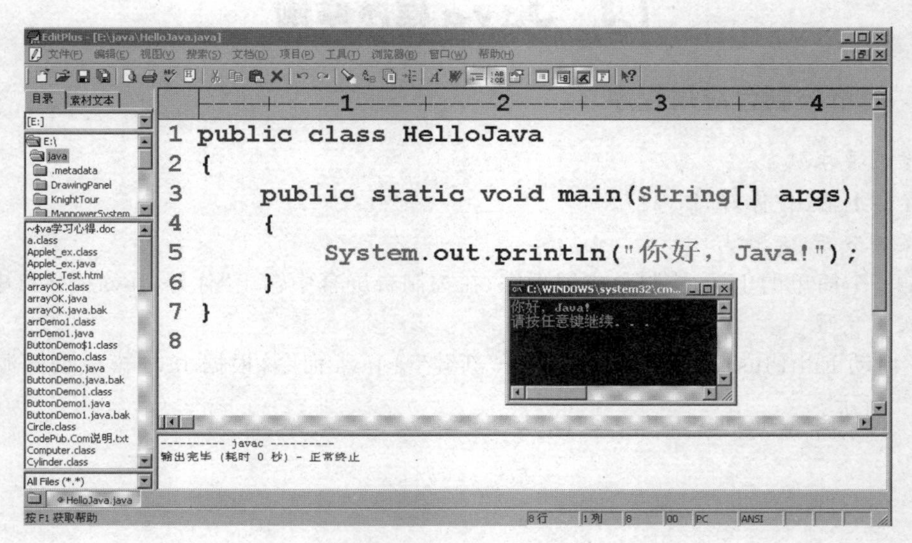

图 1-21　案例 1 的运行结果

注意：源文件命名。

有些用户在保存源文件的时候，没有注意命名规则，随意输入文件名，比如输入 A1.java，则编译时报错，如图 1-22 所示。

```
---------- javac ----------
A1.java:1: 类 HelloJava 是公共的，应在名为 HelloJava.java 的文件中声明
public class HelloJava
       ^
1 错误
```

图 1-22 源文件名命名错误

案例 2 简单 GUI 应用程序

1. 案例要求

在对话框中输出“Welcome to Java!”。

2. 案例分析

这是一个简单的 Java GUI 应用程序，在对话框中输出“Welcome to Java!”，需要用到 Java 的界面组件。本案例中使用 Swing 组件中的 JOptionPane 组件。

3. 案例实现

(1) 新建 Java 源文件 WelcomeJava.java，源代码如下：

```
import javax.swing.JOptionPane;
public class WelcomeJava {
    public static void main(String args[]){
        JOptionPane.showMessageDialog(null, "Welcone\n to \nJava !");
        System.exit(0);                    //退出程序
    }
}
```

程序说明：

- 程序第 1 行 import javax.swing.JOptionPane;是一条装载类库的 import 语句，为编译器指定路径找到程序要使用的类。
- 程序第 5 行的“//”后为注释语句。注释是程序中的说明性文字，是程序的非执行部分。它的作用是为程序添加说明，增强程序的可读性。Java 语言使用 3 种书写方式注释程序：//、/ * ... * /和/**...**/。

(2) 按 Ctrl+1 组合键编译文件。在当前目录下，生成一个 WelcomeJava.class 文件。

(3) 执行文件，运行结果如图 1-23 所示。

图 1-23 案例 2 的运行结果

案例 3 Java Applet 应用程序

1. 案例要求

在浏览器中输出“我对 Java 很痴迷。”。

2. 案例分析

这是一个简单的 Java Applet 应用程序，只需在 IE 浏览器中输出"我对 Java 很痴迷。"。Java Applet 应用程序需要继承 Applet 类。本案例还要使用 Java awt 组件中的 Graphics 组件。

3. 案例实现

(1) 新建 Java 源文件 Ex_Applet.java，源代码如下：

```
import java.applet.Applet;
import java.awt.Graphics;
public class Ex_Applet extends Applet {
    String s;
    public void init() {
      s="我对 Java 很痴迷。";
    }
    public void paint(Graphics g)  {
      g.drawString(s,25,25);            //在第 25 行 25 列位置显示字符串内容
    }
}
```

程序说明：

- 程序第 1 行 import java.applet.Applet；表明引用 Applet 类。Applet 类是所有 Java Applet 的父类。由于有了这条引用，才可以有第 3 行。

```
public class Ex_Applet extends Applet
```

表明编写的类 Ex_Applet 是 Applet 类的子类。注意，Java Applet 类必须是 public 的，也就是说，类名前面的 public 不能少。

- 程序第 2 行 import java.awt.Graphics；表明引用了 Graphics 类。在显示输出时，需要用到类 Graphics 的对象。

(2) 按 Ctrl+1 组合键编译文件。在当前目录下，生成 Ex_Applet.class 文件。

(3) 编译后的 Applet 程序必须由浏览器执行，因此要编写一个超文本文件（含有 Applet 标记的 Web 页），通知浏览器运行这个 Java Applet 程序。使用记事本之类的文本编辑工具，编写 HTML 文件如下：

```
<applet code=Ex_Applet.class height=100 width=300 >
</applet>
```

HTML 文件命名任意，只要以.html 或者.htm 为扩展名即可。

(4) 在 IE 浏览器中打开 HTML 文件，运行结果如图 1-24 所示。

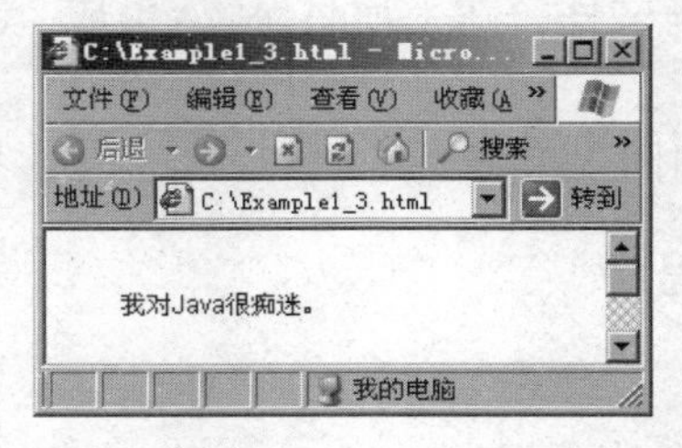

图 1-24　案例 3 的运行结果

本章小结

1. Java 是一种具有“简单、面向对象、分布式、解释型、健壮、安全、与体系结构无关、可移植、高性能、多线程和动态执行”等特性的语言。

2. Java 实现可移植性，靠的是 JVM。JVM 是一台虚拟计算机，只要在不同的操作系统植入不同版本的 JVM，Java 程序就可以在各个平台上移植，做到“一次编写，处处运行”。

3. Java 程序的执行步骤如下。

(1) 使用 javac 命令将 *.java 文件编译成 *.class 文件。

(2) 使用 Java 命令执行 *.class 文件。

4. Java 程序主要分为两种，即 Java Application 和 Java Applet 程序。Java Applet 主要用于在网页中嵌入 Java 程序，基本上不再使用；Application 指有 main()方法的程序。本书主要讲解 Application 程序。

习　题

一、简答题

1. 简述 Java 语言的特点。

2. 试述 Java 开发环境的建立过程。

3. 如何编写和运行 Java 应用程序？

二、上机题

1. 在屏幕上输出以下信息。

```
Hi,
ready,
Go!
```

2. 在屏幕上打印以下图形。

```
***************************************
**********    Java 程序设计    **********
***************************************
```

第2章

Java 语法基础

俗话说："万丈高楼平地起"，学习 Java 程序设计，要从语法基础开始。本章主要学习 Java 语言基础知识，包括 Java 语言的标识符命名规则、变量、基本数据类型及其转换、运算符与表达式的使用、基本输入和输出方法。

学习目标

- 理解数据类型，学会声明和使用变量。
- 掌握基本输入和输出方法；学会运用运算符和表达式。
- 能运用运算符、表达式和语句编写简易计算器程序。

2.1 标识符与关键字

2.1.1 标识符

Java 所有的组成部分都需要名字。类名、变量名以及方法名都称为标识符。

Java 标识符命名规则如下：

- 所有的标识符都应该以字母(A～Z 或者 a～z)、美元符($)或者下画线(_)开始。
- 首字符之后可以是任何字符的组合。
- 关键字不能用作标识符。
- 标识符是大小写敏感的。

例如，age、$ salary、_value、__1_value、变量 1、计算周长等都是合法标识符。虽然汉字可作为标识符，但为了避免发生意外，建议不用汉字命名标识符。123abc、-salary 是非法标识符。

2.1.2 关键字

关键字是有特定意义的系统预定义保留的标识符。这些关键字不能用于常量、变量和任何标识符的名称。

Java 语言常见的关键字见表 2-1。

表 2-1 Java 语言常见的关键字

关键字	描述
abstract	抽象方法，抽象类的修饰符
assert	断言条件是否满足
boolean	布尔数据类型

续表

关键字	描述
break	跳出循环或者 label 代码段
byte	8 位有符号数据类型
case	switch 语句的一个条件
catch	和 try 搭配捕捉异常信息
char	16 位 Unicode 字符数据类型
class	定义类
const	未使用
continue	不执行循环体剩余部分
default	switch 语句中的默认分支
do	循环语句，循环体至少执行一次
double	64 位双精度浮点数
else	if 条件不成立时执行的分支
enum	枚举类型
extends	表示一个类是另一个类的子类
final	表示一个值在初始化之后就不能再改变了，表示方法不能被重写，或者一个类不能有子类
finally	为了完成执行的代码而设计的，主要是为了程序的健壮性和完整性。无论有没有异常发生，都执行代码
float	32 位单精度浮点数
for	for 循环语句
goto	未使用
if	条件语句
implements	表示一个类实现了接口
import	导入类
instanceof	测试一个对象是否是某个类的实例
int	32 位整型数
interface	接口，一种抽象的类型，仅有方法和常量的定义
long	64 位整型数
native	表示方法用非 Java 代码实现
new	分配新的类实例
package	一系列相关类组成一个包
private	表示私有字段或者方法等，只能从类内部访问
protected	表示字段只能通过类或其子类访问子类或者在同一个包内的其他类
public	表示公用属性或者方法
return	方法返回值
short	16 位数字
static	表示在类级别定义，所有实例共享

续表

关键字	描　述
strictfp	浮点数，使用比较严格的规则
super	表示基类
switch	选择语句
synchronized	表示同一时间只能由一个线程访问的代码块
this	表示调用当前实例，或者调用另一个构造函数
throw	抛出异常
throws	定义方法可能抛出的异常
transient	修饰不要序列化的字段
try	表示代码块要做异常处理；或者和 finally 配合表示无论是否抛出异常，都要执行 finally 中的代码
void	标记方法不返回任何值
volatile	标记字段可能会被多个线程同时访问，而不做同步
while	while 循环

2.1.3　Java 命名规范

定义规范的目的是使项目的代码样式统一，使程序有良好的可读性。

1. 包的命名

Java 包的名称通常由小写字母组成。为了保障每个 Java 包命名的唯一性，在最新的 Java 编程规范中，要求程序员在自定义包的名称之前加上唯一的前缀。由于互联网上的域名称是不会重复的，所以程序员一般采用自己在互联网上的域名称作为自定义程序包的唯一前缀，例如 net.frontfree.javagroup。

2. 类的命名

根据约定，Java 类名通常以大写字母开头。如果类名由多个单词组成，则每个单词的首字母均应大写，例如 TestPage；如果类名中包含单词缩写，则缩写词的每个字母均应大写，如 XMLExample；还有一个命名技巧，就是由于类是设计用来代表对象的，所以在命名类时应尽量选择名词，例如 Graphic。

3. 方法的命名

方法名的第一个单词应以小写字母开头，后面的单词用大写字母开头，例如 drawImage。

4. 常量的命名

关于常量的命名，在 Java 代码中，无论在什么时候均提倡应用常量取代数字和固定字符串。也就是说，程序中除 0、1 以外，尽量不应该出现其他数字。常量可以集中在程序开始部分或者更宽的作用域内定义，名字应该都使用大写字母，并且表明该常量的完整含义。如果一个常量名由多个单词组成，用下划线“_”来分隔，如 NUM_DAYS_IN_WEEK、MAX_VALUE。

5. 变量的命名

变量的命名规范有以下 3 种。

(1) Camel 标记法：首字母小写，接下来的单词都以大写字母开头。

(2) Pascal 标记法：首字母大写，接下来的单词都以大写字母开头。

(3) 匈牙利标记法：在采用 Pascal 标记法的变量前附加小写序列，说明该变量的类型。

在 Java 中一般使用匈牙利标记法，基本结构为 scope_typeVariableName，使用 1～3 个字符前缀来表示数据类型。3 个字符的前缀必须小写，前缀后面是由表义性强的一个或多个单词组成的名字，而且每个单词的首字母应大写，其他字母应小写，以保证对变量名正确断句。例如，定义一个整型变量 intDocCount 记录文档数量，其中 int 表明数据类型，后面为表义的英文名，每个单词首字母大写。这样，通过一个变量名就可以反映变量类型和变量所存储的值的含义两方面内容，使代码语句可读性强，更容易理解。

对于在多个函数内都要使用的全局变量，在前面增加 g_，例如一个全局字符串变量 g_strUserInfo。

在为变量命名时要注意以下几点。

(1) 选择有意义的名字。注意除第一个单词首字母小写外，其他每个单词的首字母都要大写。

(2) 在一段函数中不使用同一个变量表示前后意义不同的两个值。

(3) i、j、k 等只作为小型循环的循环索引变量。

(4) 避免用 Flag 来命名状态变量。

(5) 用 Is 来命名逻辑变量，如 blnFileIsFound。通过这种给布尔变量肯定形式的命名方式，使得其他开发人员能够更清楚地理解布尔变量代表的意义。

(6) 如果需要，在变量最后附加计算限定词，如 curSalesSum。

(7) 命名不相包含，如 curSales 和 curSalesSum。

(8) static final 变量(常量)的名字应该都大写，并且指出完整含义。

(9) 如果需要对变量名缩写，一定要注意整个代码中缩写规则的一致性。例如，如果在代码的某些区域使用 intCnt，在另一些区域使用 intCount，会给代码增加不必要的复杂性。建议变量名中尽量不要出现缩写。

(10) 通过在结尾处放置一个量词，可以创建更加统一的变量，使其更容易理解，也更容易搜索。例如，使用 strCustomerFirst 和 strCustomerLast，而不要使用 strFirstCustomer 和 strLastCustomer。常用的量词后缀有 First(一组变量中的第一个)、Last(一组变量中的最后一个)、Next(一组变量中的下一个)、Prev(一组变量中的上一个)、Cur(一组变量中的当前变量)。

(11) 为每个变量选择最佳的数据类型，既能减少对内存的需求量，加快代码的执行速度，又可降低出错的可能性。用于变量的数据类型可能影响该变量的计算结果。在这种情况下，编译器不会产生运行期错误，只是迫使该值符合数据类型的要求。这类问题极难查找。

(12) 尽量缩小变量的作用域。如果变量的作用域大于它应有的范围，变量可继续存在，并且在不再需要该变量后的很长时间内仍然占用资源。于是产生的主要问题是，任何类中的任何方法都能对它们进行修改，并且很难跟踪究竟是在何处修改的。占用资源是作用域涉及的一个重要问题。对变量来说，尽量缩小作用域，将对应用程序的可靠性产生巨大的影响。

6. 参数的命名

参数的命名规范和方法的命名规范相同,而且为了避免阅读程序时造成迷惑,请在尽量保证参数名称为一个单词的情况下,使参数命名尽可能明确。

7. Javadoc 注释

除了可以采用常见的注释方式之外,Java 语言规范还定义了一种特殊的注释,即 Javadoc 注释,用来记录代码中的 API。Javadoc 注释是一种多行注释,以/** 开头,以 */结束,注释内容包含 HTML 标记符和专门的关键词。使用 Javadoc 注释的好处是,编写的注释可以被自动转为在线文档,省去了单独编写程序文档的麻烦。

例如:

```
/**
 * This is an example of
 * Javadoc
 * @author Jaixp
 * @version 2.0, 01/11/2020
 */
```

在每个程序的开始部分,一般采用 Javadoc 注释说明程序的总体描述及版权信息,之后在主程序中为每个类、接口、方法、字段添加 Javadoc 注释,每个注释的开头先用一句话概括该类、接口、方法、字段完成的功能。这句话应单独占一行,突出其概括作用,其后跟更加详细的描述段落。在描述性段落之后还可以跟一些以 Javadoc 注释标签开头的特殊段落,如上例中的@auther 和@version。这些段落在生成文档中以特定方式显示。

2.2 变　　量

2.2.1 变量的概念

变量是存放数据的标识符,可看作是容纳数据的一个存储单元(容器)的名称。

同一个变量存放的数据在不同时刻允许变更,即变量的值允许改变,但数据类型不变。因此,声明变量(也是定义变量)要指定数据类型。

2.2.2 变量的分类

按声明的位置不同,可分为成员变量和局部变量。如图 2-1 所示。

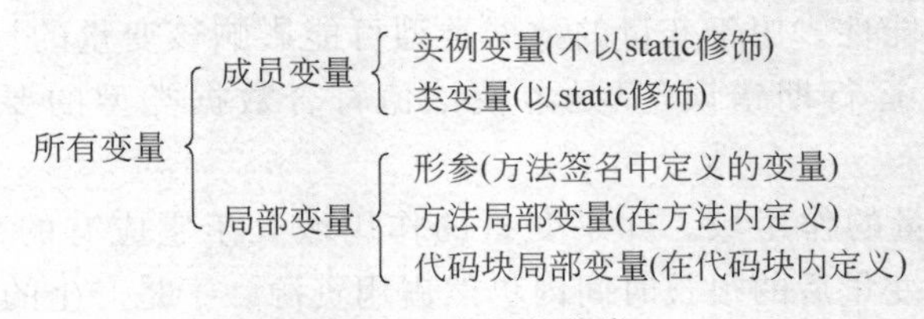

图 2-1　变量的分类

1. 成员变量

在方法体外,类体内声明的变量称为成员变量。成员变量又分为实例变量和类变量。

- 实例变量:不使用关键字 static 修饰的成员变量。
- 类变量:用关键字 static 修饰的成员变量。

2. 局部变量

在方法或者语句块中声明的变量称为局部变量。局部变量又分为形参、方法局部变量和代码块局部变量。

- 形参:方法签名中定义的变量。
- 方法局部变量:在方法体内定义的变量。
- 代码块局部变量:在代码块内定义的变量。

【例 2-1】 变量示例。

```
public class Test2_1 {
    private int a;                                  //实例变量
    public static float b;                          //类变量
    public static void main(String[] args) {        //形参
        int a=1;                                    //方法局部变量
        System.out.println("方法局部变量 a="+a);
        System.out.println("类变量 b="+Test1.b);
        Test2_1 t=new Test2_1();
        System.out.println("实例变量 a="+t.a);
        t.print(10);
        {
            int x=10;                               //代码块局部变量
            int y=x+a;
            System.out.println("代码块局部变量 y="+y);
        }
    }
    void print(int i) {                             //形参
        int j=2;                                    //方法局部变量
        System.out.println("print 方法内: "+(a+i+j));
    }
}
```

注意:

引用实例变量方法为实例名.变量名,如上例中用 new 创建一个实例 t,引用实例变量 a 的方法是 t.a;引用类变量方法时类名.变量名,上例中引用类变量 b 的方法是 Test2_1.b;对于局部变量的引用,在相应的位置直接使用变量名即可。

3. final 关键字修饰的变量

final 关键字既可用于修饰成员变量,也可用于修饰局部变量,一旦该变量被赋值,就不可以再改变该变量的值。通常 final 定义的变量称为常量。在一个类中定义常量的语句如下:

```
public static final double PI=3.14;
```

一般常量用大写字母表示。声明常量时也可以不赋值，在需要时再赋值，但常量赋值只能有一次。例如：

```
public final int PAGE_WIDTH, PAGE_HEIGHT;
PAGE_WIDTH = 600;
PAGE_HEIGHT = 800;
```

2.2.3 变量的声明与初始化

1. 变量的声明

在 Java 程序设计中，对于每个声明的变量，都必须给它分配一个类型。声明一个变量时，先声明其类型，再声明其变量名。声明变量的格式如下：

```
数据类型 变量表;
```

例如：

```
int days;                  //天数
```

其中，第一项称为变量类型，第二项称为变量名。分号是必需的，它是 Java 语句的结束符号。

同一类型的不同变量可以声明在一行，也可以声明在不同行。如果要声明在同一行中，不同的变量之间用逗号分隔，例如：

```
int studentNumber, people;
```

2. 变量的初始化

声明变量的同时可以为变量赋值，也可以声明以后再赋值。例如：

```
int days=15;                                        //声明同时赋值
int days; days=15;                                  //声明后赋值
```

注意：

在程序运行过程中，空间内的值是变化的。这个内存空间就称为变量。为了操作方便，给这个空间取个名字，称为变量名。内存空间内的值就是变量值。所以，申请了内存空间，变量不一定有值；要想变量有值，必须要放入值。

例如 int x；定义了变量，但没有赋值，即申请了内存空间，但没有放入值；int x=5；不但申请了内存空间，而且还放入了值，值为 5。

局部变量声明以后，Java 虚拟机不会自动地将它初始化为默认值。因此对于局部变量，必须先经过显式的初始化，才能使用。如果编译器确认一个局部变量在使用之前没有被初始化，将报错，如图 2-2 所示。

```
int days;                                           // 天数
System.out.println(days);
```

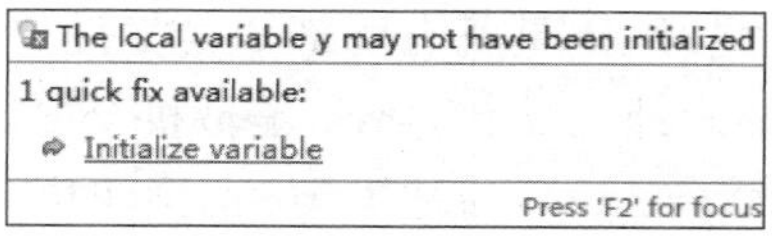

The local variable y may not have been initialized
1 quick fix available:
Initialize variable
Press 'F2' for focus

图 2-2　未初始化报错

【例 2-2】 成员变量初始化示例。

```
public class MemVar{
    byte x; short y; int z; long a; float b; double c; char d; boolean e;
    public static void main(String[] args) {
        MemVar m=new MemVar ();
        System.out.println("输出变量值 x="+m.x);
        System.out.println("输出变量值 y="+m.y);
        System.out.println("输出变量值 z="+m.z);
        System.out.println("输出变量值 a="+m.a);
        System.out.println("输出变量值 b="+m.b);
        System.out.println("输出变量值 c="+m.c);
        System.out.println("输出变量值 d="+m.d);
        System.out.println("输出变量值 e="+m.e);
    }
}
```

程序输出结果如下：

```
输出变量值 x=0
输出变量值 y=0
输出变量值 z=0
输出变量值 a=0
输出变量值 b=0.0
输出变量值 c=0.0
输出变量值 d=
输出变量值 e=false
```

从以上例子可以看出，作为全局变量，无需初始化，系统自动给变量赋值。除了字符型数据被赋值为空，布尔型数据被赋值为 false，其他一律赋值为 0。下面再看一段程序代码段。

```
public class LocalVar{
    public static void main(String[] args) {
        byte x; short y; int z; long a; float b; double c; char d; boolean e;
        System.out.println("输出变量值 x="+x);
        System.out.println("输出变量值 y="+y);
        System.out.println("输出变量值 z="+z);
        System.out.println("输出变量值 a="+a);
        System.out.println("输出变量值 b="+b);
        System.out.println("输出变量值 c="+c);
        System.out.println("输出变量值 d="+d);
        System.out.println("输出变量值 e="+e);
    }
}
```

这个程序段编译时就会报错，原因是所有局部变量都没有初始化。

对于成员变量，如果没有显示地初始化，Java 虚拟机会先自动将其初始化为默认值。

(1) 整数类型(byte、short、int、long)的基本类型变量的默认值为 0。

(2) 单精度浮点型(float)的基本类型变量的默认值为 0.0f。

(3) 双精度浮点型(double)的基本类型变量的默认值为 0.0d。

(4) 字符型(char)的基本类型变量的默认为/u0000。

(5) 布尔型的基本类型变量的默认值为 false。

(6) 引用类型的变量的默认值为 null。

(7) 数组引用类型的变量的默认值为 null。当数组变量的实例后，如果没有显式地为每个元素赋值，Java 把该数组的所有元素初始化为其相应类型的默认值。

例如：

```
int[] a;                                //声明，没有初始化，默认值是 null
int[] a=new int[5];                     //初始化为默认值，数组的每个元素初始值为 0
```

2.2.4 变量的作用域

根据作用域，一般将变量分为全局变量和局部变量。从字面上理解，全局变量是在程序范围之内都有效的变量，局部变量在程序中的一部分之内有效。

在 Java 中，全局变量是在类的整个范围之内都有效的变量，即类的成员变量。而局部变量是在类中某个方法内或某段代码块内有效的变量。

例 2-1 的运行结果如图 2-3 所示。

```
<terminated> Test1 (1) [Java Application] C:\Java\jdk1.7.0_03\bin\javaw.exe (2019年1月13日 上午11:00:12)
方法局部变量a=1
类变量b=0.0
实例变量a=0
print方法内：12
代码块局部变量y=11
```

图 2-3　例 2-1 的运行结果

在例 2-1 中，a 和 b 为全局变量，没有显示的初始化，系统默认初始化为 0，其作用域为整个类，故在 main()方法和 print()方法中均可以直接引用。args 和 i 为形参、a 和 j 为方法局部变量，其作用域均为所在方法内，如果在 main()方法中引用变量 j 就会编译报错；x 和 y 为代码块变量，其作用域为{}代码块内，超过此范围则编译报错，如将 System.out.println("代码块局部变量 y="+y);放在右花括号后面，则编译报错，如图 2-4 所示。

```
{
    int x=10;
    int y=x+a;
    // System.out.println("代码块局部变量y="+y);
}
System.out.println("代码块局部变量y="+y);
y cannot be resolved to a variable
```

图 2-4　代码块变量作用域

🔔注意：

全局变量和局部变量允许同名，在方法体内直接引用的是局部变量，如例2-1中的变量a，在main()方法中直接引用的是局部变量a。不同方法中局部变量允许同名，但在同一个方法中局部变量不允许同名。

2.3 数据类型

如图2-5所示的衣柜有不同的格子分别放衣服、裤子、鞋子等，Java中的数据类似于衣服、鞋子，需要分类存放。数据类型的出现是为了把数据分成所需内存大小不同的数据，编程的时候需要用大数据时才申请大内存，达到充分利用内存的目的。

2.3.1 数据类型的分类

Java是一种强类型语言，它的数据类型有两大类：基本数据类型（值类型）和复合数据类型（引用类型），如图2-6所示。基本数据类型包括4种整型、2种浮点类型、1种用于表示Unicode编码的字符单元的字符类型char和1种用于表示真值的布尔型；复合数据类型有类、接口、数组和字符串。

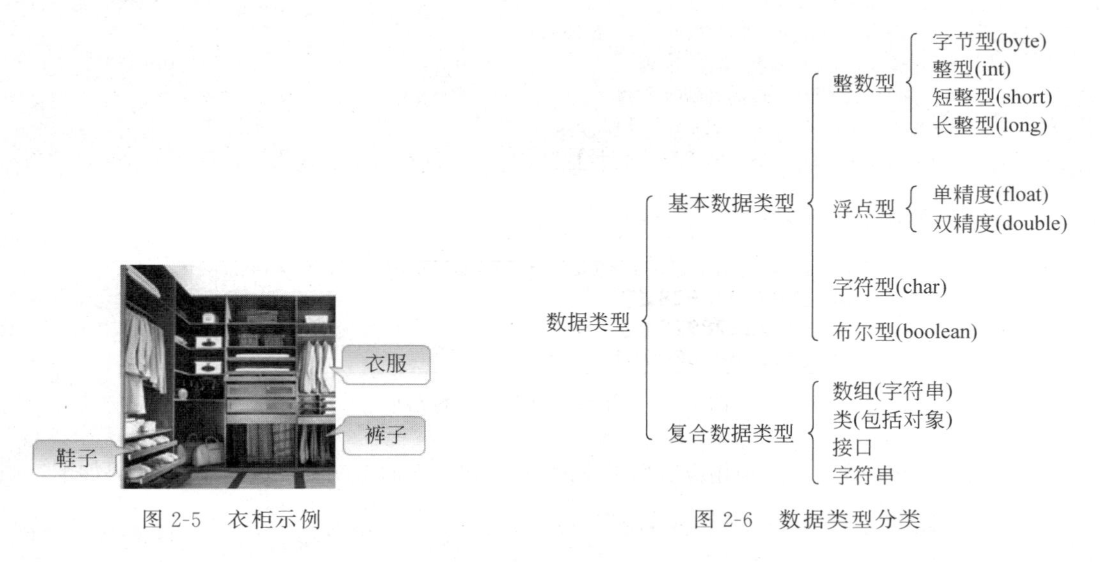

图2-5 衣柜示例

图2-6 数据类型分类

2.3.2 基本数据类型

1. 整型

整型用于表示没有小数部分的数值，它允许是负数。Java提供了4种整型，具体内容见表2-2。

在通常情况下，int类型最为常用，一个整数（如1）的默认数据类型为int。在Java中，整型的范围与运行Java代码的机器无关，这就解决了软件从一个平台移植到另一个平台，或者在同一个平台的不同操作系统之间进行移植给程序员带来的诸多问题。

表 2-2　Java 整型

关键字	类　型	类型说明/字节	长度(二进位)	取 值 范 围
byte	字节型	1	8	－128～127
short	短整型	2	16	－32768～32767
int	整型	4	32	－2147483648～2147483647
long	长整型	8	64	－9223372036854775808～9223372036854775807

在实际使用中要注意各整型的范围，Java 中数据超出了范围时系统不会报错，而是输出一个不正确的结果。故在定义一个整型变量的数据类型时，要先估算其值的取值范围，再指定其类型。例如要计算一年包含多少毫秒 x＝365 * 24 * 60 * 60 * 1000，这个结果超出了 int 型，故需要定义 x 为 long 类型。

【例 2-3】 整数类型使用示例。

```
//方法 1: 定义为 int 类型,结果不正确
int x=365 * 24 * 60 * 60 * 1000;
System.out.println("一年包含"+x+"毫秒");
//方法 2: 定义为 long 类型,但结果仍不正确
//原因: 后面的整数默认类型为 int 型,因此运算结果也为 int 型
long y=365 * 24 * 60 * 60 * 1000;
System.out.println("一年包含"+y+"毫秒");
//方法 3: 定义为 long 类型,结果正确
//将 365 后加一个字母 L 转为 long 类型
long z=365L * 24 * 60 * 60 * 1000;
System.out.println("一年包含"+z+"毫秒");
```

运行结果如图 2-7 所示。

```
<terminated> Test2 (1) [Java Application] C:\Java\jdk1.7.0_03\bin\javaw.exe (2019年1月13日 上午11:43:16)
一年包含1471228928毫秒
一年包含1471228928毫秒
一年包含31536000000毫秒
```

图 2-7　一年包含毫秒数运行结果

在 Java 中，当整数范围达到相应数据类型的最大值时，再加 1 就会变成最小值，代码如下：

```
byte a=127;                                  //byte 最大值为 127
a++;                                         //此时 a 变为-128
System.out.println(a);
```

输出结果如下：

```
-128
```

2. 浮点类型

浮点类型用于表示有小数部分的数值。在 Java 中有两种浮点类型，具体内容见表 2-3。

表 2-3 浮点类型

关键字	类 型	类型说明/字节	长度(二进位)	取 值 范 围
float	单精度浮点型	4	32	±1.4E−45～±3.4028235E+38(有效位数为 6～7 位)
double	双精度浮点型	8	64	±4.9E−324～±1.7976931348623157E+308(有效位数为 15 位)

double 表示这种类型的数值精度是 float 类型的两倍(有人称为双精度数值)。绝大部分应用程序都采用 double 类型。在很多情况下,float 类型的精度很难满足需求。例如,用 7 位有效数字足以精确地表示普通雇员的年薪,但表示公司总裁的年薪可能就不够用了。实际上,只有很少的情况适合使用 float 类型,如需要快速地处理单精度数据,或者需要存储大量数据。

float 类型的数值有一个后缀 f,如 3.14f。没有后缀 f 的浮点数值(如 3.14)默认为 double 类型。当然,也可以在浮点数值后面添加后缀 d,如 3.14d

3. char 类型

char 类型用于表示单个字符(占 2 字节),通常用来表示字符常量。字符型常量的三种表现形式如下:

(1) 字符常量是用单引号(' ')括起来的单个字符,涵盖世界上所有书面语的字符。如'A'是编码为 65 所对应的字符常量。与"A"不同,"A"是一个包含字符 A 的字符串。例如,char c1 = 'a'; char c2 = '中'; char c3 ='9'。

(2) 直接使用 Unicode 值来表示字符型常量:'\uXXXX'。其中,XXXX 代表一个十六进制整数,其范围从\u0000 到\u ffff。如:\u000a 表示 \n,\u2122 表示注册符号(TM),\ u03C0 表示希腊字母 π。

例如,public static viod main(String\u0058\u0058 args),这种形式完全符合语法规则,\u005B 和\u005D 是[和]的编码。

要想弄清 char 类型,就必须了解 Unicode 编码表。Unicode 打破了传统字符编码方法的限制。在 Unicode 出现之前,已经有许多种不同的标准:美国的 ASCII、西欧语言中的 ISO 8859-1、俄国的 KOI-8、中国的 GB18030 和 BIG-5 等。这样就产生了下面两个问题:①对于任意给定的代码值,在不同的编码方案下有可能对应不同的字母;②采用大字符集的语言其编码长度有可能不同。例如,有些常用的字符采用单字编码,而另一些字符则需要两个或更多个字节。

(3) Java 中还允许使用转义字符'\'来将其后的字符转变为特殊字符型常量,见表 2-4。例如:char c3 = '\n'; // '\n'表示换行符。

表 2-4 特殊字符的转义序列

转义序列	名 称	Unicode 值	转义序列	名 称	Unicode 值
\b	退格	\u0008	\"	双引号	\u0022
\t	制表	\u0009	\'	单引号	\u0027
\n	换行	\u000a	\\	反斜杠	\u005c
\r	回车	\u000d			

char 与 int 有天然的联系，可以将一个整数赋值给 char 类型变量，代码如下：

```
char x;
x=97;
System.out.println(x);
```

输出结果如下：

```
a
```

此外，char 类型是可以进行运算的，会自动转换成 int 类型参与运算。

4. boolean 类型

boolean（布尔）类型有两个值：false 和 true，用来判定逻辑条件。整型值和布尔值之间不能进行相互转换。代码如下：

```
boolean flag=true;
  flag=false;
  flag=5>3;
```

5. 基本数据类型的包装类

Java 语言是一个面向对象的语言，但是 Java 中的基本数据类型却不是面向对象的，这在实际使用时存在很多的不便，为了解决这个不足，在设计类时为每个基本数据类型设计了一个对应的类进行代表，称为包装类（wrapper class），也称外覆类或数据类型类，见表 2-5。

表 2-5　包装类对应表

基本数据类型	包 装 类	基本数据类型	包 装 类
byte	Byte	int	Integer
boolean	Boolean	long	Long
short	Short	float	Float
char	Character	double	Double

2.3.3　基本数据类型的转换

基本数据类型的转换分为：自动转换和强制转换，如图 2-8 所示，一杯水可以装在一个小缸子里，容量小的类型可自动转换为容量大的数据类型；但是一大缸子水装到小缸子里就会溢出，容量大的类型要强制转换为容量小的数据类型，就会造成精度的降低。

数据类型按容量大小排序如图 2-9 所示。

1. 自动转换

在程序运行时，经常需要将一种数值类型转换为另一种数值类型。图 2-10 给出了数值类型之间的自动转换。

在图 2-10 中有 5 个实心箭头，表示无信息丢失的转换；有 3 个虚箭头，表示可能有精度损失的转换。例如，123456789 是一个大整数，它所包含的位数比 float 类型所能够表达的位数多。当将这个整型数值转换为 float 类型时，将会得到同样大小的结果，但却失去了一

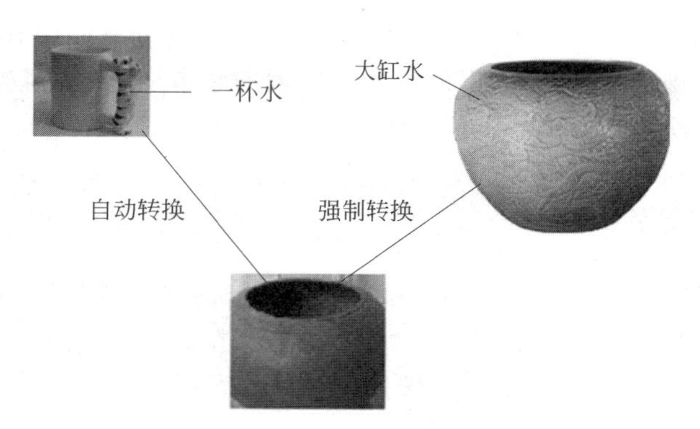

图 2-8 类型转换

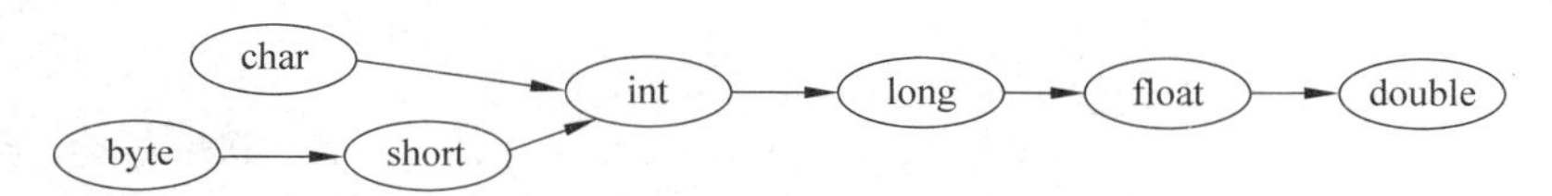

图 2-9 数据类型按容量大小排序

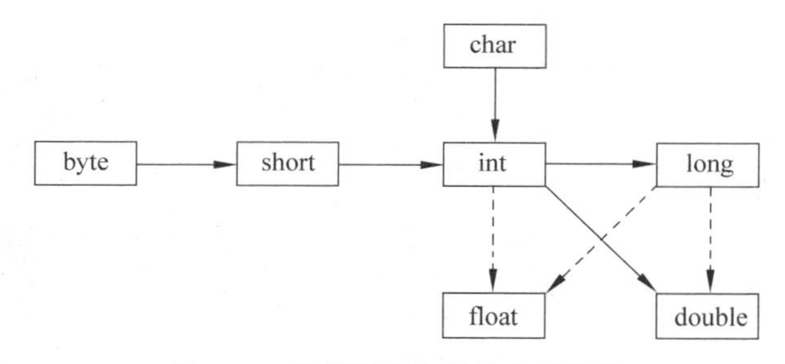

图 2-10 数值类型之间的自动转换

定的精度。代码如下：

```
int n=123456789;
float f=n;                              // f=1.23456792E8
```

有多种类型的数据混合运算时，系统首先自动将所有数据转换成容量最大的数据类型，然后再进行计算。byte、short、char 之间不会相互转换，他们三者在计算时首先转换为 int 类型。例如：

```
int i='a'+1;//i=98
```

2. 强制类型转换

自动类型转换的逆过程，将容量大的数据类型转换为容量小的数据类型，即为强制转换。使用时要加上强制转换符(())，但有可能造成精度降低或溢出，要格外注意。强制类型转换的语法格式是在圆括号中给出想要转换的目标类型，后面紧跟待转换的变量名。例如：

```
double x=9.997;
int nx=(int) x;
```

这样,变量 nx 的值为 9。强制类型转换通过截断小数部分将浮点值转换为整型。

如果想对浮点数进行舍入运算,以便得到最接近的整数(在很多情况下,希望使用这种操作方式),那就需要使用 Math.round()方法。

```
double x=9.997;
int nx=(int) Math.round(x);
```

现在,变量 nx 的值为 10。当调用 round()方法时,仍然需要使用强制类型转换(int)。其原因是 round()方法返回的结果为 long 类型,由于存在信息丢失的可能性,所以只有使用显式的强制类型转换才能够将 long 类型转换成 int 类型。

又如:

```
byte b=5;
b++;                    //正确 b=6
b+=1;                   //正确 b=6
b=b+1;                  //错误,原因: 1 为 int 型,执行 b+1 时将 b 自动转换为 int 型,等号右
                        //边运算结果为 int 型,不能直接复制给 byte 型变量 b
b=(byte)(b+1);          //正确,强制转换
```

3. 字符串型与其他数值类型的转换

在编程时经常要使用字符串类型,即 String 类型,它不是一种基本类型,而是一种类类型。字符串即为若干个串在一起的字符,字符串常量是用英文的双引号括起来,如"Hello"、"Java"、"你好!"、"123"等。代码如下:

```
String name="张三丰";
String num="abcd";
```

声明了一个字符串变量 name,同时把字符串常量"张三丰"赋值给 name。字符串的长度可通过 length()方法求出,如 name.length()为 3,num.length()为 4。

在 GUI 编程中,文本框输入输出类型均为字符串类型。如果输入的数据是字符串,要进行算术运算,则要将其转换为数值形式,运算结果也要再转成字符串,以方便输出。

(1) 字符串转换为数值类型。把字符串转换为数值的方法是 Xxx.parseXxx(String)的形式,其中 Xxx 对应不同的数值类型。

```
int num=Integer.parseInt("45");              //字符串转换成 int 型
double d=Double.parseDouble("3.5") ;         //字符串转换成 double 型
```

(2) 数值类型转换为字符串。把数值转换为字符串的方法是 String.valueOf()。

```
String str=String.valueOf(5);
```

【例 2-4】 把字符串转换成数值后进行算术运算,然后输出结果。

```
public class TestString {
    public static void main(String[] args) {
        String s1="4.56",s2="78";
        String s3=s1+s2;
```

```
        double d1,d2,sum,sub;
        d1=Double.parseDouble(s1);
        d2=Double.parseDouble(s2);
        sum=d1+d2;
        sub=d1-d2;
        System.out.println("字符串连接: "+s3);
        String sum1=String.valueOf(sum);
        String sub1=String.valueOf(sub);
        System.out.println(s1+"+"+s2+"="+sum1);
        System.out.println(d1+"+"+d2+"="+sum);
        System.out.println(s1+"-"+s2+"="+sub1);
        System.out.println(d1+"-"+d2+"="+sub);
    }
}
```

输出运行结果如图 2-11 所示。

```
<terminated> TestString [Java Application] C:\Java\jdk1.7.0_03\bin\javaw.exe (2019年1月14日 下午5:25:48)
字符串连接: 4.5678
4.56+78=82.56
4.56+78.0=82.56
4.56-78=-73.44
4.56-78.0=-73.44
```

图 2-11 例 2-4 的输出运行结果

2.4 运算符与表达式

2.4.1 表达式的概念

Java 语言中的表达式是由运算符、操作数和方法调用按照语言的语法构造而成的符号序列。表达式可用于计算一个公式,为变量赋值以及帮助控制程序执行流程。

2.4.2 运算符的分类

运算符是一种特殊的符号,用以表示数据的运算、赋值和比较等。Java 中的运算符基本上可分为算术运算符、赋值运算符、关系运算符、逻辑运算符、位运算符和其他运算符等。

1. 算术运算符

Java 的算术运算符见表 2-6。

表 2-6 算术运算符

运算符	运　算	范　例	结　果
+	正号	+3	3
-	负号	b=4;-b	-4
+	加	5+5	10

续表

运算符	运　算	范　例	结　果
－	减	6－4	2
*	乘	3*4	12
/	除	5/5	1
%	取模	7%5	2
＋＋ ＋＋	自增(前)：先运算后取值 自增(后)：先取值后运算	a＝2;b＝＋＋a; a＝2;b＝a＋＋;	a＝3;b＝3 a＝3;b＝2
－－ －－	自减(前)：先运算后取值 自减(后)：先取值后运算	a＝2;b＝－－a a＝2;b＝a－－	a＝1;b＝1 a＝1;b＝2
＋	字符串相加	"He"＋"llo"	"Hello"

Java 语言支持所有的浮点型和整型数进行各种算术运算。只有一个运算对象的运算符称为一元运算符。例如，＋＋x 是一个一元运算符，它是 x 自增加 1。有两个运算对象的称为二元运算符，如 x＋y、x－y。

一元运算符有正(＋)、负(－)、自增(＋＋)和自减(－－)4 个。

自增和自减运算符只允许用于数值类型的变量，不允许用于表达式中。该运算符既可放在变量之前(如＋＋i)，也可放在变量之后(如 i＋＋)，两者的差别是：如果放在变量之前(如＋＋i)，则变量值先加 1 或减 1，然后进行其他相应的操作(主要是赋值操作)；如果放在变量之后(如 i＋＋)，则先进行其他相应的操作，然后再进行变量值加 1 或减 1。例如：

```
int i=5,j=0,k,m,n;
j =+i;                                    //取原值,即 j=5
k =-i;                                    //取负值,即 k=-5
m =i++;                                   //先 m=i,再 i=i+1,即 m=5,i=6
m =++i;                                   //先 i=i+1,再 m=i,即 i=6,m=6
n =j--;                                   //先 n=j,再 j=j-1,即 n=0,j=-1
n =--j;                                   //先 j=j-1,再 n=j,即 j=-1,n=-1
```

在书写时还要注意的是：一元运算符与其前后的操作数之间不允许有空格，否则编译时会出错。

如下代码经过运算后，a＝16，b＝14，m＝8，n＝8。

```
int m =7;
int n =7;
int a =2 * ++m;
int b =2 * n++;
```

二元运算符有：加(＋)、减(－)、乘(*)、除(/)、取模(%)。其中，＋、－、*、/完成加、减、乘、除四则运算，%是求两个操作数相除后的余数。

%取余运算符既可用于两个操作数都是整数的情况，也可用于两个操作数都是浮点数(或一个操作数是浮点数)的情况。

当两个操作数都是浮点数时，例如 7.6%2.9 时，计算结果为：7.6－2*2.9 ＝ 1.8。

当两个操作数都是 int 类型数时，a%b 的计算公式为：a%b = a −(int)(a/b) * b。

两个操作数都是 long 类型(或其他整数类型)数时，a%b 的计算公式可以类推。

当参加二元运算的两个操作数的数据类型不同时，所得结果的数据类型与精度较高(或位数更长)的那种数据类型一致。例如：

```
10 / 3                    //整除,运算结果为 3
10.0 / 3                  //除法,运算结果为 3.33333333…,即结果与精度较高的类型一致
10 %3                     //取余,运算结果为 1
10.0 %3                   //取余,运算结果为 1.0
-10 %3                    //取余,运算结果为-1,即运算结果的符号与左操作数相同
10 %-3                    //取余,运算结果为 1,即运算结果的符号与左操作数相同
```

“+”除字符串相加功能外，还能把非字符串转换成字符串。例如：

```
System.out.println("5+5="+5+5);        //输出结果是: 5+5=55
// * ----ASCII 码 42 \t----9
System.out.println('*' +'\t' +'*');    //字符常量转换为 int 型,输出结果为: 93
System.out.println("*" +'\t' +'*');    //字符串连接,输出结果为: *         *
```

【例 2-5】 求一个整数的个位、十位数字。

```
public class Test2_5 {
    public static void main(String[] args) {
        int num=123;
        int ge=num%10;
        int bai=num/10%10;
        System.out.println("个位数字为: "+ge);
        System.out.println("十位数字为: "+bai);
    }
}
```

输出运行结果如图 2-12 所示。

```
<terminated> Test2_5 [Java Application] C:\Java\jdk1.7.0_03\bin\javaw.exe (2019年1月14日 下午6:37:56)
个位数字为：3
十位数字为：2
```

图 2-12 例 2-5 的输出运行结果

2. 赋值运算符

“=”为赋值运算符。当“=”两侧数据类型不一致时，可以使用自动类型转换或使用强制类型转换原则进行处理，支持连续赋值。例如，a=b=c=10；即将三个变量赋值为 10。

3. 关系运算符

关系运算符用于比较两个数值之间的大小，其运算结果为一个逻辑类型(boolean 类

型）的值，见表 2-7。

表 2-7 关系运算符

运算符	运 算	范 例	结 果
==	相等于	4==3	false
!=	不等于	4!=3	true
<	小于	4<3	false
>	大于	4>3	true
<=	小于等于	4<=3	false
>=	大于等于	4>=3	true

例如：

```
System.out.println("10.5<8: "<(10.5<8));
System.out.println("10.5<=10.5: "<(10.5<=10.5);
```

程序输出结果如下：

```
10.5<8 : false
10.5<=10.5: true
```

注意：

```
boolean 类型只能比较相等和不相等，不能比较大小；
>=的意思是大于或等于，两者成立一个即可，结果为 true，<=也如此；
判断相等的符号是两个等号，而不是一个等号，这个需要特别小心。
```

如下代码的输出结果为：结果为假。

```
boolean b1 =false;
//区分好==和=的区别
if( b1==true )
    System.out.println("结果为真");
else
    System.out.println("结果为假");
```

但如果不小心将 b==true 写成 b=true，则输出结果为：结果为真。

4. 逻辑运算符

逻辑运算符要求操作数的数据类型为 boolean 类型，其运算结果也是 boolean 类型。逻辑运算符有：&—逻辑与；|—逻辑或；!—逻辑非；&&—短路与；||—短路或；^—逻辑异或。

其运算真值表见表 2-8，其中 A 和 B 是逻辑运算的两个逻辑变量。

表 2-8 逻辑运算符的真值表

A	B	A&&B	A||B	! A	A^B	A&B	A|B
false	false	false	false	true	false	false	false
true	false	false	true	false	true	false	true

续表

A	B	A&&B	A||B	! A	A^B	A&B	A|B
false	true	false	true	true	true	false	true
true	true	true	true	false	false	true	true

对于 & 或|运算符来说，两侧条件表达式均要进行计算。而对于 && 运算符来说，只要运算符左端的值为 false，则无论运算符右端的值为 true 或为 false，其最终结果都为 false，故不计算右侧的条件，这种现象被称作短路现象。对于 || 运算来说，只要运算符左端的值为 true，则无论运算符右端的值为 true 或为 false，其最终结果都为 true，故也不计算右侧的条件。

注意：

对于异或运算，若运算符两边的值相同，结果为 false；若两边的值不同，结果为 true。

利用短路现象，在程序设计时使用 && 和||运算符，可提高运算效率，不建议使用 & 和|运算符。

5. 位运算符

位运算是以二进制位为单位进行的运算，其操作数和运算结果都是整型值，见表 2-9。

表 2-9 位运算符

运算符	运 算	范 例	位运算符的细节
<<	左移	3<< 2= 12--> 3 * 2 * 2=12	空位补 0，被移除的高位丢弃，空缺位补 0
>>	右移	3 >>1 = 1 --> 3/2 =1	被移位的二进制最高位是 0，右移后，空缺位补 0；最高位是 1，空缺位补 1
>>>	无符号右移	3>>> 1= 1--> 3/2 =1	被移位二进制最高位无论是 0 或者是 1，空缺位都用 0 补
&	与运算	6&3=2	二进制位进行 & 运算，只有 1&1 时结果是 1，否则是 0
|	或运算	6|3=7	二进制位进行|运算，只有 0|0 时结果是 0，否则是 1
^	异或运算	6^3=5	相同二进制位进行^运算，结果是 0，例如：1^1=0，0^0=0；不相同二进制位^运算结果是 1，例如：1^0=1，0^1=1
~	反码	~6=-7	正数取反，各二进制码按补码各位取反 负数取反，各二进制码按补码各位取反

位运算的位与'&'，位或'|'，位非'~'，位异或'^'与逻辑运算的相应操作的真值表完全相同(false 表示 0，true 表示 1)，其差别只是位运算操作的操作数和运算结果都是二进制整数，而逻辑运算相应操作的操作数和运算结果都是逻辑值 boolean 型。

位与运算例：

```
int a =12;                                    //a 等于二进制数的 00001100
int b =5;                                     //b 等于二进制数的 00000101
int c =a&b                                    //c 等于二进制数的 00000100
```

运算过程如图 2-13 所示。

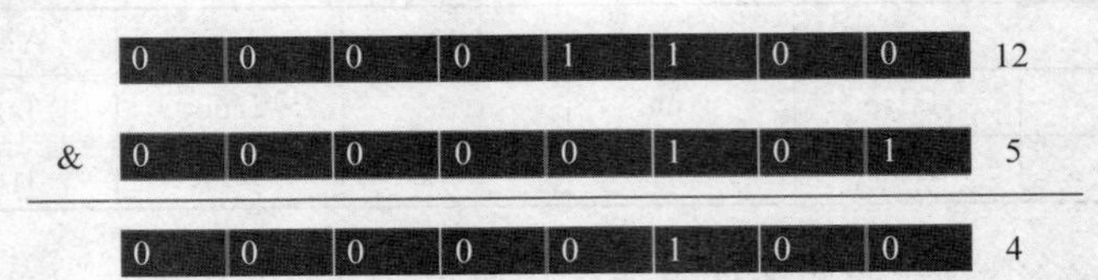

图 2-13 位与运算例运算过程

程序输出结果如下：

```
4
```

右移是将一个二进制数按指定移动的位数向右移位，移掉的被丢弃，左边移进的部分或者补 0(当该数为正时)，或者补 1(当该数为负时)。这是因为整数在机器内部采用补码表示法，正数的符号位为 0，负数的符号位为 1。将一个数左移<<会使该值乘以 2 的幂。将一个数右移>>会使该值除以 2 的幂。

右移(补零)运算符，即无符号右移，使用>>>永远不会产生负号，因为其符号位总是被补零。不论被移动数是正数还是负数，左边移进的部分一律补 0。

```
System.out.println(1<<3);
System.out.println(8>>3);
```

程序输出结果如下：

```
8
1
```

6. 复合运算符

(1) 赋值运算符可以与二元算术运算符、逻辑运算符和位运算符组合成复合运算符，简化一些常用表达式的书写，见表 2-10。

表 2-10 复合运算符

运算符	用 法	等 价 于	说 明
+=	x+=i	x=x+i	x,i 是数值型
-=	x-=i	x=x-i	x,i 是数值型
*=	x*=i	x=x*i	x,i 是数值型
/=	x/=i	x=x/i	x,i 是数值型
%=	x%=i	x=x%i	x,i 是数值型
&=	a&=b	a=a&b	a,b 是逻辑型或整型
|=	a|=b	a=a|b	a,b 是逻辑型或整型
^=	a^=b	a=a^b	a,b 是逻辑型或整型
<<=	x<<=i	x=x<<i	x,i 是数值型
>>=	x>>=i	x=>>i	x,i 是数值型
>>>=	x>>>=i	x=x>>>i	x,i 是数值型

在程序开发中，大量使用"一元运算符或移位运算符等"虽然会简化代码的书写，但是也会增加阅读代码的难度，尽量注释。

（2）方括号[]和圆括号()运算符

方括号[]是数组运算符，方括号中的数值是数组的下标，整个表达式就代表数组中该下标所在位置的元素值。圆括号()运算符用于改变表达式中运算符的优先级，或者用于方法的调用语句。

（3）条件运算符（三元运算符）

```
<表达式 1>?<表达式 2>: <表达式 3>
```

说明：先计算<表达式1>的值，当<表达式1>的值为true时，则将<表达式2>的值作为整个表达式的值；当<表达式1>的值为false时，则将<表达式3>的值作为整个表达式的值。例如：

```
int a =55,b =132,res;
res =a >b ? a : b;
System.out.println(res);
```

程序输出结果如下：

```
132
```

（4）强制类型转换符

强制类型转换符能将一个表达式的类型强制转换为某一指定数据类型。例如：

```
int a;
double b =5.66600;
a =(int) b;
System.out.println(a);
```

程序输出结果如下：

```
5
```

（5）对象运算符 instanceof

对象运算符 instanceof 用来测试一个指定对象是否是指定类（或它的子类）的实例，若是则返回 true，否则返回 false。例如：

```
String s =new String("sa");
if(s instanceof Object){
    System.out.println("String is object class");
}
```

程序输出结果如下：

```
String is object class
```

（6）构建对象（实例）运算符 new

new 运算符用于构建一个类的对象（实例），后面接该类的构造方法。例如：

```
Circle crl=new Circle();                    //构建一个 Circle 类的对象(实例)crl
```

(7) 点运算符

点运算符“.”的功能有两个：一是引用类中成员；二是指示包的层次等级。

2.4.3 运算符的优先级与结合性

在实际的开发中，可能在一个运算符中出现多个运算符，计算时按照优先级级别的高低进行计算，级别高的运算符先运算，级别低的运算符后运算，见表 2-11。

表 2-11 运算符优先级表

<table>
<tr><th>优先级高→低</th><th>运算符类别</th><th>运　算　符</th><th>结合性</th></tr>
<tr><td>1</td><td>基本</td><td>()、[]</td><td>从左到右</td></tr>
<tr><td>2</td><td>一元</td><td>+(正)、-(负)、!、~、++、--、new</td><td>从右到左</td></tr>
<tr><td>3</td><td>乘、除、求余</td><td>*、/、%</td><td>从左到右</td></tr>
<tr><td>4</td><td>加减</td><td>+、-</td><td>从左到右</td></tr>
<tr><td>5</td><td>移位</td><td><<、>>、>>></td><td>从左到右</td></tr>
<tr><td>6</td><td>关系和类型检测</td><td><、>、<=、>=、instanceof</td><td>从左到右</td></tr>
<tr><td>7</td><td>相等、不相等</td><td>==、!=</td><td>从左到右</td></tr>
<tr><td>8</td><td>逻辑与、按位与</td><td>&</td><td>从左到右</td></tr>
<tr><td>9</td><td>逻辑异或</td><td>^</td><td>从左到右</td></tr>
<tr><td>10</td><td>逻辑或、按位或</td><td>|</td><td>从左到右</td></tr>
<tr><td>11</td><td>条件逻辑与</td><td>&&</td><td>从左到右</td></tr>
<tr><td>12</td><td>条件逻辑或</td><td>||</td><td>从左到右</td></tr>
<tr><td>13</td><td>三元条件运算</td><td>?:</td><td>从右到左</td></tr>
<tr><td>14</td><td>赋值</td><td>=、+=、-=、*=、/=、%=、&=、|=、=、
<<=、>>=、>>>=</td><td>从右到左</td></tr>
</table>

优先级自上而下，级别由高到低。运算符的结合性有两种：从左到右、从右到左。

一般来说，算术、关系等二元运算符是左结合的，而一元运算符、三元条件运算符和赋值运算符则是右结合的。同等优先级的运算符要通过结合性控制运算顺序。

如表达式：4/2*6，先算 4/2 结果为 2，再乘以 6，结果为 12。

例如：

```
int a,b,c,d;
a=b=c=d=18;
```

最后一句相当于：

```
a= (b= (c= (d= 18)));
```

2.5 Java 基本输入/输出

在程序运行过程中，通常要用到数据的输入输出操作。在图形界面应用程序中，通过文本框、标签等控件进行；在控制台应用程序中，则需要调用系统预定义的方法。下面主要介绍控制台应用程序的基本输入/输出方法。

2.5.1 基本输出

调用标准输出流 Sytem.out 中的 print()、println()等方法,可在命令行窗口(控制台)输出各种数据。前面章节已经使用过这两种方法,这里就不举例说明了,两者的主要区别:print()是输出括号里的数据,println()表示输出完数据后会自动换行。

从 JDK 1.5 版本开始,新增了 printf()格式化输出方法,该方法的语法格式如下:

```
System.out.printf("格式控制符字符串",参数 1,参数 2,...,参数 n);
```

其中,格式控制符字符串由普通字符和格式控制符组成,普通字符原样输出,格式控制符用于控制后面的参数以何种格式输出,后面的参数个数与格式控制符格式一致。格式控制符如下。

%d:输出 int 型数据。

%md:输出占 m 列 int 型数据。

%f:输出 float、double 浮点数。

%.nf:输出小数保留 n 位的浮点数。

%m.nf:输出占 m 列小数保留 n 位的浮点数。

%e:以指数形式输出 float、double 浮点数。

%c:输出 char 型数据。

%s:输出 String 型数据。

例如:

```
int r=10;
double area=3.14 * 10 * 10;
System.out.printf("半径为%d 圆的面积为: %.2f\n",r,area);
```

程序输出结果如下:

```
半径为 10 圆的面积为: 314.00
```

注意:

System.out.println()表示输出换行。printf()方法输出数据后不会自动换行,如果要自动换行,可在字符串后面加上换行符的转义字符\n。

2.5.2 基本输入

1. 使用命令行参数

main()方法的声明中包括一个形式参数 args,这个参数可接收命令行输入的数据,声明如下:

```
public static void main(String[] args)
```

【例 2-6】 从命令行中输入若干字符串,依次输出各个字符串。

```
class CmdParameter{
    public static void main(String[] args) {
        if(args.length<1) {
            System.out.println("没有输入参数!");
            System.exit(0);
        }
        int n=args.length;
        for(int i=0;i<n;i++)
            System.out.println("第"+i+"个参数是: "+args[i]);
        }
}
```

运行结果如图 2-14 所示。

第一次直接运行，类名后未输入数据，因此输出“没有输入参数！”；第二次运行命令后输入数据 I am a student!，args 数组接收数据时以空格作为分隔符，共 4 个值。

在 Eclipse 开发环境下，输入数据要进行配置，如图 2-15 所示，选择 Run Configurations...，弹出配置界面如图 2-16 所示。

```
E:\lxp>javac CmdParameter.java

E:\lxp>java CmdParameter
没有输入参数!

E:\lxp>java CmdParameter I am a student!
第0个参数是: I
第1个参数是: am
第2个参数是: a
第3个参数是: student!
```

图 2-14　例 2-6 的运行结果

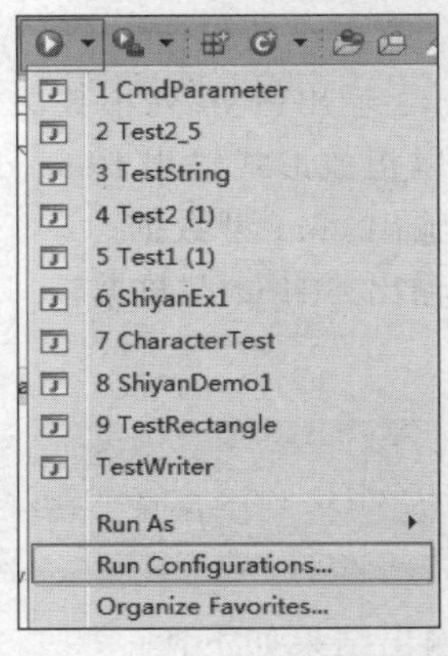

图 2-15　运行配置菜单选择

单击 Arguments 选项卡，输入数据即可，如图 2-17 所示。

2. 使用 Scanner 类

在 java.util 包中，可使用该类创建一个对象，实现数据的输入。创建 Scanner 类对象的代码如下：

```
Scanner reader=new Scanner(System.in);
```

读入数据的方法如下：

- nextInt()——读入一个整数。
- nextFloat()、nextDouble()——读入浮点数。
- next()、nextLine()——读入一个字符串。

【例 2-7】 输入两个整数，输出两个整数的和。

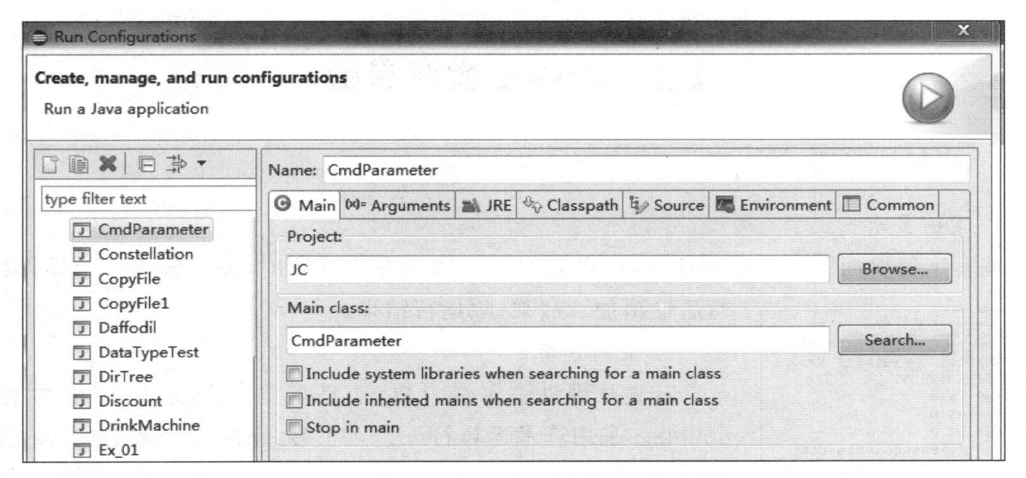

图 2-16　运行配置界面

图 2-17　运行配置参数

```
import java.util.Scanner;
class readData_sc {
    public static void main(String[] args) {
        Scanner sc=new Scanner(System.in);
        System.out.println("input the first data:");
        int a=sc.nextInt();
        System.out.println("input the second data:");
        int b=sc.nextInt();
        int sum=a+b;
        System.out.println(a+"+"+b+"="+sum);
          sc.close();
    }
}
```

运行结果如图 2-18 所示。

```
<terminated> ReadData_sc [Java Application] C:\Java\jdk1.7.0_03\bin\javaw.exe (2019年1月15日 上午11:14:31)
input the first data:
12
input the second data:
34
12+34=46
```

图 2-18　例 2-7 的运行结果

2.6 Java程序举例

案例 简易计算器

1. 案例要求

编写字符界面版计算器程序，运行界面如图2-19所示。运行时，提示输入2个操作数，然后输出加、减、乘、除运行结果。

```
  ==== 简易计算器 ====
请输入第一个操作数: x= 6
请输入第二个操作数: y= 9
运算结果如下:
x+y= 15.0
x-y= -3.0
x*y= 54.0
x/y= 0.6666666666666666
```

图2-19 简易计算器

2. 案例分析

首先从键盘输入2个数，于是需要2个变量，变量类型为double。采用算术运算符＋、－、＊和/完成2个数的加、减、乘、除运算。

3. 案例实现

```
import java.util.Scanner;
public class MyCalculator
{
    public static void main(String[] args)
    {
        Scanner sc=new Scanner(System.in);
        double x,y;
        System.out.println("   ====简易计算器 ====    ");
        System.out.print("请输入第一个操作数:x=");
        x=sc.nextDouble();
        System.out.print("请输入第二个操作数: y=");
        y=sc.nextDouble();
        System.out.println("运算结果如下:");
        System.out.println("x+y="+(x+y));
        System.out.println("x-y="+(x-y));
        System.out.println("x*y="+(x*y));
        System.out.println("x/y="+(x/y));
    }
}
```

本章小结

本章介绍了Java程序设计语言的基础知识：标识符、关键字、变量、数据类型、数据类型的转换以及运算符与表达式，讲解了运算符的优先级和结合性。此外，输入输出是程序设计中的常用语句，本章也讲解了Java中基本输入输出语句。

几乎每一门程序设计语言都有上述知识点。因此，对于初学者来说，掌握了这些知识，就等于拥有了进入计算机编程世界的金钥匙。

习 题

上机题

1. 调试以下程序,给出输出结果。

(1)

```
byte x=127;
x+=1;
System.out.print(x);
```

(2)

```
String s="abc";
s=s+13+','+3.14+(5>3);
System.out.println(s);
```

(3)

```
int x=10;
System.out.println(x++0);
System.out.println(x);
```

(4)

```
int x=3;
int y=5;
System.out.println(x|y);
System.out.println(x&y);
System.out.println(x^y);
```

2. 编写 Java 程序,输入一个4位整数(如1234),依次输出其每位数字的值及其逆序数。

3. 编写程序,求半径为3的圆的面积。

4. 已知 a=10,b=12。编写程序,交换两个变量的值。

5. 对字符'广'、'东'、'省'加密,输出密文。部分代码如下:

```
char a1='广',a2='东',a3='省';
char secret='A';
a1=(char)(a1^secret);
...
System.out.print("密文:"+a1+a2+a3);
a1=(char)(a1^secret);
...
System.out.print("原文:"+a1+a2+a3);
```

第 3 章

Java 程序流程控制

流程控制是所有编程语言的基本功能，主要是指控制程序中各语句的执行顺序。在 Java 语言中，最主要的流程控制方式是结构化程序设计中规定的 3 种基本控制结构。Java 程序通过控制语句来控制方法的执行流程。本章主要介绍选择结构、循环结构和 Java 方法，并通过猜数游戏，学习程序流程控制和 Java 方法的应用。

学习目标

- 理解逻辑值，能运用关系表达式和逻辑表达式实现真假判断。
- 能使用 if 语句、switch 语句编写分支结构程序。
- 能运用分支结构等编写打折计价、显示星座、判断成绩等级应用程序。
- 学会使用 for、while 和 do-while 循环语句，理解递归调用方法。
- 能运用循环结构编写计划累加、阶乘以及乘法表等应用程序。
- 学会定义方法和调用方法，理解变量和字段的作用域。
- 能编写方法来计算圆、矩形的面积和周长。

3.1 程序基本控制结构

程序设计中，程序结构有 3 种：顺序结构、选择结构和循环结构。顺序结构按从上到下的顺序逐条执行语句，上一条语句执行完毕，接着执行下一条语句，中间没有任何判断和跳转，直到程序执行完毕。

3.2 选择结构

选择结构也称分支结构，一般由两个分支组成，程序流程图如图 3-1 所示。根据条件是否成立，选择执行一个分支的语句。各分支中的语句可以是多条语句组成的代码块，也可以是不包含语句的空语句(有一个分支是空语句的，称为单分支结构)，如图 3-2 所示。

3.2.1 if 选择结构

只有 if 的结构是单分支结构时，程序流程图如图 3-2 所示，其语法形式如下：

```
if(条件表达式){
  代码块
}
```

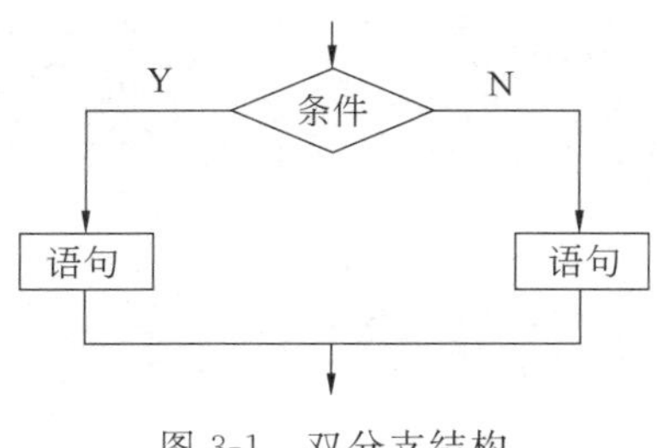

图 3-1 双分支结构

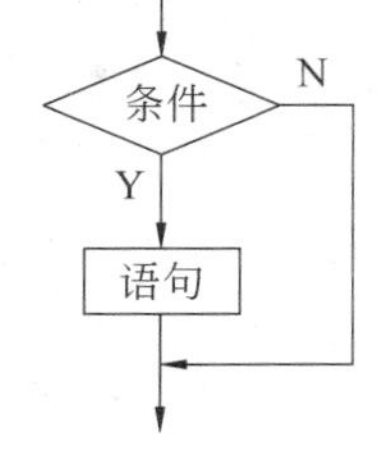

图 3-2 单分支结构

说明：条件表达式必须是一个布尔表达式，必须用圆括号括起来。如果条件中的值为 true，就执行代码块，否则跳过。代码块若是一条语句，可以缺省大括号；若有多条语句，必须用大括号括起来。

【**例 3-1**】 单分支结构示例。

```
public class Test{
    public static void main(String[] args){
          int a =2;
          if(a <5)   a--;
              System.out.print("a=5"+a);
    }
}
```

程序输出结果如下：

```
a=1
```

3.2.2 if-else 选择结构

最常用的分支语句是 if-else 双分支结构，程序流程图如图 3-1 所示，其语法形式如下：

```
if(条件表达式){
    代码块 1
}else{
    代码块 2
}
```

说明：如果条件表达式中的值为 true，执行代码块 1；否则，执行代码块 2。

【**例 3-2**】 双分支结构示例，判断一个整数是奇数还是偶数。

```
public class IfElseDemo {
    public static void main(String[] args) {
      int x =3;                                  //定义整型变量 x
      if (x %2 ==1) {                            //判断余数是否为 1
          System.out.println("x是奇数!");      //如果余数为 1,表示奇数
      }
      else {                                     //如果余数为 0,表示偶数
          System.out.println("x是偶数!");
```

```
        }
    }
}
```

程序输出结果如下：

```
x 是奇数!
```

3.2.3 多重 if 选择结构

多重 if 选择结构语法形式如下：

```
if(条件表达式 1){
    代码块 1
}else if(条件表达式 2){
    代码块 2
}else{
    代码块 3
}
```

说明：若需要判断的条件是连续的区间，使用多重 if 选择结构有很大优势。else if 块可以有多个，取决于程序的需要。如果条件表达式 1 为 true，执行代码块 1，否则执行 else if 块，判断条件表达式 2；为 true 时，执行代码块 2，否则执行代码块 3，以此类推。当条件满足某个 else if 块时，程序余下的部分将不再执行，直接跳出 if 块。

【例 3-3】 多重选择结构示例。

```
public class TestAge{
    public static void main(String args[]){
        int age =100;
        if (age<0) {
            System.out.println("不可能!");
        } else if (age>250) {
            System.out.println("是个妖怪!");
        } else {
            System.out.println("人家芳龄 " +age +" ,马马虎虎啦!");
        }
    }
}
```

程序输出结果如下：

```
人家芳龄 100,马马虎虎啦!
```

【例 3-4】 编写程序实现下述内容：某超市搞促销活动，购买商品总价 2000 元以上，打 8 折；总价 1000～2000 元，打 8.5 折；总价 500～1000 元，打 9 折；总价不到 500 元，不打折。

```
import java.util.Scanner;
public class Example4{
    public static void main(String[]args){
        double price,discount,discPrice;
```

```
        Scanner scan=new Scanner(System.in);
        System.out.println("====打折计价====");
        System.out.println("购买商品 2000 元以上,8 折优惠");
        System.out.println("购买商品 1000～2000 元,8.5 折优惠");
        System.out.println("购买商品 500～1000 元,9 折优惠");
        System.out.print("请输入购买商品的价格:");
        price=scan.nextDouble();
        if(price>=2000){ discount=0.8;}
        else  if(price>=1000){ discount=0.85;}
        else  if(price>=500){ discount=0.9;}
        else  if(price>0){ discount=1;}
        else{
            System.out.println("输入数据有问题");
            return;
        }
        discPrice=price * discount;
        System.out.printf("%.2f 折,折扣价为$%.2f",discount,discPrice);
    }
}
```

程序说明：该程序嵌套了 4 层 if 语句，因而有 5 个分支，即有 5 种不同的运行路线。多次运行程序，其中 4 次的运行结果如图 3-3 所示。

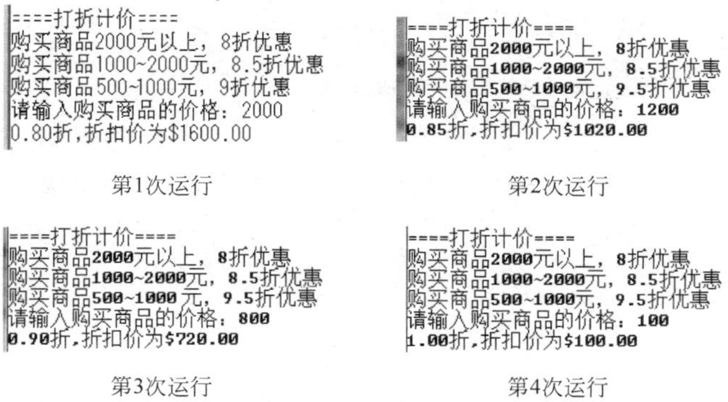

```
====打折计价====
购买商品2000元以上，8折优惠
购买商品1000~2000元，8.5折优惠
购买商品500~1000元，9折优惠
请输入购买商品的价格：2000
0.80折,折扣价为$1600.00
```

第1次运行

```
====打折计价====
购买商品2000元以上，8折优惠
购买商品1000~2000元，8.5折优惠
购买商品500~1000元，9.5折优惠
请输入购买商品的价格：1200
0.85折,折扣价为$1020.00
```

第2次运行

```
====打折计价====
购买商品2000元以上，8折优惠
购买商品1000~2000元，8.5折优惠
购买商品500~1000 元，9.5折优惠
请输入购买商品的价格：800
0.90折,折扣价为$720.00
```

第3次运行

```
====打折计价====
购买商品2000元以上，8折优惠
购买商品1000~2000元，8.5折优惠
购买商品500~1000元，9.5折优惠
请输入购买商品的价格：100
1.00折,折扣价为$100.00
```

第4次运行

图 3-3　打折计价程序 4 次运行结果

3.2.4　嵌套 if 选择结构

可在 if 或者 else 里嵌套 if 结构，语法形式如下。

形式 1：

```
if(条件表达式 1){
    if(条件表达式 2){
        代码块 1
    }else{
        代码块 2
    }
}else{
    代码块 3
}
```

形式 2：

```
if(条件表达式 1){
    代码块 1
}else{
    if(条件表达式 2){
        代码块 2
    }else{
        代码块 3
    }
}
```

说明：形式 1 是在 if 选择结构里嵌入 if 选择结构。条件表达式 1 为 false 时执行代码块 3，否则执行内部 if 选择结构。也就是说，要执行代码块 1，必须满足条件表达式 1 及条件表达式 2。同理，形式 2 是在 else 里嵌套 if 结构。

【例 3-5】 比较数的大小。

```
public class TestCompare{
    public static void main(String[] args){
        int a=3;
        if(a>2){
            if(a !=3){
                System.out.print("a!=3");                //代码块 1
            }else{
                System.out.print("a=3");                 //代码块 2
            }
        }else{
            System.out.print("a≤2");                     //代码块 3
        }
    }
}
```

程序输出结果如下：

```
a= 3
```

3.2.5 switch 选择结构

要在许多的选择条件中找到并执行其中一个符合判断条件的语句时，除了可以使用多重 if-else 判断之外，也可以使用另一种更方便的方式，即多重选择——switch 语句，也称为开关语句，语法格式如下：

```
switch(表达式){
    case 常量 1:
            代码块 1;
            break;
    case 常量 2:
            代码块 2;
```

```
            break;
        ...
        default:
            代码块3;
    }
```

说明：

（1）switch后面的表达式类型可以是byte、short、char、int、枚举、String（不能为浮点型和long型）。

（2）case后面的值不能相同，否则会出现互相矛盾的情况。

（3）default块在其他case块都不满足情况下执行，default是可有可无的，如果它不存在，并且所有的常量值都和表达式的值不相同，那么该语句就不进行任何处理。

（4）break语句用来在执行完一个case分支后使程序跳出switch语句块；如果没有break，程序会顺序执行到switch结尾。

（5）与嵌套if选择结构相比，switch选择结构更便于解决等值判断问题。

【例3-6】 根据数字，输出相应的星期数。

```
public class Test{
    public static void main(String[] args){
        int a =6;
        switch (a){
            case 1:
                System.out.println("星期一");    break;
            case 2:
                System.out.println("星期二");    break;
            case 3:
                System.out.println("星期三");    break;
            case 4:
                System.out.println("星期四");    break;
            case 5:
                System.out.println("星期五");    break;
            case 6:
                System.out.println("星期六");    break;
            case 7:
                System.out.println("星期日");    break;
            default:
                System.out.println("数据不正确");
        }
    }
}
```

程序输出结果如下：

```
星期六
```

程序中，a的值如果为1～7以外的整数，则输出：数据不正确。如果去掉每个case后面的break语句，则输出结果如下：

```
星期六
星期日
数据不正确
```

此外，也可连续写下一系列 case，缺省后面的语句块，以指定多种情况下运行相同的语句块，这时最后一个 case 代码块适用于前面的所有 case，例如下面代码，1～5 为工作日，6 和 7 为周末，其他不正确。

```
switch (a){
  case 1:
  case 2:
  case 3:
  case 4:
  case 5:
          System.out.println("工作日");
          break;
  case 6:
  case 7:
          System.out.println("周末");
          break;
  default:
          System.out.println("数据不正确");
}
```

3.2.6 if 与 switch 的比较

if 和 switch 语句很像，具体什么场景下，应该用哪个语句呢？

如果判断的具体数值不多，而且符合 byte、short、int、char 这四种类型。虽然两个语句都可以使用，建议使用 switch 语句，因为效率稍高。其他情况下，对区间和结果为 boolean 类型判断使用 if，if 的使用范围更广。

3.3 循环结构

循环结构可以看成是一个条件判断语句和一个转向语句的组合，主要实现在某些条件满足的情况下反复执行特定代码的功能。循环结构可以减少源程序重复书写的工作量，用来描述重复执行某段算法的问题，这是程序设计中最能发挥计算机优势的程序结构。循环结构由四部分组成：初始化、循环条件、循环体和迭代部分。

- 初始化部分(init_statement)：给循环变量和其他变量赋初值。
- 循环条件部分(test_exp)：判断循环是否还要重复。
- 循环体部分(body_statement)：要重复执行的操作。
- 迭代部分(alter_statement)：修改循环变量的值，为循环的下一次重复做准备。

常见的循环结构有当型循环和直到型循环。

1. 当型循环

当型循环先判断所给条件是否成立，若条件成立，则执行主体语句(步骤)；再次判断条

件是否成立，若条件成立，又执行主体语句；如此往复，直到某一次条件不成立时为止，如图 3-4 所示。

2. 直到型循环

直到型循环先执行主体语句，再判断所给条件是否成立，若条件不成立，再次执行主体语句；如此往复，直到条件成立，该循环过程结束，如图 3-5 所示。

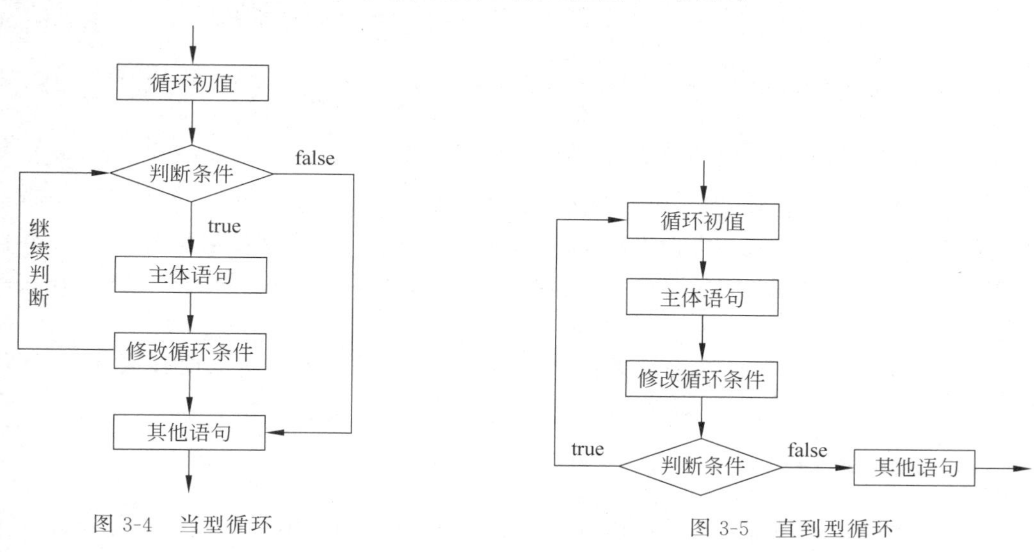

图 3-4　当型循环　　　　图 3-5　直到型循环

循环语句有 3 个：while 语句、do-while 语句和 for 语句。下面分别介绍。

3.3.1　while 语句

while 循环语句的语法形式如下：

```
while(条件表达式){
    循环体
}
```

说明：

(1) 在执行时，先判断条件表达式。如果条件表达式的结果为 true，则执行循环体。执行完循环体后，while 语句再判断条件表达式是否成立。如果为真，继续下一轮循环。如此循环往复，直到条件表达式为 false，才退出整个 while 语句。当条件表达式结果为 false 时，循环体将被跳过，执行 while 循环之后的语句。

(2) 循环体包含 1 条或多条语句，当只有一条语句时可以缺省大括号。最后通常是更改循环条件的语句。此外，循环体也可为空语句。

(3) 如果一开始条件表达式的值为 false，则循环一次也不执行。

【例 3-7】 编写程序，利用 while 循环语句计算 1+2+3+…+10。

分析： 本例涉及多次加法运算，把每次加法运算看成一个重复的运算步骤：下一次的加法运算是本次的结果加上增加的序数。这是典型的循环控制结构，完整的代码如下：

```
public class WhileDemo {
    public static void main(String[] args){
        int   i=1;                                    //定义整型变量 x
        int   sum=0;                                  //定义整型变量,保存累加结果
        while(i <=10){                                //判断循环条件
            sum +=i;                                  //执行累加操作
            i++;                                      //修改循环条件
        }
        System.out.println("1-->10 累加结果为:"+sum);        //输出结果
    }
}
```

本例涉及多次加法运算，把每次加法运算看成一个重复的运算步骤，下次的加法运算是本次的结果加上增加的序数。进行累加操作之前，要先声明存放累加结果的变量 sum，并且要赋初值 0。x 为循环控制变量，也要赋初值，如 i=1，每循环一次，变量的值增加 1，在该例中使用了自增运算 i++。

如果 i 初始值为 11，第一次循环条件判断为 false，则循环体一次也没有执行，sum 值为 0。

3.3.2 do-while 语句

do-while 循环也是用于未知循环执行次数的时候，而 while 循环及 do-while 循环最大不同就是进入 while 循环前，while 语句会先测试判断条件的真假，再决定是否执行循环主体，而 do-while 循环则是“先做再说”，每次都是先执行一次循环主体，然后再测试判断条件的真假，所以无论循环成立的条件是什么，使用 do-while 循环时，至少都会执行一次循环主体。

do-while 循环语句的一般语法形式如下：

```
do {
    循环体
}while(条件表达式);
```

do-while 循环语句也称后测试循环语句，其循环重复执行方式也是利用一个条件来控制是否继续重复执行该语句。与 while 循环不同的是，它先执行一次循环语句，再去判断是否继续执行。

【例 3-8】 计算 1～10 之间所有整数的和，用 do-while 循环语句实现。

```
public class DoWhileDemo {
    public static void main(String[] args){
        int sum=0;
        int i=1;
        do{
            sum+=i;
            i++;
        } while(i<=10);
        System.out.println("1 到 10 之间所有整数的和是: "+sum);
```

```
        }
    }
```

如果 i 的初始值为 11，先执行一次循环体，sum 值为 11，然后循环条件判断为 false，则循环结束。

3.3.3 for 语句

对于 while 和 do-while 两种循环来讲，操作时并不一定要明确地知道循环的次数，而如果开发者明确知道循环次数，可用 for 循环。for 循环是一个循环控制结构，可以有效地编写需要执行的特定次数的循环。在循环语句中，for 语句最简洁，使用率最高，但对于初学者来说，应用起来相对较难。

for 循环语句的一般语法形式如下：

```
for(变量初始化;条件表达式;循环变量更新){
   循环体
}
```

for 语句的圆括号内，用英文分号分隔为 3 个部分，执行次序用 while 语句描述如下：

```
变量初始化;
while(条件表达式){
     循环体
     循环体变量更新
}
```

在 for 语句中，变量初始化部分只在开始时执行一次，然后判断条件表达式。若为 true，则执行循环体，再执行循环变量更新，接着再次判断条件表达式是否成立，以决定下一次循环。若条件表达式为 false，则结束整个循环。

因此，for 语句与 while 语句一样，如果首次判断条件表达式不成立，则循环体一次都不执行。其执行过程如图 3-6 所示。

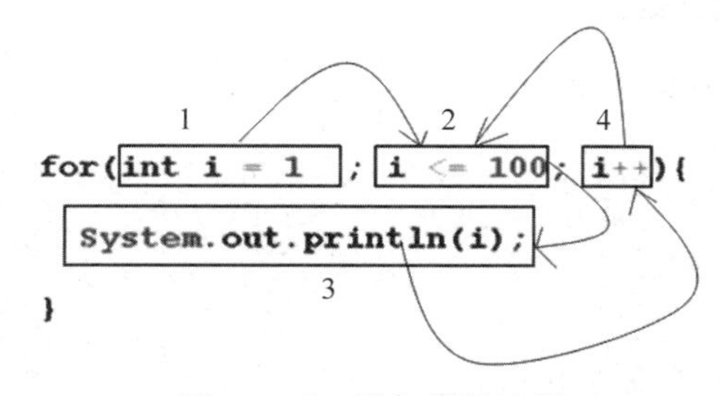

图 3-6　for 语句执行过程

【例 3-9】 编写程序，利用 for 循环计算 1+2+3+…+10。

```
public class ForDemo1 {
    public static void main(String[] args){
        int sum=0;                                    //定义变量保存累加结果
```

```
        for(int i=1; i<=10; i++){                              //使用 for 循环
            sum +=i;                                           //执行累加操作
        }
        System.out.println("1-->10 累加结果为:"+sum);  //输出累加结果
    }
}
```

【例 3-10】 使用 for 循环语句计算 10 的阶乘。

分析：10 的阶乘即 1×2×3×…×10，可在循环体中使用“乘赋值”来计算。

```
public class ForDemo 2{
    public static void main(String[] args){
        int  product=1;                                      //定义变量保存乘积结果
        for(int i=1; i <=10; i++){
                                                             //使用 for 循环
            product *=i;                                     //乘赋值运算
            System.out.printf("%d 的阶乘为:%d\n" ,i, product);
        }
        System.out.println("10 的阶乘为:"+product);  //输出累加结果 product
    }
}
```

程序输出结果如图 3-7 所示。

```
1的阶乘为: 1
2的阶乘为: 2
3的阶乘为: 6
4的阶乘为: 24
5的阶乘为: 120
6的阶乘为: 720
7的阶乘为: 5040
8的阶乘为: 40320
9的阶乘为: 362880
10的阶乘为: 3628800
10的阶乘为: 3628800
```

图 3-7　例 3-10 的程序输出结果

说明：

（1）循环变量增 1 或减 1，既可以使用复合赋值运算符实现，也可以使用自增自减运算符实现，后者更加简练。例如，i++相当于 i+=1。

（2）for 语句圆括号内的 3 个部分都可以省略，但分号不能省略。如果省略了条件表达式，默认其值 true。

例如，求 1～10 所有整数的和，代码如下：

```
int sum=0;
int i=1;
for(; ;){
    sum+=i;
    i++;
    if(i>10){break;}
}
System.out.println("1 到 10 之间所有整数的和是: "+sum);
```

上述代码的运行结果与例 3-9 完全一样。其中，循环体内 if 语句中 break 语句的作用是跳出 for 语句。

(3) 可在一条 for 语句中提供用逗号分隔的多个变量初始化表达式,以及多个循环变量更新表达式,但条件表达式只能有一个(如果需要条件组合,只能使用 &&、|| 等运算符)。例如:

```
for(int i=1,j=10;i<=j;i++,j--){...}
```

(4) 对于 for 语句变量初始化部分声明的变量,其作用域只局限于 for 语句内部,一旦 for 语句结束,便不能再使用。例如:

```
for(int sum=0,i=1;i<=10;i++){
  sum+=i;
  System.out.printf("1 到%d 的累加结果:%d\n",I,sum);
}
System.outm.printf("最后结果:%d",sum); //编译出错,sum 超出作用域
```

3.3.4 break 语句和 continue 语句

break 语句有 3 种作用:①在 switch 语句中,用来终止一个语句序列;②在循环语句中,用来退出当前循环;③作为一种"先进"的 goto 语句来使用,即 break 后接语句标号。

break 语句用于强迫程序中断循环。当程序执行到 break 语句时,即离开循环,继续执行循环外的下一条语句。如果 break 语句出现在嵌套循环中的内层循环,只会跳出当前层的循环。

【例 3-11】 在循环中使用 break 语句。

```
public class BreakDemo {
    public static void main(String[] args){
      for(int i=0; i<5; i++){                  //使用 for 循环
         if(i ==3){                            //如果 i 的值为 3,则退出整个循环
           break;                              //退出整个循环
         }
         System.out.println("i="+i);           //打印信息
      }
    }
}
```

程序输出结果如下:

```
i=0
i=1
i=2
```

continue 语句用于强迫程序跳到循环的起始处。当程序运行到 continue 语句时,即停止运行剩余的循环主体语句,而回到循环的开始处继续执行下一次循环。

【例 3-12】 将例 3-11 所示程序修改为使用 continue 的形式，观察运行结果。

```
public class ContinueDemo {
    public static void main(String[] args) {
        for(int i=0; i<5; i++) {                    //使用 for 循环
            if(i ==3) {                             //如果 i 的值为 3,则退出整个循环
              continue;                             //退出一次循环
            }
            System.out.println("i="+i);             //打印信息
        }
    }
}
```

程序输出结果如下：

```
i=0
i=1
i=2
i=3
i=4
```

【例 3-13】 在循环中使用 break 语句和 continue 语句。

```
public class Test{
  public static void main(String[] args) {
    int i=0;
    while(true) {
      i++;
      if(i>=10) {
        break;                //表示当 i≥10 时,跳出循环,执行 while 后面的代码
      }
      if(i%2==0) {
      continue;               /* 表示当 i 能整除 2 时,跳过本循环,执行下一轮循环 */
      }
      System.out.println(i);
    }
  }
}
```

程序输出结果如下：

```
1
3
5
7
9
```

3.3.5 多重循环

在上述例子中，循环语句的循环体比较简单，没有嵌入另一条循环语句，称为单循环结

构。如果要输出二维表格，例如乘法九九表，需要使用二重循环结构，即在一条循环结构语句的循环体内嵌入另一条循环语句。二重以上的循环称为多重循环。

【例 3-14】 编写程序，使用二重循环，输出 4 行 5 列“*”，如图 3-8 所示。

```
*    *    *    *    *
*    *    *    *    *
*    *    *    *    *
*    *    *    *    *
```

图 3-8 4 行 5 列“*”

```
public class Example14 {
    public static void main(String[] args){
        for(int i=1; i <=4; i++){          //第一层循环
          for(int j=1; j <=5; j++)         //第二层循环
            {System.out.print("*");
            }
            System.out.print("\n");        //换行
        }
    }
}
```

【例 3-15】 编写程序，使用二重循环，计算并输出乘法口诀表。

```
public class Example15 Example14{
    public static void main(String[] args){
        for(int i=1; i <=9; i++){          //第一层循环
          for(int j=1; j <=i; j++)         //第二层循环
            {System.out.print(i+"*"+j+"="+(i * j)+"\t");
            }
            System.out.print("\n");        //换行
        }
    }
}
```

程序输出结果如图 3-9 所示。

```
1×1=1
2×1=2   2×2=4
3×1=3   3×2=6   3×3=9
4×1=4   4×2=8   4×3=12  4×4=16
5×1=5   5×2=10  5×3=15  5×4=20  5×5=25
6×1=6   6×2=12  6×3=18  6×4=24  6×5=30  6×6=36
7×1=7   7×2=14  7×3=21  7×4=28  7×5=35  7×6=42  7×7=49
8×1=8   8×2=16  8×3=24  8×4=32  8×5=40  8×6=48  8×7=56  8×8=64
9×1=9   9×2=18  9×3=27  9×4=36  9×5=45  9×6=54  9×7=63  9×8=72  9×9=81
```

图 3-9 例 3-15 的程序输出结果

注意：

3 种循环语句之间允许相互嵌套。例如，while 语句循环体可嵌入 for 语句或 do 语句，for 语句循环体可嵌入 while 语句或 do 语句，do 语句循环体也可嵌入 while 语句或 for 语句，并且嵌套层数没有限制。

3.4 Java 方法

3.4.1 方法的定义与调用

在一个程序中，相同的程序段可能会多次重复出现，为了减少代码量和出错概率，一般将这些重复出现的代码段单独抽出来，写成子程序形式，以供多次调用。这类子程序在 Java 语言中叫作方法，也称为函数、子程序或过程。

1. 方法的定义

方法定义包括方法声明和方法体，一般语法形式如下：

```
[<访问修饰符>][<修饰符>]<返回值类型><方法名>([参数列表]) [throws<异常类>]
{  //方法声明
      方法体;
}
```

【例 3-16】 一个矩形类定义三个方法，一个求面积 getArea()方法，一个 toString()方法，以及 main()方法。

```
public class Rectangle {
  private static int getArea(int len,int wid){
      int area;
      area=len * wid;
      return area;
  }
  public String toString(){
      return String.format("长为%d,宽为%d的长方形面积为%d\n",10,5,getArea(10,
      5));
  }
  public static void main(String[] args) {
        int l=20,w=15;
        int mj=getArea(l,w);                    //调用类方法 getArea
        System.out.printf("长为%d,宽为%d的长方形面积为%d\n",l,w,mj);
  }
}
```

说明：

(1) 访问修饰符有 public、protected、private 和缺省四种情况，访问权限见表 3-1。

表 3-1　访问修饰符权限说明

访问修饰符名称	说　明	备　注
public(公共)	可以被所有类访问	
protected(受保护)	可以被同一包中的所有类访问，可以被所有子类访问	子类不在同一包中也可以访问
private(私有)	只能够被当前类的方法访问	
缺省(无访问修饰符)	可以被同一包中的所有类访问	如果子类不在同一个包中，也不能访问

在例3-16中，getArea()方法访问修饰符为private，只能在类内部访问，其他类不可访问；toString()方法访问修饰符为public，所有类均可访问。

（2）修饰符是可选项，各修饰符的作用见表3-2。

表3-2 修饰符说明

修饰符名称	说明	备注
static	静态方法（又称为类方法，其他的被称为实例方法）	提供不依赖于类实例的服务，并不需要创建类的实例就可以访问静态方法
final	防止任何子类重载该方法	注意不要使用const；可以同static一起使用，避免对类的每个实例复本进行维护
abstract	抽象方法，类中已声明而没有实现的方法	不能将static()方法、final()方法或者类的构造器方法声明为abstract
native	用该修饰符定义的方法在类中没有实现，而大多数情况下该方法的实现是用C、C++编写的	参见Sun的Java Native接口（JNI），JNI提供了运行时加载一个native()方法的实现，并将其与一个Java类关联的功能
synchronized	多线程的支持	当一个方法被调用时，没有其他线程能够调用该方法，其他的synchronized()方法也不能调用该方法，直到该方法返回

在例3-16中，getArea()方法修饰符为static，称为类方法；toString()方法为实例方法。

（3）返回值类型：声明方法必须声明返回类型（构造方法除外），方法的返回值类型有int、double、String等，没有返回值的方法，必须给出返回类型void，表示空类型。

返回值：方法在执行完毕后返回给调用它的环境的数据。

return语句终止当前方法的运行并指定要返回的数据，返回语句的格式如下：

```
return 可选的表达式;
```

返回语句中的return是关键字，后面的表达式不是必需的。但如果方法返回值类型非void，如为double，则要求返回语句带表达式，并且表达式的值要与方法的返回类型相符。返回语句通常位于方法的尾部，因为它会结束方法的执行。

（4）方法名：方法名是自定义，要求按义起名，起名规则需要符合标识符。方法的名字的第一个单词应以小写字母作为开头，后面的单词则用大写字母开头。例如，求面积的方法名为getArea。

（5）参数列表：参数列表是可选的。方法可以没有参数，也可以有多个。如果有多个，则用英文逗号分隔。每个参数都要声明数据类型。方法声明中的参数，是没有确定值的，属于形式参数，简称为“形参”。形式参数是指在方法被调用时用于接收外界输入的数据，如例3-16中getArea()方法的两个参数len、wid，toString()方法为无参方法。

（6）throws＜异常类＞：是可选的，当代码块中出现异常时，可以采用throws＜异常类＞抛出异常。

（7）方法体是方法的主体，由大括号括起来的语句组成，调用方法运行时，将按顺序逐个执行方法体的语句。因此方法体内各语句的顺序非常重要，不可掉以轻心。如果返回值声明不是void，则方法体中一定要有return语句，如例3-16中的return area;。

2. 方法的调用

方法只有被调用才会被执行。方法一次定义，允许多次调用。使用方法的目的就是避

免重复编码。定义方法就是为了调用方法，方法每调用一次，方法体就被执行一次。

方法调用过程如图 3-10 所示。

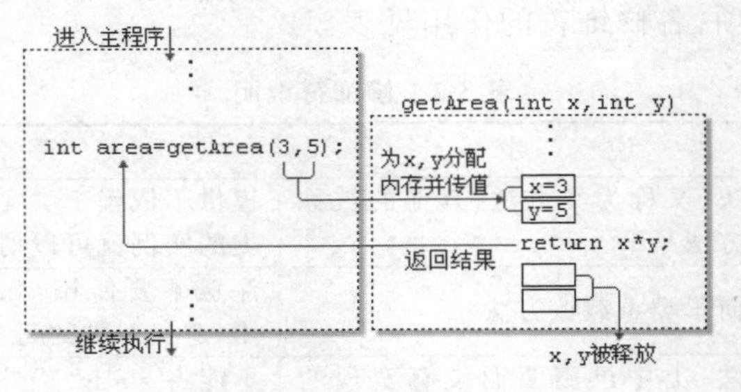

图 3-10 方法调用过程

注意：

在方法内部只能调用方法，不可以在方法内部定义方法。

1）一个类内部的方法调用

前面提到在方法声明处使用 static 修饰的为静态方法（类方法），没有 static 修饰的是非静态方法（实例方法）。类方法调用的语法如下：

```
方法名(实参列表);       //实参列表中参数个数、数据类型和次序必须和所调用方法的形式参数列
                        //表匹配
```

如例 3-16 中，调用类方法 getArea(l,w)，其中 l 和 w 为实参。

在静态方法（类方法）中调用实例方法的语法。

（1）先实例化类（使用 new 创建一个对象），例如：

```
Rectangle rt=new Rectangle();
```

（2）对象名.方法名（实参），例如：

```
rt.toString()
```

对于 toString()方法，没有调用则不会执行，如果要执行该方法，则在 main()方法中添加下面调用语句。

```
Rectangle rt=new Rectangle();
System.out.println(rt.toString());      //调用实例方法 toString
```

如果是实例方法中调用实例方法，则也直接使用方法名调用，在例 3-16 中可增加一个实例方法 print()，在此方法中调用 toString()方法：

```
public void print(){
      System.out.println(toString());
}
```

2）不同类之间的方法调用

【例 3-17】 定义一个圆形类 Circle，包含求面积和周长的方法。再定义一个图形类

Geom，调用 Circle 类中的方法。

```
class Circle {
    final static double PI=3.14;
    static double calcArea(double r){          //定义计算圆面积方法
        double area=PI * r * r;
        return area;
    }
    double calcGirth(double r){                //定义计算圆周长方法
        return 2 * PI * r;
    }
}
public class Geom {
    public static void main(String[] args) {
        double r,area;
        r=2.5;
        area=Circle.calcArea(r);               //调用计算圆面积类方法
            Circle cl=new Circle();
            double girth=cl.calcGirth(r);  //调用计算圆周长实例方法
            System.out.printf("半径为%.2f 的圆的面积: %.2f\n",r,area);
            System.out.printf("半径为%.2f 的圆的周长: %.2f\n",r,girth);
    }
}
```

与前面不同的是，调用类方法时前面要加上类名限定，例如：

```
Circle.calcArea(r);
```

在 Geom 类中不可以调用 Rectangle 类中的 getArea()方法，否则报错，如图 3-11 所示，因为其为私有方法。

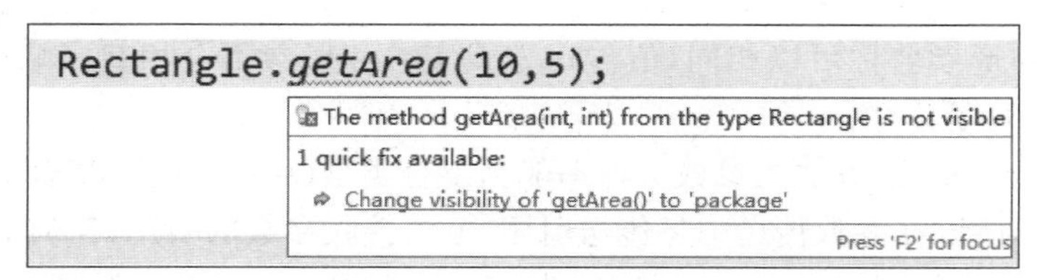

图 3-11　不可调用报错

3）实际参数（实参）

实参即调用方法时实际传给方法的数据。

Java 进行方法调用来传递参数时，需要遵循传递的原则：基本类型传递的是该数据本身，引用类型传递的是对象的引用，不是对象本身。

3.4.2　方法的参数

参数是方法调用时进行信息交换的渠道之一。方法参数可分为：形式参数和实际参数。形式参数简称形参，出现在方法定义中，在整个方法体内都可以使用，离开该方法则不能使用。实际参数简称实参，出现在主调方法中，进入被调方法后，实参变量也不能使用。

当对带参数的方法进行调用时，实际参数将会传递给形式参数，也就是实参与形参结合

的过程。形参和实参的功能是作数据传送。实参和形参在数量、类型、顺序上应严格一致，否则会发生“类型不匹配”的错误。

调用方法与被调方法之间往往需要进行数据传送，数据传送方式有两种：值传送和引用传送。

1. 值传送方式

值传送方式是将调用方法的实参的值计算出来赋予被调方法对应形参的一种数据传送方式，值传送方式的特点是“数据的单向传送”。使用值传送方式时，形式参数一般是基本类型的变量；实参可以是常量、变量，也可以是表达式。

【例 3-18】 测试方法参数的单向值传递。

```
public class Example18 {
    static void swap(int x,int y) {
        int temp=x;
        x=y;
        y=temp;
        System.out.println("x="+x+",y="+y);
    }
    public static void main(String[] args) {
        int x=10,y=20;
        swap(x,y);
        System.out.println("x="+x+",y="+y);
    }
}
```

程序运行结果如下：

```
x=20,y=10
x=10,y=20
```

说明：实参和形参名称可以相同，值传送方式实参和形参不会相互影响。

2. 引用传送方式

使用引用传送方式时，方法的参数类型一般为复合类型(引用类型)，复合类型变量中存储的是对象的引用。所以在参数传送中是传送引用，方法接收参数的引用，任何对形参的改变都会影响到对应的实参。因此，引用传送方式的特点是“引用的单向传送，数据的双向传送”。

【例 3-19】 测试方法参数的引用传递。

```
public class ParamTest {
  static void change(int a[]){        //实现数组两个元素 互换
      int b;
      System.out.println("change 方法中数组元素交换前为: "+a[0]+"  "+a[1]);
      b=a[0];    a[0]=a[1];    a[1]=b;
      System.out.println("change 方法中数组元素交换后为: "+a[0]+" "+a[1]);
  }
  public static void main(String[] args) {
      int arr[]={1,2};
      change(arr);
      System.out.println("main 方法中数组元素为: "+arr[0]+"  "+arr[1]);
  }
}
```

程序输出结果如下：

```
change 方法中数组元素交换前为：1  2
change 方法中数组元素交换后为：2  1
main 方法中数组元素为：2  1
```

3.4.3 方法的重载

方法重载是指在一个类中定义多个同名的方法，但要求每个方法具有不同的参数的类型或参数的个数。调用重载方法时，Java 编译器能通过检查调用的方法的参数类型和个数选择一个恰当的方法。方法重载通常用于创建完成一组任务相似但参数的类型或参数的个数不同的方法。方法重载是让类以统一的方式处理不同类型数据的一种手段。

System.out.println()方法可以接收任意类型的参数，所以此方法属于重载的方法。如下可输出任意类型的数据。

```
System.out.println(1) ;
System.out.println("hello") ;
System.out.println(1.1) ;
System.out.println('c') ;
```

【例 3-20】 重载数相加的方法，以便求几个整数或实数之和。

```
public class MethodDemo03{
  public static void main(String args[]){
      System.out.println(add(10,20)) ;
      System.out.println(add(30,30,30)) ;
      System.out.println(add(30.03f,30.01f)) ;
  }
  public static int add(int x ,int y) {                //add 方法签名 1
      int temp =x +y ;
      return temp ;                                    //将计算结果返回
  }
  public static int add(int x ,int y,int z) {          //add 方法签名 2
      int temp =x +y +z ;
      return temp ;                                    //将计算结果返回
  }
  public static float add(float x ,float y) {          //add 方法签名 3
      float temp =x +y ;
      return temp ;                                    //将计算结果返回
  }
}
```

程序运行结果如下：

```
30
90
60.04
```

注意：

与返回值类型无关，只看参数列表，且参数列表必须不同（参数个数或参数类型）。调用时，根据方法参数列表的不同来区别。

3.5 应用实例

案例　猜数游戏

1. 案例要求

生成一个 0～100 的随机数（整数），然后从键盘输入数字。如果输入的数字比随机数小，输出“系统提示！您猜的数偏小”；如果输入的数比随机数大，输出“系统提示！您猜的数偏大”；如果猜对了，输出“您猜了 * 次，您花了 * 毫秒”。程序运行结果如图 3-12 所示。

```
请输入您要猜的数字:
45
系统提示! 您猜的数偏大
请输入您要猜的数字:
40
系统提示! 您猜的数偏大
请输入您要猜的数字:
35
系统提示! 您猜的数偏小
请输入您要猜的数字:
36
系统提示! 您猜的数偏小
请输入您要猜的数字:
38
系统提示! 您猜的数偏大
请输入您要猜的数字:
37
您猜了6次
您花了23026毫秒
```

图 3-12　猜数游戏的运行结果

2. 案例分析

首先构建随机数生成器类对象，然后从键盘输入一个数。将输入的数与随机产生的数进行比较，使用 if 语句。如果两个数不相等，继续比较，一直到相等为止。由于比较的次数不定，采用 while 循环语句，循环条件设为 true；当两数相等时，用 break 语句跳出循环。

3. 案例实现

```
import java.util.Random;
import java.util.Scanner;
class  GuessNumber  {
    public static void main(String[] args)  {
        Random rd=new Random();                     //构建随机数生成器对象
        int guessNumber=rd.nextInt(100);            //生成 0～100 的 int 型随机数
        long startTime=System.currentTimeMillis();
        int counter=0;
        Scanner sc=new Scanner(System.in);
        int number=0;
        while(true){
            System.out.println("请输入您要猜的数字:");
            number=sc.nextInt();
            counter++;
            if(guessNumber==number)
                break;
            if(guessNumber<number)
                System.out.println("系统提示!您猜的数偏大");
            else System.out.println("系统提示!您猜的数偏小");
```

```
        }
        long endTime=System.currentTimeMillis();
        System.out.println("您猜了"+counter+"次");
        System.out.println("您花了"+(endTime-startTime)+"毫秒");
    }
}
```

本章小结

本章介绍了程序的基本结构：顺序结构、选择结构和循环结构。这3种结构并不彼此孤立，在循环结构中可以有选择结构、顺序结构，在选择结构中也可以有循环结构、顺序结构。在实际的编程过程中，常将这3种结构相结合，用于实现各种算法，设计出相应的程序。

方法定义包括方法声明和方法体。定义方法的目的是减少重复编码，方便维护与调用。调用方法即使用方法。方法是模块化编程的最小单位，是面向对象程序设计中的小模块(类是较大的模块)。定义和调用方法是代码重用的体现。方法一次定义，便可反复调用。在命令行窗口中输入、输出数据，就是通过调用系统预定义的方法完成的。

Java属于面向对象程序设计语言，方法定义和方法调用都在类的内部执行。一个类允许定义多个同名的方法，只要方法签名不同即可。所谓签名不同，是指参数个数、类型或顺序有所不同。若一个类定义了两个以上同名(但签名不同)的方法，称为方法重载。

方法调用时，把实参传递给方法定义中的形参，然后执行方法体语句，分为值传送方式和引用传送方式。

习　题

上机题

1. 使用if语句编写飞机行李托运收费程序：乘坐飞机时，每位顾客可以免费托运20kg以内的行李，超过部分按每公斤1.2元收费。

提示：部分代码如下。

```
import java.util.Scanner;
  ...
        double w,fee;
        Scanner reader=new Scanner(System.in);
        System.out.print("行李重量为:");
        ...
      if(...) {       ...
          System.out.print("费用为:"+fee+"元整(人民币)");
      }
    else
      {     fee=0;
          System.out.print("不超重,费用为0元");
      }
   ...
```

2. 设计登录口令程序，当输入正确的用户名和密码时(用户名为 lisi，密码为 123456)，输出“欢迎使用！”；否则，输出“用户名或密码错误，您还有 n 次机会”。n≤3，若用户名或密码错 3 次以上，输出“本用户已被锁定！”。

```
...
  Scanner input=new Scanner(System.in);
  String name="lisi";
    ...
  int n=2;
  for(int i=0;i<=3;i++)
  {
    System.out.println("请输入用户名:");
    ...
    System.out.println("请输入密码:");
    ...
    if(password.equals(code) && userName.equals(name))
    {
          ...
    }
    else {
        if(n!=0){
          System.out.println("用户名或密码错误,您还有"+n+"次机会");
          ...
        }
        else{
          System.out.println("本用户已被锁定!");}
          ...
    }
  }
```

3. 定义并调用方法，计算半径为 3.1 的圆的面积和周长。(思考：如果从键盘输入半径，怎样修改代码？)

提示：部分代码如下。

```
public class CircleArea {
   static double calcArea(double r)   {          //定义计算圆面积方法
     ...
   }
   return area;
}
public class CircleGirth {
   static double calcGirth(double r)   {         //定义计算圆周长方法
      ...
   }
}

public static void main(String[] args){
```

```
    double radius,area;
    ...
    System.out.printf("\n半径为 3.1 的圆的面积:%.2f",calArea(3.1));
                                                    //调用计算圆面积的方法
    System.out.printf("\n半径为 3.1 的圆的周长:%.2f",calcGirth(3.1));
                                                    //调用计算圆周长的方法
}
```

第4章

数组与字符串

若需要保存一组数据类型相同的变量或者对象，不必给每一个变量都定义一个变量名，否则操作代码臃肿，工作量大且无意义。这时，可使用数组来保存这些数据。Java 中的字符串是一种常用的数据类型，它是一连串的字符序列。但是与其他计算机语言将字符串作为字符数组处理不同，Java 将字符串作为 String 类型对象来处理。将字符串作为内置的对象处理，使得 Java 可以提供十分丰富的功能，以方便处理字符串。本章先学习数组的概念，一维数组、二维数组的声明、初始化和引用；然后介绍数组操作常用方法和常用的字符串类；最后通过应用数组和字符串相关知识，实现“超级大乐透彩票开奖程序”。

学习目标

- 掌握一维数据，包括数组声明、创建、元素访问、遍历和排序等；了解多维数组。
- 理解方法引用类型参数及地址传递方式，学会定义参数为数组的方法。
- 掌握 String 类，学会使用可变字符串类 StringBuffe 和 StringBuilder。
- 了解正则表达式与字符串的匹配。
- 能运用数组编写求一组中最大值、最小值的方法，并编写成绩统计程序。

4.1 数组的概念

一个变量存放一个数据。例如，要存放学生一门课的成绩，声明一个变量便可以做到。如果要存放一个班的学生的成绩，假设该班有 50 人，是否要声明 50 个变量？回答是否定的，因为这样做十分烦琐，实际中可以定义一个数组来存放多个数据。

数组(array)是一种用一个名字来标识一组有序且类型相同的数据组成的派生数据类型，它占有一片连续的内存空间。数组中的每个元素都有如下特征。

(1) 它们的类型是相同的。

(2) 每个元素在数组中有一个位置，即该元素在数组中的顺序关系。Java 数组元素的位置用方括号中的序号表示，称为下标。下标都以 0 起始。表示位置所需的下标个数称为数组的维数。

作为一个整体，数组有如下特征。

(1) 名字：用于对数组各元素的整体标识，称为数组名。

(2) 类型：数组各元素的类型。

(3) 维数：标识数组元素所需的下标个数。

(4) 大小：可容纳的数组元素个数(注意，不是字节数)。

使用一个数组前，必须先用声明语句指明数组的上述特征，以便用一个名字与一个数组实体相关联。Java 将开辟一个与数组大小相同的连续存储空间来存放数组中的各元素。数组大小等于各维数之积。

注意：

数组属引用类型，数组中的值通过数组名和下标组合起来进行访问。

4.2 一维数组

一维数组可以理解为只能存放一行相同数据类型的数据。在 Java 中，如果要使用数组，需要先声明数组，然后分配数组内存(即可以存放多少个数据)。

4.2.1 一维数组的声明

在源程序中，用方括号[]标识数组。由于数组的所有元素都具有相同的数据类型，因此采用元素数据类型后跟方括号的形式表示数据类型。

声明数组有以下两种语法形式。

```
数据类型 数组名[];                         //声明一维数组
```

或

```
数据类型[] 数组名;                         //声明一维数组
```

这两种形式没有区别，使用效果完全一样，用户可根据自己的编程习惯选择。例如：

```
int intArray[];             (或 int[] intArray;)
double decArray[];          (或 double[] decArray;)
String strArray[];          (或 String[] strArray;)
//对象数组
Button btn[];               (或 Button[] btn;)
```

Java 语言中声明数组时不能指定其长度(数组中元素的数)，例如：

```
int a[5];            //非法
```

注意：

数组长度不能声明。数组元素类型除了基本数据类型外，还可以是类、接口、enum(枚举)等类型。应该为数组变量起一个名称，如 nums、people 等。因为数组变量被赋值后，会引用一个数组实例。因此，声明数组变量相当于为即将创建的数组命名。

4.2.2 一维数组的初始化

数组的初始化分为静态初始化和动态初始化。静态初始化是在声明数组的同时赋值；动态初始化是数组声明且为数组元素分配空间与赋值的操作分开进行。

静态初始化举例：

```
int intArray[]={1,2,3,4};
String stringArray[]={"abc", "How", "you"};
```

为数组元素分配空间的格式如下：

```
类型 数组名[]=new 类型[数组长度];
类型[] 数组名=new 类型[数组长度];
```

动态初始化举例如下：

```
String stringArray=new String[3];        //声明数组包含 3 个元素
stringArray[0]=new String("How");        //为第一个数组元素开辟空间
stringArray[1]=new String("are");        //为第二个数组元素开辟空间
stringArray[2]=new String("you");        //为第三个数组元素开辟空间
```

数组是引用类型，其元素相当于类的成员变量，因此数组一经分配空间，其中的每个元素即按照成员变量同样的方式被隐式初始化。例如：

```
public class Test {
  public static void main(String argv[]){
      int a[]=new int[5];
      System.out.println(a[3]);            //a[3]的默认值为 0
  }
}
```

注意：

数组一旦初始化，其容量就固定了，不容改变。故创建数组时一定要考虑数组的容量。

4.2.3 一维数组的引用

一维数组元素的引用方式如下：

```
数组名[下标]
```

说明：数组下标可以是整型常数或表达式，下标从 0 开始。每个数组都有一个属性 length 指明其长度，例如：intArray.length 指明数组 intArray 的长度。

Java 对数组元素要进行越界检查以保证安全性。若数组元素下标小于 0、大于或等于数组长度将产生数组下标越界异常：ArrayIndexOutOfBoundsException。

【例 4-1】 创建一个拥有 3 个元素的整数型数组 arr，并通过 arr[i]=i * i 为每个数组元素赋值，最后将数组 arr 中所有的元素输出。

```
public class arrary1{
    public static void main(String[] args){
        int[] arr;
       arr=new int[3];
       int i;
       for(i=0;i<3;i++){
           System.out.println("arr[i]="+(i * i));
       }
    }
}
```

程序输出结果如下：

```
arr[0]=0
arr[1]=1
arr[2]=4
```

说明：程序先作了个数组声明 int[] arr;然后，创建了一个数组对象 arr＝new int[3];最后，使用循环语句输出数组中的所有数据。如果将 for 循环条件写成了 i＜＝3，则会产生异常。

下面简单分析一下，程序运行时内存的变化情况：首先，声明数组，将数组名压入栈；然后，用 new 为数组在堆内分配空间，并将此空间的首地址压入栈中，此例中分配 3 个整型空间，并同时为每个元素默认初始化为 0；最后，用 for 循环结构修改元素的值，如图 4-1 所示。

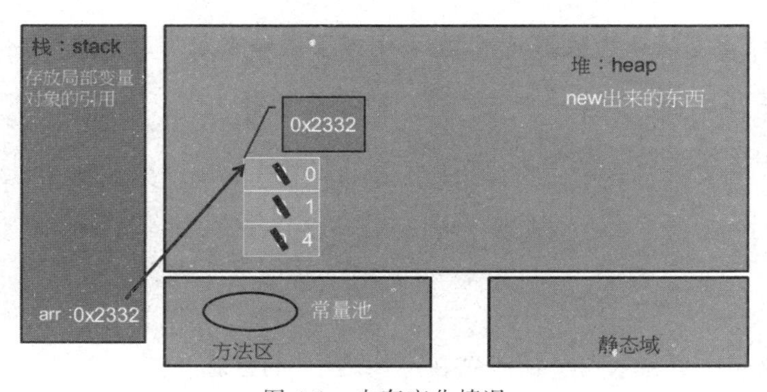

图 4-1　内存变化情况

【例 4-2】　编程，声明并初始化存放学生成绩的数组，统计总人数、最高分、最低分、平均分。

```
public class Array2{
  public static void main(String[] args) {
      int[] nums={61,81,90,65,75,86,91,83,70,90};  //声明数组并初始化
      int count=nums.length;                        //求数组长度即统计总人数
      int sum=0;
      double average;
      int max=nums [0];
      int min=nums [0];
```

```
        System.out.println("数组各元素的值(学生成绩)如下:");
        for(int i=0;i<count;i++) {                              //数组的遍历
            System.out.print(" "+nums[i]);
            sum+=nums[i];                                       //求和
            if(max<nums [i]) max=nums [i];                      //求最大值
            if(min>nums [i]) min=nums [i];                      //求最小值
        }
        System.out.println("\n最高分为: "+max);
        System.out.println("最低分为: "+min);
        average=(double)sum/count;                              //求平均值
        System.out.println("平均分为: "+average);
    }
}
```

程序输出结果如图 4-2 所示。

```
<terminated> Array2 [Java Application] C:\Java\jdk1.7.0_03\bin\javaw.exe (2019年1月18日 下午5:35:12)
数组各元素的值（学生成绩）如下:
 61 81 90 65 75 86 91 83 70 90
最高分为: 91
最低分为: 61
平均分为: 79.2
```

图 4-2　统计平均成绩

上例中使用 for 循环遍历数组元素，也可用以下语句来遍历。

```
for(int s:a) {                                  //数组的遍历
    System.out.print(" "+s);
    sum+=s;                                     //求和
    if(max<s) max=s;                            //求最大值
  if(min>s) min=s;                              //求最小值
}
```

说明：for 语句中冒号“:”是“属于”“在……之中”的意思。整个语句的功能是对于数组中的每一个元素执行循环体中的代码，完成相应的功能。

4.3　二维数组

Java 也支持多维数组。在 Java 语言中，多维数组被看作数组的数组。例如二维数组为一个特殊的一维数组，其每个元素又是一个一维数组。使用二维数组可方便地处理表格形式的数据。

4.3.1　二维数组的声明

二维数组的声明方式和一维数组的类似，声明二维数组的一般语法形式有如下三种。

```
类型 数组名[][];
类型[][] 数组名;
类型[] 数组名[];
```

例如：

```
int[][] arr;
int arr[][];
int[] arr[];
```

4.3.2 二维数组的初始化

二维数组初始化主要有三种形式，前两种为动态初始化。

1. 同时指定行和列的个数

```
数据类型 数组名[][]=new 数据类型[行的个数][列的个数];
```

例如：

```
int[][] arr =new int[3][2];
```

说明：定义了名称为arr的二维数组，二维数组中有3个一维数组，每一个一维数组中有2个元素，一维数组的名称分别为arr[0]、arr[1]、arr[2]，给第一个一维数组1脚标位赋值为78的写法是：

```
arr[0][1] =78;
```

2. 仅指定行的个数

```
数据类型 数组名[][]=new 数据类型[行的个数][];
```

例如：

```
int[][] arr =new int[3][];
```

说明：二维数组中有3个一维数组，每个一维数组都是默认初始化值null（注意：区别于格式1），可以对三个一维数组分别分配存储空间，长度可不同。

```
arr[0] =new int[3]; arr[1] =new int[1]; arr[2] =new int[2];
arr[0][0]=1; arr[1][2]=5;           //给数组元素赋值
```

注意：

```
int[][]arr =new int[][3];                    //非法
```

3. 静态初始化

```
数据类型 数组名[][]={{第0行初始值},{第1行初始值},...,{第n行初始值}};
```

例如：

```
int[][] arr ={{3,8,2},{2,7},{9,0,1,6}};
```

定义一个名称为 arr 的二维数组,二维数组中有三个一维数组,每一个一维数组中具体元素也都已初始化。

- 第一个一维数组 arr[0] = {3,8,2};
- 第二个一维数组 arr[1] = {2,7};
- 第三个一维数组 arr[2] = {9,0,1,6};

Java 语言中,由于把二维数组看作是数组的数组,数组空间不是连续分配的,所以不要求二维数组中每一维的大小相同。

二维数组是数组的数组,若想取得一个二维数组的长度,使用数组名.length,实际上就是数组的行数;若要取得当前数组当前行列的个数,使用数组名[行号].length。

4.3.3 二维数组的引用

二维数组的引用格式如下:

```
数组名[行号][列号]
```

二维数组是元素为一维数组的数组。其中,各元素数组的长度不尽相同。例如,组成二维数组的各个一维数组长度可以不同,但是每维的索引均从 0 开始。

例如:

```
num[1][0];
```

【例 4-3】 编写程序,创建 int[] []类型的二维数组,并计算每行元素的平均值。

```
public class Arrays3{
    public static void main(String[] args){
        int[][] nums=new int[][] {                    //声明、创建二维数组
            {71,60,90,67},                            //第 0 行 4 个元素
            {98,57,76,78},                            //第 1 行 4 个元素
            {69,80}                                   //第 2 行 2 个元素
        };
        System.out.print("二维数组所有元素值如下:");
        for(int i=0;i<nums.length ;i++)   {           //i 控制行
            double rowSum=0;
            for(int j=0;j<nums[i].length;j++){        //j 控制列
              System.out.print(nums[i][j]+" ");
                rowSum+=nums[i][j];
            }
            System.out.println("\t\t 本行平均值"+rowSum/nums[i].length);
        }
    }
}
```

程序输出结果如图 4-3 所示。

例 4-3 定义了由 3 个一维数组(作元素)组成的二维数组 nums。其中,3 个一维数组(对应行)的元素个数分别是 4、4、2,表明二维数组中各元素数组的长度不尽相同。程序中使用了表示二维数组长度的 nums.length。由于二维数组有 3 个一维数组元素,因此 nums.

```
二维数组所有元素值如下：71 60 90 67          本行平均值72.0
98 57 76 78          本行平均值77.25
69 80          本行平均值74.5
```

图 4-3　例 4-3 的程序输出结果

length 的值为 3，即有 3 行。nums[i].length 表示各行（一维数组）的长度，即每行的元素个数（列数），依次是 4、4、2。

4.4　数组操作的常用方法

在 Java 中，提供了一些对数组进行操作的类和方法，主要类有 System 和 Arrays 类，这两个类中的数组操作方法均为静态方法。

4.4.1　数组遍历

所谓遍历，就是从头到尾走一趟。遍历数组，即从头到尾逐个读出数组的元素。

遍历数组除了使用循环结构，还可使用 java.util.Arrays 类的 toString()方法，以字符串形式输出数组的各个元素，该方法的声明格式如下：

```
public static String toString(数组元素类型[] a)
```

其中，数组元素类型包括 int、double 等基本类型，以及根类 Object。即 Arrays 类 toString()方法有很多种重载形式。由于方法是静态的，故以类名 Arrays 作为前缀实现调用。

```
Arrays.toString(数组实例名)
```

注意：

顾名思义，Arrays 是与数组密切相关的类，是数组的包装类。该类提供了多个对数组进行操作的方法，可实现元素搜索、排序、相等比较和数组复制等，并且该类的所有方法都是静态的，因而都可使用类名 Arrays 作为前缀进行调用。

【例 4-4】　编写程序，依次使用 for 语句、Arrays.toString()方法遍历输出数组的各个元素。

```
import java.util.Arrays;
public class Arrays 4{
   public static void main(String[] args){
        int[]nums={67,90,89,56,78,98,75,90,85,70};
        System.out.println("使用遍历数组的 for 语句输出各个元素:");
        for(int n:nums){
            System.out.print(" " +n);    //输出数组元素值
        }
        System.out.println("\n----------------------");
        System.out.println("使用 Arrays.toString 方法输出数组元素:");
        System.out.println(Arrays.toString(nums));
   }
}
```

程序输出结果如图 4-4 所示。可见,使用 Arrays.toString()方法输出数组元素时,自动用方括号把各个元素括起来,各元素之间再以英文逗号分隔。

```
使用遍历数组的for语句输出各个元素:
 67 90 89 56 78 98 75 90 85 70
------------------------
使用Arrays.toString方法输出数组元素:
[67, 90, 89, 56, 78, 98, 75, 90, 85, 70]
```

图 4-4　例 4-4 的程序输出结果

4.4.2　数组复制

对于有些初学 Java 的人,当需要复制数组的时候,一下子就想到使用赋值语句,例如 array1=array2;,但这条语句并不能将 array2 的内容复制给 array1,而是将 array2 的引用传给 array1。执行 array1=array2;语句,array1 和 array2 指向同一个数组。

使用赋值语句不能实现数组复制,它实际上是将等号右边的数组的引用传给等号左边的数组变量,使得两个数组变量指向相同的内存地址。

代码如下:

```
int[] a ={1,2,3},b;
b =a;
```

其内存存储情况如图 4-5 所示。

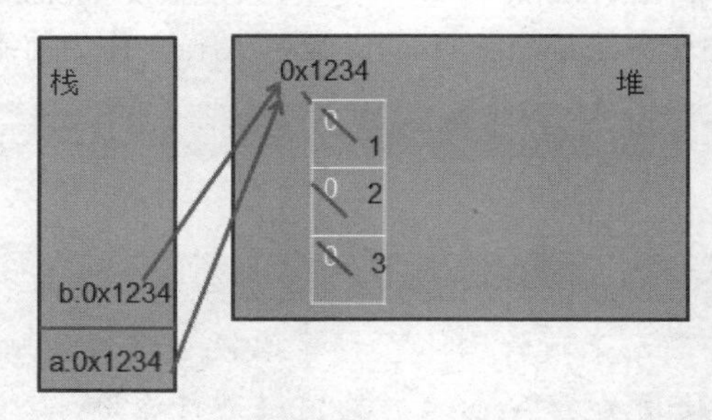

图 4-5　数组变量名直接赋值内存情况

常用的数组复制的方法有以下 4 种。

(1) 使用循环语句逐个复制数组的元素(最简单的方法)。例如:

```
public class ArrayCopy_1 {
   public static void main(String[] args) {
       final int ARRAY_MAX=12;
       int[] sourceArray=new int[ARRAY_MAX];
       int[] targetArray=new int[sourceArray.length];
       for(int i=0;i<sourceArray.length;i++) {
            sourceArray[i]=i;
       }
       for(int j=0;j<targetArray.length;j++) {
          targetArray[j]=sourceArray[j];
       }
```

```
        for(int k=0;k<sourceArray.length;k++){
          System.out.print(targetArray[k]+" ");
        }
    }
}
```

程序输出结果如图 4-6 所示。

0 1 2 3 4 5 6 7 8 9 10 11

图 4-6 程序输出结果

(2) 使用 System 类中的静态方法 arraycopy()。调用形式如下：

```
System.arraycopy(源数组,源数组起始索引,目标数组,目标数组起始索引,元素数量)
```

该方法没有返回值,所复制的数组元素保存在第 3 个参数"目标数组"中。目标数组要预先创建。使用该方法,要指定源数组元素起始位置(索引)、目标数组元素起始位置以及要复制的元素个数。例如：

```
public class ArrayCopy_2{
    public static void main(String[] args){
        final int ARRAY_MAX=12;
        int[] sourceArray=new int[ARRAY_MAX];
        int[] targetArray=new int[sourceArray.length];
        for(int i=0;i<sourceArray.length;i++){
            sourceArray[i]=i;
        }
      //使用 System 中的静态方法 arraycopy 复制数组
      System.arraycopy(sourceArray, 0, targetArray, 0, sourceArray.length);
        for(int j=0;j<targetArray.length;j++){
          System.out.print(targetArray[j]+" ");
        }
    }
}
```

程序输出结果如图 4-6 所示。也可进行部分复制,如下所示。

```
int array1[]={0, 1, 2, 3, 4, 5, 6, 7, 8, 9};
int array2[]={0, 0, 0, 0, 0, 0, 0, 0, 0, 0};
System.arraycopy(array1, 0, array2, 0, 5);
System.out.print("array2: ");
for(int s:array2) System.out.print(s +" ");
```

程序运行结果如下：

```
array2: 0 1 2 3 4 0 0 0 0 0
```

(3) 使用 clone()方法复制数组。

在 Java 语言中,clone()方法被对象调用,所以会复制对象。所谓复制对象,首先要分配一个和源对象同样大小的空间,在此空间中创建一个新的对象。例如：

```
public class ArrayCopy_3 {
    public static void main(String[] args) {
        final int ARRAY_MAX=12;
        int[] sourceArray=new int[ARRAY_MAX];
        int[] targetArray=new int[sourceArray.length];
          for(int i=0;i<sourceArray.length;i++) {
                sourceArray[i]=i;
          }
        targetArray=(int[])sourceArray.clone();
        /* 使用 clone 方法将 int[]型数组 sourceArray 复制到 targetArray。注意：由于
          clone 方法返回值的类型是对象 Object，所以要使用(int[])将其强制转换为 int
          []*/
          for(int k=0;k<sourceArray.length;k++) {
              System.out.print(targetArray[k]+" ");
                                          //输出复制后的结果
          }
    }
}
```

程序输出结果如图 4-6 所示。

(4) 使用类 Arrays 中的静态方法 copyOf()或 copyOfRange()。

copyOf()方法的声明如下：

```
public static 数据类[] copyOf(数据类型[] src, int length)
```

说明：从源数组 src 复制到目标数组 dst，目标数组长度为 length。

copyOfRange()方法的声明如下：

```
public static 类型[] copyOfRange(类型[] src, int start_index, int end_index)
```

说明：从源数组 src 指定范围内（从起始索引 start_index 到终止索引 end_index－1）的元素复制到目标数组。

【例 4-5】 数组复制方法。

```
import java.util.*;
class ArrayCopy {
    public static void main(String args[]) {
      int array1[] = { 0, 1, 2, 3, 4, 5, 6, 7, 8, 9 };
      int array2[] = { 0, 0, 0, 0, 0, 0, 0, 0, 0, 0 };
      int a3[]=new int[10], a4[]=new int[10];
      System.arraycopy(array1, 0, array2, 0, 5);
      System.out.print("array2: ");
      for(int s:array2) System.out.print(s +" ");
      System.out.println();
      a3=Arrays.copyOf(array1, array1.length);
      System.out.print("array3: ");
```

```
        System.out.print(Arrays.toString(a3));
        System.out.println();
        a4=Arrays.copyOfRange(array1, 0,array1.length);
        System.out.print("array4: ");
        System.out.print(Arrays.toString(a4));
        System.out.println();
    }
}
```

运行结果如图 4-7 所示。

```
array2: 0 1 2 3 4 0 0 0 0 0
array3: [0, 1, 2, 3, 4, 5, 6, 7, 8, 9]
array4: [0, 1, 2, 3, 4, 5, 6, 7, 8, 9]
```

图 4-7　例 4-5 的运行结果

4.4.3　数组排序

1. 使用 Arrays.sort()进行数组排序

Arrays 类提供了对数组元素按从小到大的顺序排序的方法 sort(),调用形式主要有以下两种。

```
Arrays.sort(数组实例名)
Arrays.sort(数组实例名,起始索引,终止索引)
```

其中,第二种调用形式要指定排序元素的范围：从起始索引到终止索引减 1 之间的元素,即不包括终止索引处的元素。第一种调用形式是对数组的所有元素排序。

【例 4-6】　编写程序,按升序输出 int[]型数组的所有元素。

```
import java.util.*;
public class ArraySort 1 {
  public static void main(String[] args){
  int[] nums={80,67,90,85,97,56,85,70,64,81};
    System.out.println("排序前的数组元素:");
    System.out.println(Arrays.toString(nums));
    System.out.println("排序后的数组元素:");
    Arrays.sort(nums);
    System.out.println(Arrays.toString(nums));
  }
}
```

程序输出结果如图 4-8 所示。

```
排序前的数组元素:
[80, 67, 90, 85, 97, 56, 85, 70, 64, 81]
排序后的数组元素:
[56, 64, 67, 70, 80, 81, 85, 85, 90, 97]
```

图 4-8　例 4-6 的程序输出结果

2. 数组的冒泡排序

数组的冒泡排序算法如下：

```
import java.util.*;
public class ArraySort 2 {
  public static void main(String[] args){
  int[] nums={80,67,90,85,97,56,85,70,64,81};
    System.out.println("排序前的数组元素:");
    System.out.println(Arrays.toString(nums));
    System.out.println("排序后的数组元素:");
    bubbleSort(nums);
    System.out.println(Arrays.toString(nums));
  }
  public static void bubbleSort(int a[]){
      int n=a.length;
      for(int i=0; i<n-1; i++){
        for(int j=0; j<n-1; j++){
          if(a[j]>a[j+1]){
            int temp=a[j];
            a[j]=a[j+1];
            a[j+1]=temp;
          }
        }
      }
  }
}
```

程序输出结果如图 4-8 所示。

4.5 字符串

字符串是字符的序列，使用最多的是 String 类，它是不变字符串类，也称字符串常量类。此外，还有可变字符串类 StringBuffer 和 StringBuilder。上述 3 个类在 java.lang 包中都实现了字符序列接口 CharSequence。

4.5.1 String 类

1. String 对象的初始化

从内容上看，字符串相当于元素是字符的数组，即类型为 char[]的数组。由于 String 对象特别常用，所以 Java 提供了一种简化的特殊语法对 String 对象进行初始化，格式如下：

```
String s="abc";
s="Java 语言";
```

按照面向对象的标准语法，其格式如下：

```
String s=new String("abc");
s=new String("Java 语言");
```

如果只是按照面向对象的标准语法，在内存使用上则存在比较大的浪费。例如，String s=new String("abc");实际上创建了两个String对象：一个是abc对象，存储在常量空间中；另一个是使用new关键字为对象s申请的空间。对于其他构造方法的参数，可以参看String类的API文档。

2. 字符串的常用操作方法

在String类中提供了很多种方法可以方便地处理字符串，下面介绍几种常用的方法。

1) charAt()方法

charAt()方法的作用是按照索引值(规定字符串中第一个字符的索引值是0，第二个字符的索引值是1，依次类推)，获得字符串中的指定字符。例如：

```
String s="abc";
char c=s.chatAt(1);
```

则变量c的值是'b'。

2) compareTo()方法

compareTo()方法的作用是比较两个字符串的大小，原理是依次比较每个字符串的字符编码。首先比较两个字符串的第一个字符，如果第一个字符串的字符编码大于第二个字符串的字符编码，则返回大于0的值；如果小于，则返回小于0的值；如果相等，则比较后续的字符。如果两个字符串中的字符编码完全相同，则返回0。例如：

```
String s="abc";
String s1="abd";
int value=s.compareTo(s1);
```

则value的值小于0，即−1。

在String类中还有一个类似的方法compareToIgnoreCase()，该方法忽略字符的大小写进行比较，规则和compareTo()一样。

3) concat()方法

concat()方法的作用是连接字符串，得到一个新的字符串。例如：

```
String s="abc";
String s1="def";
String s2=s.concat(s1);
```

则连接以后生成的新字符串s2的值是"abcdef"，而字符串s和s1的值不变。在实际使用时，有一种简单的语法形式，即使用"+"连接字符串。例如：

```
String s="abc"+"1234";
```

则字符串s的值是"abc1234"。这样书写，更加简单、直观。

运算符"+"不仅可以连接字符串，还可以连接其他数据类型。"+"匹配的顺序是从左向右，如果两边连接的内容都是基本数字类型，则按照加法运算；如果参与连接的内容有一个是字符串，才能按照字符串进行连接。例如：

```
int a=10;
String s="123"+a+5+(5>3);
```

则连接以后，字符串 s 的值是"123105 true"，计算的过程为：首先，连接字符串"123"和变量 a 的值，生成字符串"12310"；然后，将该字符串和数字 5 连接；最后，比较表达式的结果为 true，连接起来生成最终的结果。

4）endsWith()方法

endsWith()方法的作用是判断字符串是否以某个字符串结尾。如果以对应的字符串结尾，返回 true。例如：

```
String s="student.doc";
boolean b=s.endsWith("doc");
```

则变量 b 的值是 true。

5）equals()方法

equals()方法的作用是判断两个字符串对象的内容是否相同。如果相同，返回 true；否则返回 false。例如：

```
String s="abc";
String s1=new String("abc");
boolean b=s.equals(s1);
```

不能用"=="比较两个字符串的内容是否相同。例如，上述代码中，如果执行 s==s1，则结果为 false。因为 s 对象对应的是"abc"的地址，而 s1 使用 new 关键字申请新的内存，所以内存地址和 s 的"abc"的地址不同，得到的值是 false。

在 String 类中有一个类似的方法 equalsIgnoreCase()，其作用是忽略大小写比较两个字符串的内容是否相同。

6）indexOf()方法

indexOf()方法的作用是查找特定字符或字符串在当前字符串中的起始位置。如果不存在，返回−1。例如：

```
String s="abcded";
int index0=s.indexOf('d');
int index1=s.indexOf('h');
int index2=s.indexOf('d',4);
```

index0 返回字符 d 在字符串 s 中第一次出现的位置，数值为 3。由于字符 h 在字符串 s 中不存在，则 index1 的值是−1。index2 返回从索引值 4（包括 4）以后的字符中第一个出现的字符 d，其值为 5。

7）length()方法

length()方法的作用是返回字符串的长度，也就是返回字符串中字符的个数。中文字符也是一个字符。例如：

```
String s="abc";
String s1="Java 语言";
int len=s.length();
int len1=s1.length();
```

则变量 len 的值是 3,变量 len1 的值是 6。

8) replace()方法

replace()方法的作用是替换字符串中所有指定的字符,然后生成一个新的字符串。调用该方法以后,原来的字符串不发生改变。例如:

```
String s="abcat";
String s1=s.replace('a', '1');
```

其作用是将字符串 s 中所有的字符 a 替换成字符 1,生成的新字符串 s1 的值是"1bc1t",字符串 s 的内容不变。

如果需要将字符串中某个指定的字符串替换为其他字符串,则使用 replaceAll()方法。例如:

```
String s="abatbac";
String s1=s.replaceAll("ba","12");
```

其作用是将字符串 s 中所有的字符串"ab"替换为"12",生成新的字符串"a12t12c",但字符串 s 的内容不变。

9) split()方法

split()方法的作用是以特定的字符串作为间隔,拆分当前字符串的内容。一般情况下,拆分以后得到一个字符串数组。例如:

```
String s="ab,12,df";
String s1[]=s.split(",");
```

其作用是以字符串","作为间隔,拆分字符串 s,得到拆分以后的字符串数组 s1,其内容为:{"ab","12","df"}。

如果在字符串内部存在和间隔字符串相同的内容,将拆除空字符串,尾部的空字符串被忽略。例如:

```
String s="abbcbtbb";
String s1[]=s.split("b");
```

则拆分出的结果字符串数组 s1 的内容为{"a","   ","c","t"}。拆分出的中间的空字符串的数量等于中间间隔字符串的数量减 1 个。例如:

```
String s="abbbcbtbbb";
String s1[]=s.split("b");
```

则拆分出的结果是{"a","   ","   ","c","t"}。

10) startsWith()方法

startsWith()方法的作用和 endsWith()方法类似,只是该方法判断字符串是否以某个字符串作为开始。例如：

```
String s="TestGame";
boolean b=s.startsWith("Test");
```

则变量 b 的值是 true。

11）substring()方法

substring()方法的作用是取字符串中的子串。例如：

```
String s="TestString";
String s1=s.substring(2);
String s1=s.substring(2,5);
```

s1 是取字符串 s 中索引值为 2(包括 2)以后的所有字符作为子串，其值为"ststring"。s2 是取字符串 s 中从索引值 2(包括 2)开始，到索引值 5(不包括 5)的部分作为子串，其值为"stS"。下面是一段简单的应用代码，作用是输出任意一个字符串的所有子串。

```
String s="子串示例";
int len=s.length();                                    //获得字符串长度
for(int begin=0; begin<len-1; begin++){                //起始索引值
    for(int end=begin+1; end <=len; end++){            //结束索引值
        System.out.println(s.substring(begin, end));
    }
}
```

在该代码中，循环变量 begin 代表需要获得的子串的起始索引值，其变化区间从第一个字符的索引值 0 到倒数第二个字符串的索引值 len −2；end 代表需要获得的子串的结束索引值，其变化的区间从起始索引值的后续一个数字到字符串长度。通过循环嵌套，可以遍历字符串中的所有子串。

12）toCharArray()方法

toCharArray()方法的作用和 getBytes()方法类似，即将字符串转换为对应的 char 数组。例如：

```
String s="abc";
char[] c=s.toCharArray();
```

则字符数组 c 的值为{'a','b','c'}。

13）toLowerCase()方法

toLowerCase()方法的作用是将字符串中所有的大写字符转换为小写。例如：

```
String s="AbC123";
String s1=s.toLowerCase();
```

则字符串 s1 的值是"abc123"，而字符串 s 的值不变。

类似的方法是 toUpperCase()，其作用是将字符串中的小写字符转换为对应的大写字符。例如：

```
String s="AbC123";
String s1=s.toUpperCase();
```

则字符串 s1 的值是"ABC123",而字符串 s 的值不变。

14) trim()方法

trim()方法的作用是去掉字符串开始和结尾的所有空格,形成一个新的字符串。该方法不去掉字符串中间的空格。例如:

```
String s="   abc abc 123 ";
String s1=s.trim();
```

则字符串 s1 的值为"abc abc 123",字符串 s 的值不变。

15) valueOf()方法

valueOf()方法的作用是将其他类型的数据转换为字符串类型。需要注意的是,基本数据和字符串对象之间不能使用强制类型转换的语法进行转换。另外,由于该方法是 static()方法,所以不用创建 String 类型的对象。例如:

```
int n=10;
String s=String.valueOf(n);
```

则字符串 s 的值是"10"。虽然对于程序员来说,没有发生什么变化,但是对于程序来说,数据的类型发生了变化。

介绍一个简单的应用,判断一个自然数是几位数字的代码如下:

```
int n=12345;
String s=String.valueOf(n);
int len=s.length();
```

字符串的长度 len 代表该自然数的位数。这种判断比数学判断方法在逻辑上要简单一些。

关于 String 类的使用就介绍这些,其他方法以及这里介绍的方法的详细声明可以参看对应的 API 文档。

4.5.2 StringBuffer 类

StringBuffer 类构建的对象是可变的字符序列,允许对其中的字符进行增、删、改操作,而无须重新构建对象。这是由于存放字符串对象的缓冲区容量可动态增长。对于那些需要频繁增删字符的字符串,使用 StringBuffer 对象比 String 的效率高。

在 StringBuffer 类中存在很多和 String 类一样的方法,它们在功能上和 String 类完全一样。但是对 StringBuffer 对象的每次修改都会改变其自身,这是和 String 类最大的区别。另外,由于 StringBuffer 是线程安全的,所以在多线程程序中也可以很方便地使用,但是程序的执行效率稍低。

1. StringBuffer 对象的初始化

StringBuffer 对象的初始化不像 String 类那样,Java 规定了特殊的语法,但通常情况下使用构造方法进行初始化。例如：

```
StringBuffer s=new StringBuffer();
```

这样初始化的 StringBuffer 对象是一个空的对象。如果需要创建带有内容的 StringBuffer 对象，使用：

```
StringBuffer s=new StringBuffer("abc");
```

这样初始化的 StringBuffer 对象的内容是字符串"abc"。

需要注意的是，StringBuffer 和 String 属于不同的类型，不能直接进行强制类型转换。下面的代码都是错误的。

```
StringBuffer s="abc";                    //赋值类型不匹配
StringBuffer s=(StringBuffer)"abc";      //不存在继承关系,无法强制转换
```

StringBuffer 对象和 String 对象之间相互转换的代码如下：

```
String s="abc";
StringBuffer sb1=new StringBuffer("123");
StringBuffer sb2=new StringBuffer(s);   //String 转换为 StringBuffer
String s1=sb1.toString();              //StringBuffer 转换为 String
```

2. StringBuffer 的常用方法

StringBuffer 类中的方法偏重于字符串的变化，例如追加、插入和删除等。这也是 StringBuffer 和 String 类的主要区别。

(1) append()方法，格式如下：

```
public StringBuffer append(boolean b)
```

该方法的作用是追加内容到当前 StringBuffer 对象的末尾，类似字符串的连接。可重载此方法，以接收任意类型的数据。调用该方法后，StringBuffer 对象的内容也发生了改变。

使用该方法连接字符串，比 String 更加节约内存。例如，连接数据库 SQL 语句。

```
StringBuffer sb=new StringBuffer();
String user="test";
String pwd="123";
sb.append("select * from userInfo where username=")
.append(user)
.append(" and pwd=" ")
.append(pwd);
System.out.println(sb.toString());
```

对象 sb 的值是字符串"select * from userInfo where username=test and pwd=123"。

(2) deleteCharAt()方法，格式如下：

```
public StringBuffer deleteCharAt(int index)
```

该方法的作用是删除指定位置的字符，然后将剩余的内容构成新的字符串。例如：

```
StringBuffer sb=new StringBuffer("Test");
sb.deleteCharAt(1);
```

上述代码的作用是删除字符串对象 sb 中索引值为 1 的字符，也就是删除第二个字符，剩余的内容组成一个新的字符串。所以，对象 sb 的值变为"Tst"。

还有一个功能类似的 delete()方法，格式如下：

```
public StringBuffer delete(int start,int end)
```

该方法的作用是删除指定区间内的所有字符，包含 start，不包含 end 索引值。例如：

```
StringBuffer sb=new StringBuffer("TestString");
sb.delete(1,4);
```

上述代码的作用是删除索引值 1(包括 1)到索引值 4(不包括 4)之间的所有字符，剩余的字符形成新的字符串，则对象 sb 的值是"TString"。

(3) insert()方法，格式如下：

```
public StringBuffer insert(int offset, boolean b)
```

该方法的作用是在 StringBuffer 对象中插入内容，形成新的字符串。可重载此方法，以接受任意类型的数据，例如：

```
StringBuffer sb=new StringBuffer("TestString");
sb.insert(4,false);
```

上述代码的作用是在对象 sb 的索引值 4 的位置插入 false 值，形成新的字符串，则对象 sb 的值是"TestfalseString"。

(4) reverse()方法，格式如下：

```
public StringBuffer reverse()
```

该方法的作用是将 StringBuffer 对象中的内容反转，形成新的字符串。例如：

```
StringBuffer sb=new StringBuffer("abc");
sb.reverse();
```

反转以后，对象 sb 中的内容变为"cba"。

【例 4-7】 编写程序，创建 StringBuffer 类对象，执行字符增、删、改等操作。

```java
public class Test {
    public static void main(String[] args)    {
        StringBuffer sb =new StringBuffer();
        sb.append("I * * * ");                    //追加字符
        sb.append("Java.");
        System.out.println(sb.toString());        //toString()返回该对象的字符串表示
        sb.replace(2,5,"喜欢还是讨厌?");           //替换索引从 2 到 5－1＝4 的字符串 * * *
        System.out.println(sb);
        sb.delete(2,9);                           //删除索引从 2 至 9－1＝8 的字符串
        System.out.println(sb);
        sb.insert(2,"loke");                      //在索引 2 处插入字符串
        System.out.println(sb);
        sb.setCharAt(3,'I');                      //替换索引 3 处的字符
        System.out.println("该字符串长度为"+sb.length());
        System.out.println("第二个单词是"+sb.substring(2,6));     //子串
        System.out.println("整个字符串反转,变为:"+sb.reverse());
    }
}
```

程序输出结果如图 4-9 所示。

```
I  ***Java.
I  喜欢还是讨厌？*Java.
I ？*Java.
I loke？*Java.
该字符串长度为13
第二个单词是like
整个字符串反转，变为.avaJ*？ekil I
```

图 4-9　可变字符串对象增、删、改运行结果

4.5.3　StringBuilder 类

StringBuilder 类是一个可变的字符序列。此类提供一个与 StringBuffer 类兼容的 API，但不保证同步。该类被设计用作 StringBuffer 类的一个简易替换，用在字符串缓冲区被单个线程使用的时候（这种情况很普遍）。如果可能，建议优先采用该类，因为在大多数实现中，它比 StringBuffer 类效率高。

在 StringBuilder 类上的主要操作是 append()和 insert()方法，可重载这些方法，接收任意类型的数据。每个方法都能有效地将给定的数据转换成字符串，然后将该字符串的字符添加或插入字符串生成器中。append()方法始终将这些字符添加到生成器的末端；insert()方法则在指定的点添加字符。

将 StringBuilder 类的实例用于多个线程是不安全的。如果需要这样的同步，建议使用 StringBuffer 类。

4.5.4　String 类、StringBuffer 类和 StringBuilder 类的使用和区别

在 Java 中，String、StringBuffer、StringBuilder 是编程中经常使用的字符串类，其区别经常在工作面试中被问到，现总结如下。

1. 可变与不可变

String 类中使用字符数组保存字符串,因为有 final 修饰符,所以 string 对象是不可变的。例如:

```
final char value[];
```

StringBuilder 类与 StringBuffer 类都继承自 AbstractStringBuilder 类。在 AbstractStringBuilder 类中也使用字符数组保存字符串,可知这两种对象都是可变的。

2. 多线程安全性

String 类中的对象是不可变的,可以理解为常量。显然,线程安全。

StringBuffer 类对方法加了同步锁,或者对调用的方法加了同步锁,所以是线程安全的。例如下述代码。

```
public synchronized StringBuffer reverse(){
  super.reverse();
  return this;
}
public int indexOf(String str){
  return indexOf(str, 0);
  //存在 public synchronized int indexOf(String str, int fromIndex)方法
}
```

StringBuilder 类并没有对方法进行加同步锁,所以是非线程安全的。

如果程序不是多线程的,使用 StringBuilder 类的效率高于 StringBuffer 类。

对于 String 类、StringBuffer 类和 StringBuilder 类的使用总结如下:

(1) 如果操作少量的数据,使用 String 类。

(2) 在单线程操作字符串缓冲区下操作大量数据,使用 StringBuilder 类。

(3) 在多线程操作字符串缓冲区下操作大量数据,使用 StringBuffer 类。

4.6 应用实例

案例 1 超级大乐透彩票开奖

1. 案例要求

大乐透投注区分为前区号码和后区号码,前区号码范围为 01～35,后区号码范围为 01～12。大乐透每期从 35 个前区号码中开出 5 个号码,从 12 个后区号码中开出 2 个号码作为中奖号码。中奖说明如图 4-10 所示。

奖级	中奖条件		中奖说明
	前区	后区	
一等奖	●●●●●	●●	中5+2
二等奖	●●●●●	●	中5+1
三等奖	●●●●●		中5+0

图 4-10 中奖说明

2. 案例分析

投注区分为前区号码和后区号码两组数,因此可以考虑采用两个一维数组存储这些号码,当用户输入一组号码后,对数组的数按升序排序列后输出。数组的输入和输出采用循环语句实现。

3. 案例实现

```
import java.util.Scanner;
import java.util.Arrays;
class Lottery {
  public static void main(String[] args){
    int arr1[]=getNumber(35,5);
    int arr2[]=getNumber(12,2);
    Scanner sc=new Scanner(System.in);
    int arrp[]=new int[5];
    int arrl[]=new int[2];
    System.out.print("输入你的五个前区号码(1-35):");
    for(int i=0;i<arrp.length;i++)
        arrp[i]=sc.nextInt();
    System.out.print("输入你的两个后区号码(1-12):");
    for(int i=0;i<arrl.length;i++)
        arrl[i]=sc.nextInt();
    System.out.println("超级大乐透开奖结果为:");
    System.out.print("前区:");
    for(int i=0;i<arr1.length;i++)
        System.out.print(arr1[i]+"  ");
    System.out.print("\t 后区:");
    for(int i=0;i<arr2.length;i++)
        System.out.print(arr2[i]+"  ");
    System.out.println();
    Arrays.sort(arr1);
    Arrays.sort(arr2);
    int p=0,l=0;
    for(int i=0;i<arr1.length;i++){
        if(Arrays.binarySearch(arr1,arrp[i])>=0)
          p++;
    }
    //System.out.println(p);
    for(int i=0;i<arr2.length;i++){
      if(Arrays.binarySearch(arr2,arrl[i])>=0)
        l++;
    }
    //System.out.println(l);
    if(p==5 && l==2)  System.out.println("恭喜您中了一等奖!");
    else  if(p==5 && l==1)  System.out.println("恭喜您中了二等奖!");
        else if(p==5 && l==0)  System.out.println("恭喜您中了三等奖!");
            else  System.out.println("抱歉您未中奖,谢谢您的参与!");
  }
  static int[] getNumber(int n,int l){
    int arr1[]=new int[l];
    for(int i=0;i<arr1.length;i++){
      arr1[i]=1+(int)(Math.random() * n);
      int j=0;
```

```
        while(j<i){                    //去掉重复值
            if(arr1[i]==arr1[j]){
              arr1[i]=1+(int)(Math.random() * 35);
                j=0;
            }
          else  j++;
        }
      }
      Arrays.sort(arr1);
      return arr1;
    }
}
```

程序运行结果如图 4-11 所示。

```
输入你的五个前区号码(1-35): 3 12 20 34 8
输入你的两个后区号码(1-12): 5 8
超级大乐透开奖结果为:
前区: 12  15  28  29  35          后区: 8  11
抱歉您未中奖,谢谢您的参与!
```

图 4-11 案例 1 的程序运行结果

案例 2 学生成绩统计

1. 案例要求

编程实现成绩统计程序,要求运行时提示输入逗号分隔的一系列成绩分数值,按成绩由低到高排序输出,并统计总分、最高分、最低分和不及格人数。

2. 案例分析

输入成绩是包含逗号分隔的数值,作为一个字符串输入,Scanner 类对象扫描内容默认以空格或回车符作为分隔符的,在此排除默认的空格,然后用 String 类的 split()方法将字符串分割得到成绩数组。

3. 案例实现

```
public class StuScoreCount{
    public static void main(String[] args) {
        try {
            System.out.println("====成绩统计====");
            Scanner scan =new Scanner(System.in).useDelimiter("\r\n");
            //扫描器对象扫描的内容以回车换行作为分隔符,排除默认的空格,
            //因而允许扫描内容包含空格
            System.out.println("请输入要计算的一系列数据(逗号分隔):");
            String str =scan.next();                //输入一行,如 1、2、3、5、6、4
            String[] strArray =str.split(",");
            int len =strArray.length;
            double[] doubleArray =new double[len];
            for (int i =0; i <len; i++) {           //将字符串数组转换为 double 型数组
```

```
                doubleArray[i] =Double.parseDouble(strArray[i]);
            }
            Arrays.sort(doubleArray);                    //数组排序
            System.out.println(" 按 升 序 排 序 后 的 数 据: " + Arrays. toString
            (doubleArray));
            System.out.printf("总和: %.1f\n" , sum(doubleArray));
            System.out.printf("最高分: %.1f\n", max(doubleArray));
            System.out.printf("最低分: %.1f\n", min(doubleArray));
            System.out.printf("有%d 人不及格\n", bigCount(60,doubleArray));
        } catch (Exception e) {
            System.out.println("异常: " +e.getMessage());
        }
    }
    public static double sum(double[] nums) {          //求总分
        int len =nums.length;
        double s =0;
        for (int i =0; i <len; i++)
            s +=nums[i];
        return s;
    }
    public static double max(double[] nums) {          //求最高分
        int len =nums.length;
        double m =nums[0];
        for (int i =1; i <len; i++) {
            if (m <nums[i])
                m =nums[i];
        }
        return m;
    }
    public static double min(double[] nums) {          //求最低分
        int len =nums.length;
        double m =nums[0];
        for (int i =1; i <len; i++) {
            if (m >nums[i])
                m =nums[i];
        }
        return m;
    }
    //求小于 num 的元素个数,调用时 num=60,则得到不及格人数
    public static int bigCount(double num, double[] nums) {
        int count =0;
        int len =nums.length;
        for (int i =0; i <len; i++) {
            if (nums[i] <num)
                count++;
```

```
            }
            return count;
        }
}
```

运行结果如图 4-12 所示。

```
====成绩统计====
请输入要计算的一系列数据(逗号分隔):
12,25.8,87,76.5,99,88
按升序排序后的数据: [12.0, 25.8, 76.5, 87.0, 88.0, 99.0]
总和: 388.3
最高分: 99.0
最低分: 12.0
有2人不及格
```

图 4-12　案例 2 的程序运行结果

本章小结

本章介绍了数组。数组作为一种类型,其使用步骤分成三步:声明、创建和元素访问。可以把前两步合并,用一条语句完成;甚至三合一,用一条语句实现声明、创建数组并对元素赋初值。除了一维数组,还有二维、三维等多维数组。

数组操作有遍历、排序和复制等,均与 Arrays 类相关。可以直接调用该类方法完成任务,无须编写逻辑复杂的代码。

Java 方法参数除了基本类型(值类型)外,还可以是数组、类等引用类型。不管是什么类型,调用时都只是从实参到形参的单向传递。引用类型参数传递的是地址值,是"双向"传递。如果形参的值改变了,实质上也是实参的值改变。

常用的字符串类型是 String,但其对象是不变的字符串,即字符串常量。如果需要频繁更改字符,最好使用可变字符串 StringBuffer 或 StringBuilder(单线程用),因为后两个类的对象允许变更里面的字符。这样,就无须频繁丢弃、创建对象,从而节省运行时间,提高执行效率。

正则表达式可以用来搜索、编辑或处理文本,它并不限于某一种语言,但是在每种语言中有细微的差别。

习　题

一、问答题

1. Java 能动态分配数组吗?

2. 怎么知道数组的长度?

3. 数组有没有 length()方法? String 有没有 length()方法?

4. Java 中的任何数据类型都可以使用 System.out.pritln()方法显示。对于基本数据类型而言,输出的往往是变量的值;对于像数组这一类复杂的数据类型,会如何呢?

二、上机题

从键盘输入学生成绩，找出其中的最高分，并输出学生成绩等级。

成绩＞＝最高分－10：等级为'A'

成绩＞＝最高分－20：等级为'B'

成绩＞＝最高分－30：等级为'C'

其余：等级为'D'

提示：先输入学生人数；然后根据人数创建 int 数组，用于存放学生成绩。运行结果如图 4-13 所示。

```
请输入学生人数：8
请输入8个成绩：100 90 80 70 60 50 40 30
最高分:100
学生 0 的成绩是 100 等级是 A
学生 1 的成绩是 90 等级是 A
学生 2 的成绩是 80 等级是 B
学生 3 的成绩是 70 等级是 C
学生 4 的成绩是 60 等级是 D
学生 5 的成绩是 50 等级是 D
学生 6 的成绩是 40 等级是 D
学生 7 的成绩是 30 等级是 D
```

图 4-13　上机题运行结果

代码提示如下：

```
...
    Scanner sc=new Scanner(System.in);
    System.out.print("请输入学生人数:");
  ...
    System.out.print("请输入"+i+"个成绩:");
    for(int j=0;j<i;j++)
        ...
    //求最大值
    int max=scores[0];
    for(int s:scores){
       if(s>max)     ...;
    }
      System.out.println("最高分:"+max);
      //判断成绩等级
      char grade;
      for(int j=0;j<i;j++){
            if(scores[j]>=max-10)grade='A';
            else if...grade='B';
            else if...grade='C';
            else  grade='D';
            System.out.println("学生 "+j+" 的成绩是 "+scores[j]+" 等级是 "+grade);
      ...
      }
```

第5章

类与对象

面向对象程序设计(object oriented programming,OOP)是当前最流行的程序设计方法。Java语言是一种面向对象的程序设计语言,其基本思想是使用类、对象、继承、封装、消息等基本概念来进行程序设计。本章将首先介绍面向对象的程序设计思想,让读者对其有基本认识,了解面向对象的特征;然后详细讲解类与对象的概念,包括类的定义、对象的创建、类的封装、构造方法以及this关键字的使用。

学习目标

- 熟悉面向对象程序设计思想。
- 掌握类的定义方法,包括成员变量、成员方法和构造方法的定义。
- 掌握对象的初始化过程。
- 熟悉public、private等修饰符的使用。
- 掌握this关键字的使用。

5.1 面向对象程序设计概述

5.1.1 面向过程与面向对象

无论是面向对象还是面向过程,都是一种思想,面向对象是相对于面向过程而言的。面向过程,强调的是功能行为;面向对象,是先将功能封装进对象,强调具备了功能的对象。面向对象程序设计方法是目前软件开发的主流方法,它是基于对象概念的软件开发方法,已逐步取代基于过程的程序设计技术。

1. 面向过程的程序设计

面向过程的程序设计方法(procedure oriented programming,POP)是最早提出的一种自上而下的设计方法,即分析出解决问题所需的步骤,然后用函数一步一步地实现;使用的时候,一个一个地依次调用。面向过程的程序设计关心的是功能的实现,功能一般由各个相关联的函数实现,其耦合性比较强。

面向过程其实是最实际的一种思考方式,就算是面向对象的方法,也含有面向过程的思想。可以说,面向过程是一种基础的方法,它考虑的是实际地实现。所以,面向过程最重要的是模块化的思想方法。当程序规模不是很大时,面向过程的方法还体现出一种优势,因为程序流程很清楚,按着模块与函数的方法,可以很好地组织。下面介绍一个简单的面向过程的例子,即学生早上去上学,粗略地可以将过程拟为如下过程。

(1) 起床。

（2）穿衣。

（3）洗脸刷牙。

（4）吃早餐。

（5）去学校。

这 5 步就是一步一步地完成，它的顺序很重要，只需一个一个地实现就行了。对于这样的设计，每个环节只关注动作、功能实现，没有考虑数据的状态，而且各个行为间的耦合性较强，不利于程序的扩展和模块化。

面向过程的程序设计的优点是易于理解和掌握。这种逐步细化问题的设计方法和大多数人的思维方式比较接近。然而，过程式设计对于比较复杂的问题，或是在开发中需求变化比较多的时候，往往显得力不从心。这是因为过程式的设计是自上而下的，要求设计者在一开始就要对需要解决的问题有一定的了解。在问题比较复杂的时候，要做到这一点会比较困难。当开发中需求变化的时候，以前对问题的理解也许不再适用。事实上，开发一个系统的过程往往也是一个对系统不断了解和学习的过程，而过程式的设计方法忽略了这一点。

2. 面向对象的程序设计

随着信息系统的加速发展，应用程序日趋复杂化和大型化。传统的软件开发技术难以满足发展的新要求。20 世纪 80 年代以后，面向对象的程序设计技术日趋成熟，并逐渐地被计算机界理解和接受。面向对象的程序设计方法和技术是目前软件研究和应用开发中最活跃的一个领域。

面向对象设计自下而上的特性，允许开发者从问题的局部开始，在开发过程中逐步加深对系统的理解。这些新的理解以及开发中遇到的需求变化，都会再作用到系统开发本身，形成一种螺旋式的开发方式。在面向对象设计中，类封装了数据，类的成员函数作为其对外的接口，抽象地描述了类。用类将数据和操作这些数据的函数放在一起，可以说是面向对象设计方法的本质。

面向对象是把构成问题的事务分解成各个对象，建立对象的目的不是为了完成一个步骤，而是为了描述某个事物在整个解决问题的步骤中的行为。其考虑问题和解决问题的方法是：有谁做（Who）→谁是谁（Who）→谁怎么做（How）。

面向对象更加强调运用人类在日常的思维逻辑中采用的思想方法与原则，如抽象、分类、继承、聚合、多态等。

面向对象技术受到广泛重视，主要是其思想接近于客观实际，并符合人们的思维方式，易于被人们接受。其主要优点表现在以下几个方面。

（1）使编程更容易。因为面向对象更接近现实，所以在开发时可以从现实出发，进行适当的抽象。

（2）使工程更加模块化，实现低耦合、高内聚。

（3）可以更好地实现“开—闭”原则，使代码更易于阅读。

在学习中，不能死记硬背术语，应多实践、多思考，在实践中潜移默化地理解和掌握相关知识。

5.1.2　面向对象程序设计的特征

面向对象程序设计是一种集问题分析方法、软件设计方法和人类思维方法于一体的，贯穿软件系统分析、设计和实现的程序设计方法，其基本思想是：从现实世界中客观存在的事物（即对象）出发来构造软件系统，并在系统构造中尽可能运用人类的自然思维方式，强调直接以问题域（现实世界）中的事物为中心来思考问题、认识问题，并根据事物的本质特点，把它们抽象地表示为系统中的对象，作为系统的基本构成单位。

面向对象程序设计基本特征如下所述。

1. 封装性

封装性即信息隐藏，即把对象的属性和行为结合成一个相同的独立单位，并尽可能地隐藏对象的内部细节。

封装是保证软件部件具有优良的模块性的基础。封装的目标就是要实现软件部件的“高内聚、低耦合”，防止程序相互依赖带来的变动影响。在面向对象的编程语言中，对象是封装的最基本单位，面向对象的封装比传统语言的封装更清晰、有力。面向对象的封装就是把描述一个对象的属性和行为的代码封装在一个“模块”中，也就是一个类中。属性用变量定义，行为用方法定义，方法可以直接访问同一个对象中的属性。例如，人要在黑板上画圆，一共涉及3个对象：人、黑板和圆。画圆的方法分配给哪个对象呢？由于画圆需要用到圆心和半径，圆心和半径显然是圆的属性，如果将它们在类中定义成私有的成员变量，那么，画圆的方法必须分配给圆，它才能访问到圆心和半径这两个属性。人只是调用画圆方法、给圆发送消息，画圆方法不应该分配在人这个对象上，这就是面向对象的封装性，即将对象封装成一个高度自治和相对封闭的个体，对象状态（属性）由对象自己的行为（方法）来读取和改变。一个更便于理解的例子就是，司机将火车刹住了，那么，刹车的动作是分配给司机，还是分配给火车？显然，应该分配给火车，因为司机自身不可能有那么大的力气将火车停下来，只有火车自己才能完成这一动作，火车需要调用内部的离合器和刹车片等多个器件协作才能完成刹车这个动作，司机刹车的过程只是给火车发出了一条指令，通知火车执行刹车动作。

2. 继承性

在定义和实现一个类的时候，可以在已经存在的类的基础之上来操作，把已经存在的类所定义的内容作为自己的内容，加入若干新的内容；或修改原来的方法，使其更适合特殊的需要，这就是继承。继承是子类自动共享父类数据和方法的机制，是类之间的一种关系，提高了软件的可重用性和可扩展性。

3. 多态性

多态是指程序中定义的引用变量指向的具体类型和通过该引用变量发出的方法。调用在编程时并不确定，而是在程序运行期间确定，即一个引用变量到底指向哪个类的实例对象，该引用变量发出的方法调用到底是哪个类中实现的方法，必须在程序运行期间才能决定，因为程序运行时才确定具体的类。这样，不用修改源程序代码，就可以让引用变量绑定到不同的类实现上，导致该引用调用的具体方法随之改变，即不修改程序代码就可以改变程序运行时绑定的具体代码，让程序选择多个运行状态，这就是多态性。多态性增强了软件的灵活性和扩展性。

5.2 类的定义与对象的创建

5.2.1 类与对象的关系

类(class)和对象(object)是面向对象程序设计的核心概念。

1. 类的概念

类是一组具有相同特性(属性)和相同行为(方法)的事物的描述，它是 Java 语言的最小编译单元，也是设计和实现 Java 程序的基础。类是一个抽象的概念，类似于造汽车、建房子等需要的设计图纸，是对现实中客观存在的事物的抽象。类代表的是总体，而不是个体。

例如，设计人(person)类。人类的共同特征(属性)主要包括姓名(name)、性别(sex)、年龄(age)、身高(height)和体重(weight)。对于具体的某个人来说，每个特征都有数值，而类代表的是总体特征，它只描述特征的类型和结构，不指定每个特征的具体值。类除了描述一类事物的特征外，还包含该类事物共有的功能(行为)，这些功能才是类的核心部分。例如，人类包含的基本功能有：说话(speak)、吃东西(eat)、走路(walk)和睡觉(sleep)。

以上是面向对象技术中对类的概念的基本描述。类是现实世界或思维世界中的实体在计算机中的反映，它将数据以及这些数据上的操作封装在一起。从语法角度来讲，类也是一种数据类型，它属于引用类型，使用方法与基本数据类型相同。

2. 对象的概念

对象是实际存在的该类事物的每个个体，如图 5-1 所示，也称实例(instance)，比如一辆汽车、一只小狗等。从语法角度来讲，对象是具有类类型的变量。

图 5-1　对象的例子

3. 两者的关系

类是对象的抽象，对象是类的具体实例。类是抽象的，不占用内存；对象是具体的，占用存储空间。类是用于创建对象的蓝图，它是一个定义包括在特定类型的对象中的方法和变量的软件模板。

可以这样理解：类＝汽车设计图，对象＝实实在在的汽车，如图 5-2 所示。类存在的理由是：需要根据设计图制造出很多辆汽车。

归纳起来，类与对象的关系是：对象是类的实例，类是对象的模板。类创建对象的过程称为实例化。

Java 的开发任务如下所述。

(1) 使用类库中提供的类创建对象。

(2) 编写自定义类。

(3) 使用自定义类创建对象。

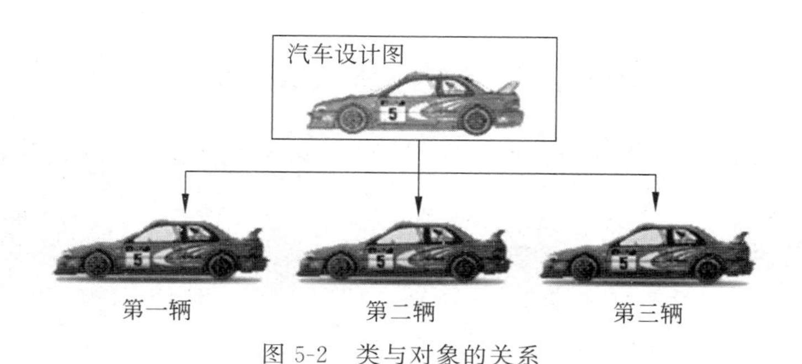

图 5-2 类与对象的关系

（4）调用对象的方法和属性，解决实际问题。

5.2.2 类的定义

现实世界中的万事万物是由分子和原子构成的。同理，Java代码世界是由诸多不同功能的类构成的。现实世界中的分子和原子又是由什么构成的呢？答案是原子核和电子！那么，Java中用类class来描述事物也是如此。类是由属性和方法构成的，属性对应类中的成员变量，行为对应类中的成员方法。

Java中一个类的定义如下所示，类可以包括成员变量、构造方法、成员方法、内部类，甚至包含代码块。

```
public class Persont{
    //属性(成员变量)
    private String name;
    private char sex;
    private int age;
    //构造器(构造方法)
    public Person(){
        name="Jerry";
        sex='M';
        age=1;
    }
    //行为(成员方法)
    public static void walk(){
        System.out.println("人在走路……");
    }
    public String info(){
        return "|----name:"+name+"\n"±
            "|----sex:"+sex+"\n"±
            "|----age:"+age+"\n";
    }
    //内部类
    class Pet{
        String name;
        float weight;
    }
}
```

1. 类的基本定义语法

在 Java 语法中,使用关键字 class 定义一个类,其语法格式如下:

```
访问控制符 class 类名{
    [成员变量声明]
    [构造器声明]
    [成员方法声明]
}
```

说明:

(1) "访问控制符"用于限定类在多大范围内可以被其他类访问,可以使用关键字 public(公有的)或者默认。具体限定后面将进一步解释。

(2) class 是定义类的关键字,后面接类名。通常,类名要有意义,且首字母大写。

(3) 花括号部分是类的主体,用于声明类的内部结构。类体中一般包含 3 个部分:成员变量声明、构造器声明和成员方法声明。

因此,创建 Java 自定义类的步骤如下所述。

(1) 用关键字 class 定义类(考虑修饰符、类名)。

(2) 编写类的属性(考虑修饰符、属性类型、属性名和初始化值)。

(3) 编写类的构造器(考虑修饰符和形参)。

(4) 编写类的方法(考虑修饰符、返回值类型、方法名和形参等)。

【例 5-1】 定义圆形类 Circle,将其属性(半径)和行为(求面积和周长)用代码封装起来。

```
public class Circle{
    private double radius;                                         //成员变量:半径
    private static final double PI=3.14;                           //常量:圆周率
    private static int count;
    public Circle(){                                               //无参的构造方法
        count++;                                                   //圆的个数加 1
    }
    public Circle(double radius)throws Exception{                  //带参数的构造方法
        if(radius<0)throw new Exception("半径不能小于 0");
        this.radius=radius;
        count++;
    }
    public void setRadius(double radius)throws Exception {         //设置半径
        if(radius<0)throw new Exception("半径不能小于 0");
        this.radius=radius;
    }
    public double getRadius(){                                     //获取半径
        return radius;
    }
    public static int getCount(){                                  //得到圆的个数
        return count;
    }
```

```
    public double getArea(){                              //计算面积
        return PI * radius * radius;
    }
    public double getGirth(){                             //计算周长
        return 2 * PI * radius;
    }
}
```

说明：

(1) 程序第1行是类的头部(类头)。public为访问修饰符,表示公共的类;class是定义类的关键字,Circle是类名。

(2) 类头后面用大括号括起来的是类体。在类体中定义了类的成员变量、构造方法及成员方法。

在MyEclipse环境下创建类的步骤如下所述。

(1) 执行File→New→Java Project命令,创建Java项目。

(2) 执行File→New→Class命令,弹出New Java Class对话框,如图5-3所示,创建Java类。

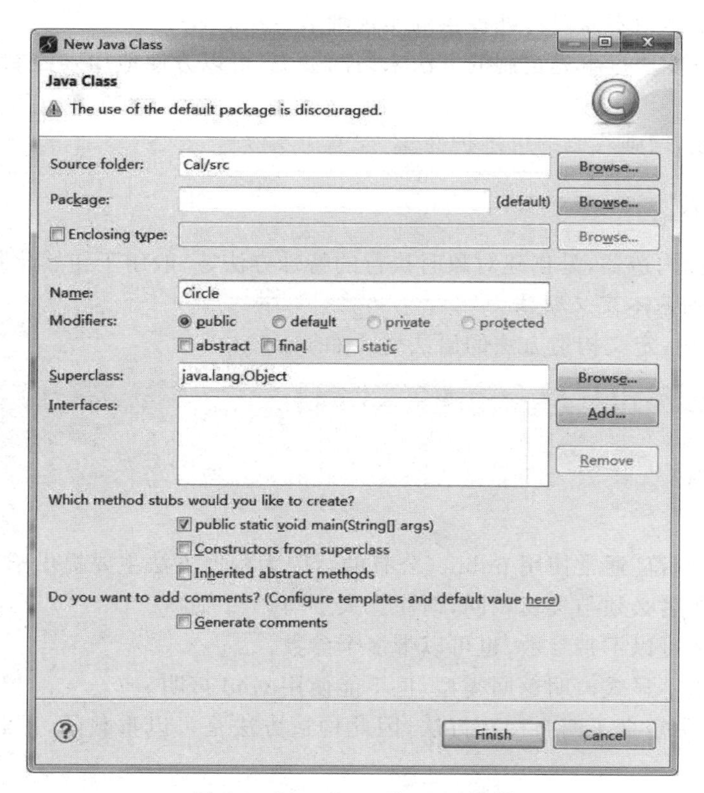

图5-3　New Java Class对话框

(3) 在Name文本框中输入Circle,并勾选public static void main(String[] args)项,然后单击Finish按钮,在代码区生成Circle.java源文件,并给出程序框架,如图5-4所示。

(4) 在代码区按照例5-1所示代码补充完整。

```
*Circle.java
public class Circle {

    /**
     * @param args
     */
    public static void main(String[] args) {
        // TODO Auto-generated method stub

    }
}
```

图 5-4　程序框架

2. 类的封装

封装是面向对象的三大特性之一（封装、继承、多态），是指信息与实现细节的隐藏。Java 使用访问修饰符定义其他类对特定类的可访问性，实现类的封装。一般来说，只要是属性，就必须封装，Java 中通过将属性声明为私有的（private），再通过公共的（public）setter()和 getter()方法设置和获取，实现对属性的操作。例如，radius 属性的 setter()方法：setName()；getter()方法：getName()。

封装的主要目的如下所述。

（1）隐藏一个类中不需要对外提供的实现细节。

（2）使用者只能通过事先定制的方法来访问数据，可以方便地加入控制逻辑，限制对属性的不合理操作。

（3）便于修改，增强代码的可维护性。

5.2.3　构造方法

构造方法也称构造器，是创建对象时执行的特殊方法，一般用于初始化新对象的属性。

1. 构造方法的基本定义语法

在 Java 语法中，定义构造方法的语法格式如下：

```
访问控制符 构造方法名([参数列表])[throws 子句]{
    方法体
}
```

说明：

（1）“访问控制符”通常使用 public（公有的），因为构造方法主要提供给其他类调用。

（2）构造方法名必须与类名相同，请注意大小写。

（3）构造方法可以不带参数，也可以带多个参数。

（4）构造方法不显式声明返回类型，也不能使用 void 声明。

例如，例 5-1 中定义了两个构造方法，因此构造方法是可以重载的，重载原则与普通方法相同。

```
public Circle(){                                   //无参的构造方法
    count++;                                       //圆的个数加 1
}
public Circle(double radius)throws Exception{      //带参数的构造方法
    if(radius<0)throw new Exception("半径不能小于 0");
```

```
        this.radius=radius;
        count++;
    }
```

其中,第一个构造方法是不带参数的,称为默认的构造方法,未显式初始化半径。实际上,在这种情况下,系统会对各种类型的成员变量自动进行初始化赋值,见表5-1。

表5-1 成员变量自动初始化

成员变量类型	初始化值
byte	0
short	0
int	0
long	0L
float	0.0F
double	0.0
char	'\u0000'(表示为空)
Boolean	false
引用类型	null

第二个构造方法带一个参数,初始化圆的半径。

2. 构造方法的特性

构造方法是一个特殊的方法,与普通的成员方法的不同之处如下所述。

(1) 构造方法名与类名相同。

(2) 构造方法不显式声明返回类型,也不能使用void声明。

(3) 不能被static、final、synchronized、abstract、native修饰,不能有return语句返回值。

(4) 构造方法可以重载,重载原则与普通方法相同。

(5) 一个对象只能调用一次构造方法,当使用关键字new时,才调用构造方法。

(6) 如果在一个类中没有明确定义一个构造方法,会自动生成没有参数的默认的构造方法;如果一个类已经明确声明了一个构造方法,不会再重新生成没有参数的默认的构造方法。

注意:

其中,(1)~(4)点在前面介绍过,第(5)点和第(6)点在5.2.5小节说明。

5.2.4 成员变量与局部变量

在类中,所有变量分为成员变量和局部变量,如图5-5所示。在方法体外、类体内声明的变量称为成员变量。在方法体内部声明的变量称为局部变量。两者的主要区别如下所述。

1. 成员变量

(1) 成员变量定义在类中,在整个类中都可以被访问。

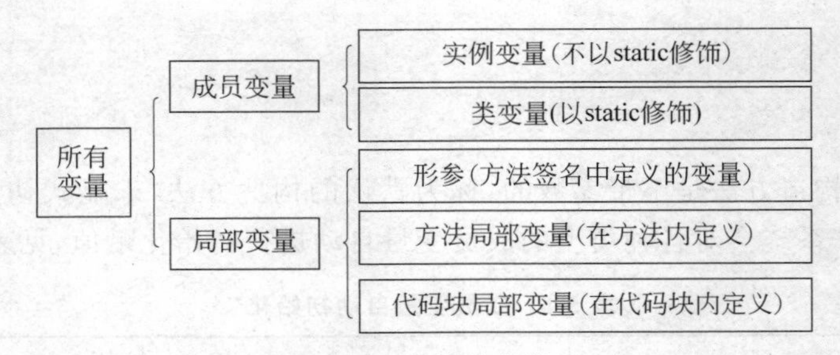

图 5-5　变量的分类

(2) 成员变量分为类成员变量和实例成员变量，实例变量存在于对象所在的堆内存中。

(3) 成员变量有默认的初始化值。

(4) 成员变量的权限修饰符可以根据需要任意选择。

2. 局部变量

(1) 局部变量只定义在局部范围内，如方法内、代码块内等。

(2) 局部变量存在于栈内存中。

(3) 作用的范围结束，变量空间自动释放。

(4) 局部变量没有默认的初始化值，每次必须显式初始化。

(5) 局部变量声明时，不指定权限修饰符。

5.2.5　对象的创建

定义好一个类之后，如何使用呢？答案是要对类实例化，即创建类的对象。使用 new＋构造器创建新的对象，然后用“对象名.对象成员”的方式访问对象成员（包括属性和方法）。

例如，通过 new 调用 Circle 类的构造方法创建圆形对象，代码如下：

```
Circle c1=new Circle();
Circle c2=new Circle(2.8);
```

c1 是调用 Circle 类中默认的构造方法创建的一个圆对象，其半径默认初始化为 0.0；c2 是调用 Circle 类中带一个参数的构造方法创建的圆对象，其半径为 2.8。

一个类可以产生多个对象。那么，多个对象之间会相互影响吗？下面从内存如何分配空间存储对象的角度来简单解析。如图 5-6 所示，只要出现关键字 new，就表示开辟新的内存空间，因此多个对象之间不会互相影响。

c1 和 c2 分别是两个对象的句柄，通常称为对象名。也可以不定义对象的句柄，而直接调用对象的方法。这样的对象叫作匿名对象，例如：

```
new Circle().getArea();
```

如果对一个对象只需要执行一次方法调用，可以使用匿名对象。经常将匿名对象作为实参传递给一个方法调用。

【例 5-2】　在例 5-1 的基础上，构建若干个圆对象，分别计算圆的面积和周长。

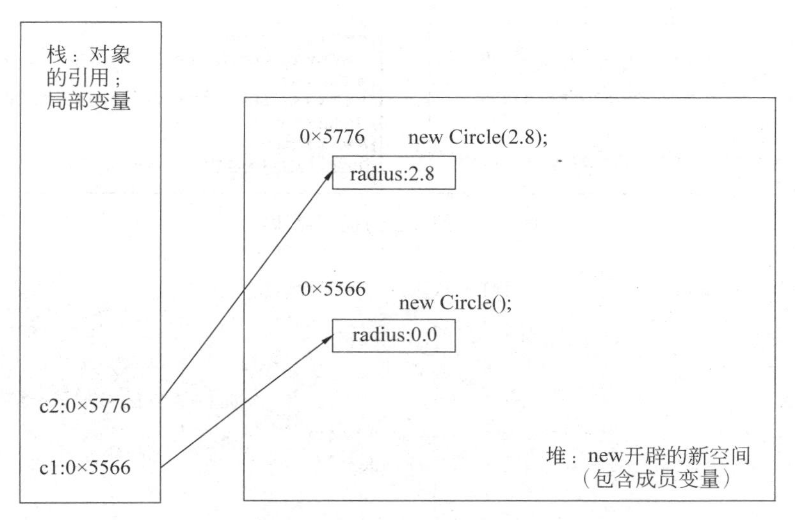

图 5-6 对象空间分配

```
import java.util.Scanner;
public class TestCircle {
    public static void main(String[] args) {
        try {
            //构建第一个圆 c1,初始半径默认为 0.0,随后调用 setRadius 方法修改半径为 5
            Circle c1=new Circle();
            System.out.printf("构建了半径为%.2f 的圆\n", c1.getRadius());
            c1.setRadius(5);
            System.out.printf("构建了半径为%.2f 的圆,圆面积:%.2f,圆周长:%.2f\n",
                        c1.getRadius(), c1.getArea(), c1.getGirth());
            System.out.println("目前圆的个数为:"+Circle.getCount());
            Circle c2=new Circle(2.8);          //构建第二个圆 c2,半径为 2.8
            System.out.printf("构建了半径为%.2f 的圆,圆面积:%.2f,圆周长:%.2f\n",
                        c2.getRadius(), c2.getArea(), c2.getGirth());
            System.out.println("目前圆的个数为:"+Circle.getCount());
            Scanner sc=new Scanner(System.in);    //构建第三个圆 c3,半径为输入的值
            System.out.print("请输入圆的半径:");
            double r=sc.nextDouble();
            Circle c3=new Circle(r);
            System.out.printf("构建了半径为%.2f 的圆,圆面积:%.2f,圆周长:%.2f\n",
                        c3.getRadius(), c3.getArea(), c3.getGirth());
            System.out.println("目前圆的个数为:"+Circle.getCount());
        } catch(Exception e) {
            System.out.println(e.toString());
        }
    }
}
```

运行结果如图 5-7 所示。其中,左边是正常运行结果,右边是当半径小于 0 时的运行结果。

【例 5-3】 定义正方形类 Square,计算边长为 10 的正方形面积和周长。

```
构建了半径为0.00的圆
构建了半径为5.00的圆,圆面积: 78.50,圆周长: 31.40
目前圆的个数为: 1
构建了半径为2.80的圆,圆面积: 24.62,圆周长: 17.58
目前圆的个数为: 2
请输入圆的半径: 10
构建了半径为10.00的圆,圆面积: 314.00,圆周长: 62.80
目前圆的个数为: 3
```

```
构建了半径为0.00的圆
构建了半径为5.00的圆,圆面积: 78.50,圆周长: 31.40
目前圆的个数为: 1
构建了半径为2.80的圆,圆面积: 24.62,圆周长: 17.58
目前圆的个数为: 2
请输入圆的半径: -1
java.lang.Exception: 半径不能小于0
```

图 5-7　例 5-2 的运行结果

```
//正方形类
class Square{
    private double len;                                  //成员变量:边长
    //public Square(){}                                  //此构造方法可默认,系统自动生成
    public void setLen(double len)throws Exception {     //设置边长
        if(len<0)throw new Exception("边长不能小于 0");
        this.len=len;
    }
    public double getLen(){                              //获取边长
        return len;
    }
    public double getArea(){                             //计算面积
        return len * len;
    }
    public double getGirth(){                            //计算周长
        return 4 * len;
    }
}
//测试类
public class TestSquare {
    public static void main(String[] args){
        try {
            Square s1=new Square();
            s1.setLen(10);
            System.out.printf("构建了边长为%.2f 的正方形,面积:%.2f,周长:%.2f\n",
            s1.getLen(),
                    s1.getArea(), s1.getGirth());
        } catch(Exception e){
            System.out.println(e.toString());
        }
    }
}
```

在这个类中没有显式定义构造方法，那么，如何创建对象呢？在构造方法的特殊性中提到：如果在一个类中没有明确定义构造方法，会自动生成没有参数的默认的构造方法。实际上，在上述类中，省略了默认的构造方法。

```
public Square(){}
```

在测试类中，直接调用默认的构造方法创建对象：

```
Square s1=new Square();
```

运行结果如下：

```
构建了边长为10.00的正方形，面积：100.00，周长：40.00
```

但是如果在 Square 类中显式地定义构造方法，如下定义包含一个参数的构造方法。

```
public Square(double len)throws Exception {
    if(len<0)
    throw new Exception("边长不能小于 0");
    this.len=len;
}
```

此时，创建 s1 对象的那条语句出错，如图 5-8 所示。

```
public class TestSquare {
    public static void main(String[] args) {
        try {
            Square s1 = new Square();
            s1.setLen(10);
            System.out.print
                s1.getAr
        } catch (Exception e
            System.out.print
        }
    }
}
```

The constructor Square() is undefined
3 quick fixes available:
Add argument to match 'Square(double)'
Change constructor 'Square(double)': Remove parameter 'double'
Create constructor 'Square()'
Press 'F2' for focus

图 5-8 创建对象出错

出错的主要原因是构造方法没有定义，即如果一个类已经明确声明了一个构造方法，不会重新生成没有参数的默认的构造方法。

5.2.6 访问控制修饰符

Java 访问控制修饰符有 4 个：public(公共的)、private(私有的)、protected(受保护的)以及 default(默认)，用于声明类及类的成员，以限定其使用范围。

1. 类的访问控制修饰符

类的访问控制修饰符只有 2 个：public(公共的)和 default(默认)，具体说明见表 5-2。

表 5-2 类的访问控制修饰符说明

访问控制修饰符	说　明	备　注
public	可以被所有类访问	public 类必须定义在和类名相同的同名文件中
default	可以被同一个包中的类访问	默认的访问权限，可以省略此关键字，可以定义在和 public 类的同一个文件中

例如，如图 5-9 所示，文件名为 TestRect.java，文件中包括 TestRect 和 Rect 这两个类的定义。其中，TestRect 类名与文件名同名，其访问修饰符为 public；Rect 类的访问修饰符默认，不能使用 public。

TestRect.java

```
public class TestRect {
    public static void main(String[] args) {
        //方法体
    }
}
class Rect{
    //成员变量
    //成员方法
}
```

图 5-9 类的访问控制修饰符

注意：

类与接口不能使用 private 和 protected 这两个访问控制修饰符修饰。

2. 类成员的访问控制修饰符

类成员包括成员变量和成员方法，它们的访问控制修饰符可以使用前面介绍的 4 个：public（公共的）、private（私有的）、protected（受保护的）以及 default（默认），具体说明见表 5-3。

表 5-3 类成员的访问控制修饰符

访问控制修饰符	说明
public	访问不受限制，可以被所有类访问
private	只能被所在类访问
protected	能被所有子类继承，只能被本包内的类访问
default	只能被本包内的类访问

5.2.7 关键字 this

关键字 this 指代当前对象。在类内部使用 this 作为前缀，引用成员变量、调用成员方法和调用构造方法。

1. 引用成员变量

引用成员变量的语法格式如下：

```
this.成员变量名
```

当一个方法中定义了和成员变量同名的变量时，为了区分成员变量和局部变量，在成员变量前加上前缀 this。例如，例 5-1 中定义的一个构造方法，其参数名为 radius，与成员变量 radius 同名，引用成员变量要使用 this.radius。

```
public Circle(double radius)throws Exception{        //带参数的构造方法
    if(radius<0)throw new Exception("半径不能小于 0");
    this.radius=radius;
    count++;
}
```

2. 调用成员方法

调用成员方法的语法格式如下：

```
this.成员方法名(参数列表)
```

例如，例 5-1 中定义的一个构造方法，其主要功能是给半径设置值，类中的 setRadius()方法用于设置半径值，故该构造方法可修改如下：

```
public Circle(double radius)throws Exception{     //带参数的构造方法
    this.setRadius(radius);
    count++;
}
```

3. 调用构造方法

调用构造方法的语法格式如下：

```
this.构造方法名(参数列表)
```

this 关键字调用构造方法的原则如下：

(1) 在构造方法中使用 this 关键字时，必须作为构造方法的第一条语句。

(2) 只能在构造方法中使用 this 关键字来调用所在类中的其他构造方法。

(3) 只能使用 this 关键字调用其他构造方法，不能使用方法名直接调用构造方法。

例如下面这段代码，其中，构造方法 2 包含构造方法 1 的功能，构造方法 3 包含构造方法 2 的功能。

```
class Person{
    private String name ;
    private int age;
    public Person(){                                //构造方法 1
        System.out.println("新的对象产生了。");
    }
    public Person(String name){                     //构造方法 2
        this.name=name ;
        System.out.println("新的对象产生了。");
    }
    public Person(String name,int age){             //构造方法 3
        this.age=age ;
        this.name=name ;
        System.out.println("新的对象产生了。");
    }
    ...
}
```

因此，使用 this 关键字调用构造方法来简化代码，缩短代码量。上述代码可修改如下：

```
class Person{
    private String name;
```

```
    private int age;
    public Person(){                        //构造方法 1
        System.out.println("新的对象产生了。");
    }
    public Person(String name){             //构造方法 2
        this();
        this.name=name ;
    }
    public Person(String name,int age){ //构造方法 3
        this(name);
        this.age=age ;
    }
    ...
}
```

5.2.8 关键字 static

关键字 static 是静态的意思。在类内部可以使用 static 修饰属性、方法,还可以定义代码块,被修饰的元素是隶属于类,被类的所有对象共享。

1. 类属性

用关键字 static 修饰的属性称为类属性,也叫静态属性或静态字段。相反地,没有 static 修饰的属性称为实例属性、实例字段或实例变量。

类属性与实例属性不同。实例属性是在创建对象时初始化,每个对象的实例属性归各对象所有,互不影响;而类属性是在 JVM 加载类后分配内存空间时初始化,被该类的所有对象共享。类属性直接使用类名来引用,其语法格式如下:

```
类名.类属性名
```

例如,例 5-1 中定义的 count 即为类变量,用于统计创建圆对象的个数,采用 Circle.count 引用。

2. 类方法

如前所述,使用 static 修饰的方法称为类方法或静态方法,无 static 修饰的称为实例方法。调用类方法的语法格式如下:

```
类名.类方法名(参数列表)
```

例如,例 5-1 中定义的 getCount()方法为类方法,采用 Circle.getCount()调用。

3. 静态初始化块

在类内部用 static 修饰的代码块称为静态初始化块,一般用于显示初始化类属性。该代码块仅在 JVM 加载类到内存中时被执行一次,以后不再执行。其语法格式如下:

```
static {
    //语句
}
```

例如，下面这段代码。

```
public class CatStaticBlock{
    private String name ;
    private static String type;
    static {                                        //静态代码块
        type="猫类";
        System.out.println("JVM已加载 CatStaticBlock 类");
        System.out.println("CatStaticBlock 类型为:"+type);
    }

    public CatStaticBlock(String name) {         //构造方法
        this.name=name ;
    }
    ...
}
```

注意：

JVM 加载该类时，首先执行 static 代码块，初始化类属性 type。

5.3 应用实例

案例 1 人类的定义与使用

1. 案例要求

创建一个 Person 类，其定义如下。

Person
-name:String -age:int -sex:char
+Person() +Person(String,int,char) +study():void +show():void +addAge(int i):int

要求：

(1) 创建 Person 类的对象，设置该对象的 name、age(大于 0，小于 150)和 sex(男、女)属性，调用 study()方法，输出“×××在学习”；调用 show()方法显示学生基本信息，调用 addAge()方法给对象的 age 属性值增加 i 岁。

(2) 创建 2 个构造方法，其中，一个构造方法没有参数，设置年龄值为 1，性别为男；另一个构造方法包含 3 个参数，分别给 3 个成员变量赋值。

(3) 创建测试类，分别测试各个方法。

2. 案例分析

根据类图定义类，然后创建对象，调用类的成员方法。本案例中要求定义两个类。

(1) 人类 Person：包括 3 个成员变量、2 个构造方法和 3 个普通方法。此外，要对属性封装，故还需定义 getter()和 setter()方法。

(2) 测试类 TestPerson：分别创建几个对象，调用人类的各个方法。

3. 案例实现

参考代码如下：

```
//人类的定义
import java.util.Scanner;
class Person {
    private String name;                    //成员变量:姓名
    private int age;                        //成员变量:年龄
    private char sex;                       //成员变量:性别
    public Person(){                        //默认构造方法
        this.age=1;
        this.sex='男';
    }
    public Person(String name,int age,char sex)throws Exception{
                                            //带三个参数的构造方法
        this.name=name;
        if(age<1 || age>150)throw new Exception("年龄范围错误");
        if(sex!='男' && sex!='女')  throw new Exception("性别有误");
        this.age=age;
        this.sex=sex;
    }
    public String getName(){
        return name;
    }
    public void setName(String name){
        this.name=name;
    }
    public int getAge(){
        return age;
    }
    public void setAge(int age)throws Exception {
        if(age<1 || age>150)throw new Exception("年龄范围错误");
        this.age=age;
    }
    public char getSex(){
        return sex;
    }
    public void setSex(char sex)throws Exception{
        if(sex!='男' && sex!='女')  throw new Exception("性别有误");
        this.sex=sex;
    }
    public void study(){                    //study 方法的定义,输出"×××在学习"
        System.out.println(name+"在学习");
```

```
        }
        public String show(){                                //show 方法定义,获取学生基本信息
            return "姓名:"+name+"\n 年龄:"+age+"\n 性别:"+sex;
        }
        public int addAge(int i){                            //addAge 方法定义,年龄加 i
            age=age+i;
            return age;
        }
    }
    //测试类
    public class TestPerson {
        public static void main(String[] args){
            try {
                Person p1=new Person();                      //调用默认构造方法构建第一个对象
                p1.addAge(10);                               //年龄加 10
                System.out.println("学生 1 基本信息:");
                System.out.println(p1.show());               //输出学生基本信息
                Person p2=new Person("张三", 18, '男');      //调用构造方法 2 构建第二个对象
                System.out.println("学生 2 基本信息:");
                System.out.println(p2.show());
                Scanner sc=new Scanner(System.in);
                System.out.println("请输入姓名、年龄和性别:");
                String n=sc.next();
                int a=sc.nextInt();
                char s=sc.next().charAt(0);
                Person p3=new Person(n,a,s);
                System.out.println("学生 3 基本信息:");      //根据输入构建第三个对象
                p3.study();                                  //调用 study 方法
                System.out.println(p3.show());
            } catch(Exception e){
                System.out.println(e.toString());
            }
        }
    }
```

运行结果如图 5-10 所示。

```
学生1基本信息:
姓名: null
年龄: 11
性别: 男
姓名: 张三
年龄: 18
性别: 男
请输入姓名、年龄和性别:
王丽 19 女
学生3基本信息:
wa王丽在学习
姓名: wa王丽
年龄: 19
性别: 女
```

图 5-10　案例 1 的运行结果

案例 2 饮料自动售货机

1. 案例要求

本案例模拟饮料自动售货机的销售过程。

（1）机器显示已有的饮料信息。

（2）提示顾客选择要购买的饮料。如果选择的饮料存在，机器显示顾客选择的饮料；否则，提示无此饮料，请顾客重新选择。

（3）由顾客投币，机器显示投币金额。如果投币金额足够，并且所购饮料存在，提示用户在出口处取走饮料，同时找零；如果投币金额不足，提示继续投币。

2. 案例分析

（1）根据系统功能要求，首先设计处理钱币的类和商品信息类。处理钱币的类主要完成与钱币相关的任务，如给顾客找零等。商品信息类主要用来处理与商品相关的任务，如获得商品信息等。

（2）还需要设计一个自动售货机类来实现饮料的售货过程。在这个类中，将钱币类和商品信息类作为其数据成员。同时定义包含 3 个 Goods 对象的数组，负责保存饮料的 3 个信息：id、名称和价格，并且可以反馈这些信息。

（3）案例需要用到类与类之间的一种关系，即 has-a 拥有关系。has-a 关系是指一个对象包含另一个对象，即一个对象是另一个对象的成员。

类设计如图 5-11 所示。

DrinkMachine 饮料类	Goods 饮料类	MoneyCounter 饮料类
属性：	属性：	属性：
size 饮料种类	id 编号 name 名称 price 价格	
方法：	方法：	方法：
init()初始化方法 main()主方法，实现购买饮料的过程	Goods()构造方法 Goods(int,String,int)构造方法 toString()获取饮料信息 setter/getter 访问属性	Cal(int)处理现金 投币、计算投入金额等 Equal()金额相符 More()支付金额大于饮料价格时，找零

图 5-11 饮料自动售货机类图

3. 案例实现

（1）DrinkMachine.java，源代码如下：

```
import java.util.Scanner;
public class DrinkMachine {
    private static final int size=3;
    public Goods[] init(){
        Goods[] gs=new Goods[size];
        gs[0]=new Goods();
```

```
        gs[0].setId(1);
        gs[0].setName("可乐");
        gs[0].setPrice(10);
        gs[1]=new Goods(2,"橙汁",15);
        gs[2]=new Goods(3,"绿茶",5);
        return gs;
    }
    public static void main(String[] args){
        try {
            DrinkMachine dm=new DrinkMachine();
            Goods[] gs=dm.init();
            for(Goods j:gs){
                System.out.println(j.toString());
            }
            System.out.println("请选择饮品:");
            Scanner in=new Scanner(System.in); //系统输入所选择的饮品号码
            int id=in.nextInt();
            int i;
            boolean flag=false;
            while(true){
                for(i=0;i<gs.length;i++){
                    if(gs[i].getId()==id){
                        System.out.println("您选择的是:"+gs[i].getName());
                        System.out.println("请按规定现金支付");
                        System.out.println("1:人民币 5 元");
                        System.out.println("2:人民币 10 元");
                        System.out.println("3:人民币 20 元");
                        System.out.println("4:人民币 50 元");
                        System.out.println("5:人民币 100 元");
                        flag=true;
                        break;
                    }
                }
                if(flag==true)break;
                else{
                    System.out.println("无此饮料,请重新选择(0 退出)");
                    id=in.nextInt();
                    if(id==0){
                        System.out.println("Bye-Bye,欢迎下次购买...");
                        return;
                    }
                    else i=0;
                }
            }
            MoneyCounter mc=new MoneyCounter();
                                    //调用 Product 中的 Pro 方法,得出用户所选的饮品
            mc.Cal(gs[i].getPrice());
        } catch(Exception e){
            System.out.println("输入无效");        //控制用户选择饮品
```

```
                e.printStackTrace();
            }
        }
    }
```

（2）Goods.java，源代码如下：

```
public class Goods {
    private int id;
    private String name;
    private int price;
    public Goods(){}
    public Goods(int id,String name,int price){
        this.id=id;
        this.name=name;
        this.price=price;
    }
    public String toString(){
        return id+"."+name+"(人民币"+price+"元)";
    }
    public String getName(){
        return name;
    }
    public void setName(String name){
        this.name=name;
    }
    public int getPrice(){
        return price;
    }
    public void setPrice(int price){
        this.price=price;
    }
    public int getId(){
        return id;
    }
    public void setId(int id){
        this.id=id;
    }
}
```

（3）MoneyCounter.java，源代码如下：

```
import java.util.*;
public class MoneyCounter {
    public void Cal(int Price){
    Scanner in=new Scanner(System.in);
    System.out.println("请投币...");     //投入硬币
    int totalPay=in.nextInt();
    //调用 BaseCalculate 的计算方法
    if(totalPay==Price){
```

```
            Equal();                    //调用 Equal 方法
        }
        else if(totalPay>Price){
            More(Price,totalPay);       //调用 More 方法
        }
        else {
            for(int i=0;totalPay<Price;i++){
                                        //当投入金额小于饮品价格时,提示继续投币
                Scanner input=new Scanner(System.in);
                System.out.println("请继续投币...");
                int everyPay=input.nextInt();
                totalPay+=everyPay;
            }
            if(totalPay==Price){        //当再次投币出现投币金额=价格时,调用 Equal 方法
                Equal();
            }
            else{
                More(Price,totalPay);   //当再次投币出现投币金额大于价格时,调用 More 方法
            }
        }
        }
    public void Equal(){                //当投入硬币和价格相同时
        System.out.println("请在出口处取饮料,找零为 0 元");
        System.out.println("1 元:"+0+"枚");
        System.out.println("5 元:"+0+"枚");
        System.out.println("10 元:"+0+"枚");
        System.out.println("20 元:"+0+"枚");
        System.out.println("50 元:"+0+"枚");
    }
    public void More(int Price,int totalPay){   //当投入硬币总数大于价格总数时
        int backPay=totalPay-Price;             //找零金额=总金额-饮品价格
        int fiveHp=backPay/50;                  //求出找零中的 50 元有几张
        int fiveHRemain=backPay-fiveHp*50;
        int twoHp=fiveHRemain/20;               //求出找零中的 20 元有几张
        int twoHRemain=fiveHRemain-twoHp*20;
        int oneHp=twoHRemain/10;                //求出找零中的 10 元有几张
        int oneHRemain=twoHRemain-oneHp*10;
        int fiftyp=oneHRemain/5;                //求出找零中的 5 元有几张
        int fiftyRemain=oneHRemain-fiftyp*5;
        int tenp=fiftyRemain;                   //求出找零中的 1 元有几张
        System.out.println("请在出口处取饮料,找零为:"+backPay+"分别为:");
        System.out.println("50 元:"+fiveHp+"枚");
        System.out.println("20 元:"+twoHp+"枚");
        System.out.println("10 元:"+oneHp+"枚");
        System.out.println("5 元:"+fiftyp+"枚");
        System.out.println("1 元:"+tenp+"枚");
        System.out.println("Bye-Bye,欢迎下次购买...");
    }
}
```

（4）编译各类，运行结果如图 5-12 所示。

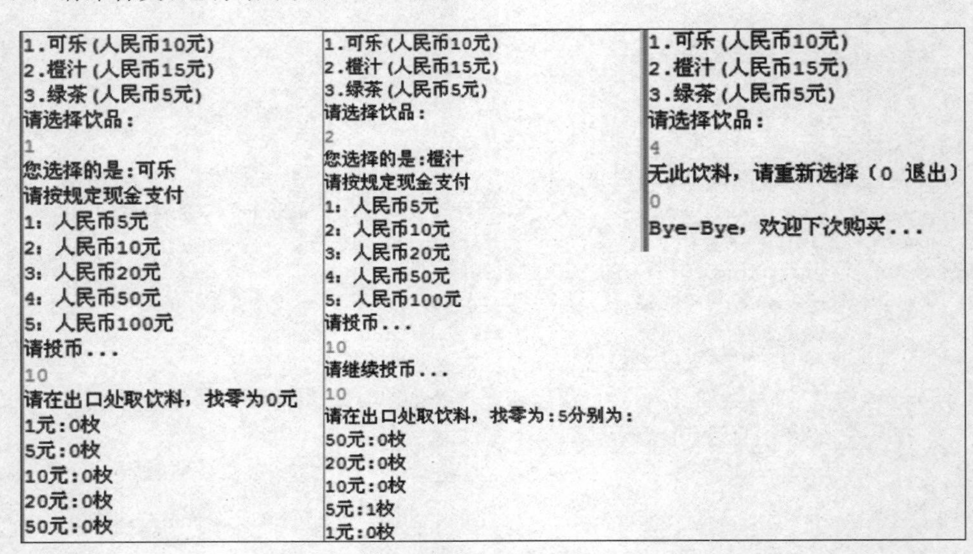

图 5-12　饮料自动售卖机的运行结果

本章小结

本章介绍了类与对象。类是在对象之上的抽象；对象是类的具体化，是类的实例，两者之间是总体与个体的关系。使用关键字 new 实例化一个类，即创建了一个对象。类的主要成员是成员变量和成员方法，还有称为构造方法的特殊方法，其主要作用是初始化成员变量。

本章还介绍了 4 个访问控制修饰符 public、default、protected 和 private。其中，前 2 个用于修饰类，4 个均可修饰类的成员。

此外，本章还介绍了 static、final 和 this 关键字的使用。

面向对象方法是一种非常实用的软件开发方法，它一出现就受到软件技术人员的青睐，如今成为计算机科学研究的一个重要领域，并逐渐成为软件开发的一种重要方法。面向对象方法与客观世界的实际比较接近，其分析和设计思想符合人们的思维方式，其结果与实际接近，容易被人们接受。

习　　题

上机题

1. 设计一个学生类，其中包括学生的三项成绩：计算机成绩、数学成绩和英语成绩。要求可以求总分、平均分、最高分和最低分，并且可以输出学生的完整信息。

程序开发步骤如下所述。

（1）根据要求，定义所要的类。

（2）根据题目的要求，规划类的属性：name、age、computer、english、math。

（3）所有的属性必须封装：private。

（4）所有的属性必须通过 getter 及 setter 访问。

（5）需要增加构造方法，为属性赋值。

（6）所有的信息不要在类中直接输出，而是交给调用处输出。在类中不能出现 System.out.print 语句。

2. 编写一个矩形类，包括 3 个成员变量：长、宽和个数（类变量）；构建若干个矩形对象，分别输出它们的面积、周长和总个数。运行结果如图 5-13 所示。

```
======矩形对象======
请输入长和宽(输入0结束)：10 20
构建了长为10.00、宽为20.00的矩形，面积为200.00、周长为60.00
目前矩形的个数：1
请输入长和宽(输入0结束)：12 18
构建了长为12.00、宽为18.00的矩形，面积为216.00、周长为60.00
目前矩形的个数：2
请输入长和宽(输入0结束)：0
======程序结束======
```

(a) 正常运行

```
======矩形对象======
请输入长和宽(输入0结束)：-10 20
java.lang.Exception: 长不能小于0
======程序结束======
```

(b) 输出长小于0

```
======矩形对象======
请输入长和宽(输入0结束)：10 -20
java.lang.Exception: 宽不能小于0
======程序结束======
```

(c) 输出宽小于0

图 5-13　习题 2 的运行结果

第 6 章

类的继承与多态

面向对象编程的三大特征是：封装、继承和多态。第 5 章介绍了类的封装，本章将介绍类的继承与多态，以及 super 与 final 关键字的使用方法。

学习目标

- 理解继承的概念，掌握继承实现的语法及限制。
- 掌握成员变量和成员方法的覆盖原则。
- 了解方法重写与方法重载的区别。
- 掌握关键字 super 与修饰符 final 的使用方法。
- 了解多态性的概念。
- 掌握上转型对象与下转型对象的特点。

6.1 类的继承

6.1.1 继承与派生

继承与派生是互逆关系。在自然界中，继承与派生关系十分普遍。例如，动物类派生出鸟类、鱼类等；反过来，鸟类、鱼类继承动物类。充分运用继承与派生能简化分类工作的复杂度，达到举一反三的目的。

在计算机世界，类与类之间也有继承与派生的关系。继承是一种由已存在的类型创建一个或多个子类型的机制，即在现有类的基础上构建子类。在实际开发中，当多个类中存在相同属性和行为时，需要将这些内容抽取到单独的一个类中，于是多个类无须再定义这些属性和行为，只要继承即可。此处的多个类称为子类（派生类），单独的这个类称为父类（基类或超类）。例如，为某公司开发工资管理系统时，需要用到员工类（Employee），也要用到经理类（Manager），这两个类存在许多共同属性和方法，但经理类具有一些特殊的属性和方法。如果单独定义两个类，将存在大量的重复代码。这时使用继承，让经理类继承员工类，就可以重用员工类中定义的属性和方法，还可以在经理类中添加新的属性和方法。这里，经理类继承员工类；反过来，员工类派生经理类。继承与派生使类与类之间产生了关系，提供了多态的前提。运用继承与派生，能达到提高代码复用性，简化编程的目的。

在 Java 中，使用关键字 extends 表示继承关系，语法格式如下：

```
访问控制符 class 子类名 extends 父类名{
    [成员变量声明]
```

```
    [构造器声明]
    [成员方法声明]
}
```

【例 6-1】 使用继承,定义工资管理系统中的员工类与经理类。

```
class Employee {                                    //员工类
    private String name;                            //姓名
    private char sex;                               //性别
    private double salary;                          //月薪
    public Employee(String name, char sex, double salary){
                                                    //构造器(构造方法)
        this.name=name;
        this.sex=sex;
        this.salary=salary;
    }
    public double getSalary(){                      //获取月薪
        return salary;
    }
    public String info(){
        return "|--姓名:"+name+"\n|--性别:"+sex+"\n|--月薪:"+salary;
    }
}
class Manager extends Employee {                    //经理类
    private double bonus;                           //奖金
    public Manager(String name, char sex, double salary, double bonus){
                                                    //构造器(构造方法)
        super(name, sex, salary);
        this.bonus=bonus;
    }
    public double getBonus(){                       //获取奖金
        return bonus;
    }
    public double getSumIncome(){                   //月收入
        return getSalary()+getBonus();
    }
}
public class TestSalarySystem {                     //测试类
    public static void main(String[] args){
        Manager mng=new Manager("张一山", '男', 6000, 3000);
        System.out.println(mng.info());
        System.out.println("|--月收入:"+mng.getSumIncome());
    }
}
```

运行结果如图 6-1 所示。

说明:

(1) 关键字 extends 表示继承关系,Employee 是父类,Manager 是子类。

(2) Manager 类中添加了新属性 bonus，并添加了两个方法 getBonus()和 getSumIncome()。这样，子类 Manager 比父类 Employee 封装了更多的属性和行为，比父类的功能更强大。

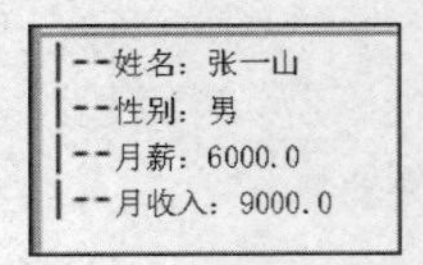

图 6-1　例 6-1 的运行结果

(3) 关键字 super 表示调用父类的构造方法，将在后面介绍。

(4) 在测试类中，子类对象(mng)使用父类的方法 info 获取个人基本信息，也可以使用独有的方法 getSumIncome()获取月收入。

在 MyEclipse 环境下创建子类的步骤如下所述。

(1) 在某一项目中，执行 File→New→Class 命令，弹出 New Java Class 对话框。在 Name 文本框中输入 Manager，然后单击 Superclass 右边的 Browse...按钮，弹出 Superclass Selection 选择框，如图 6-2 所示。

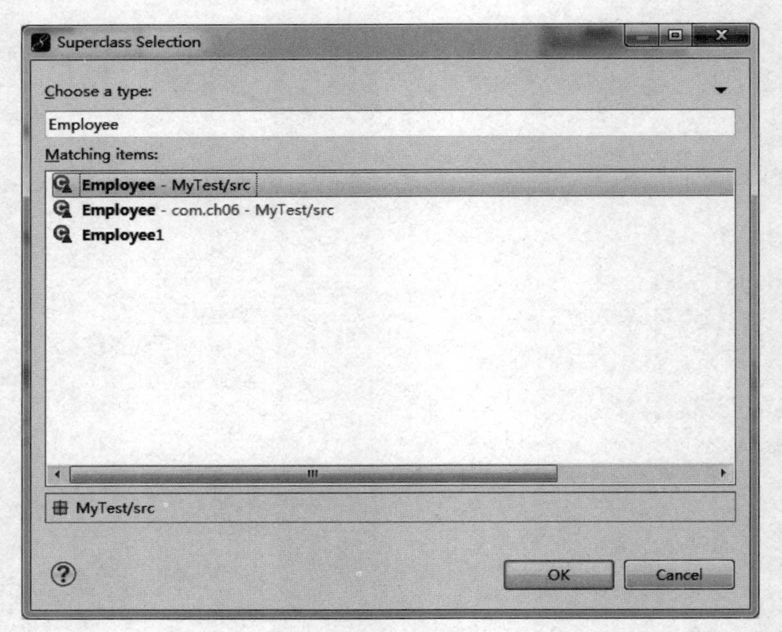

图 6-2　选择父类

(2) 在 Choose a type 文本框中输入父类名称，下面将列出相应的类名。选择相应的父类，然后单击 OK 按钮，返回 New Java Class 对话框。此时，选中的父类名显示在 Superclass 文本框中，如图 6-3 所示。

(3) 单击 Finish 按钮，在代码区出现子类定义的代码，如图 6-4 所示。

6.1.2　继承的说明

在 Java 中，继承的关键字是 extends，即子类不是父类的子集，而是对父类的扩展，可以理解为“子类 is a 父类”。继承的使用很简单，但要注意以下几点。

(1) Java 只支持单继承，不允许多重继承，如图 6-5 所示。

一个子类只能有一个父类，一个父类可以派生出多个子类，例如以下代码。

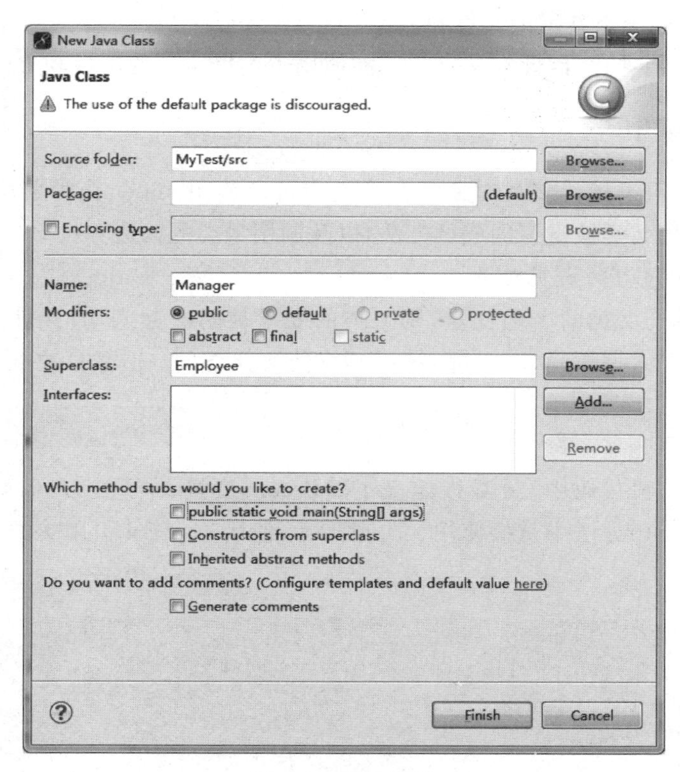

图 6-3　新建子类

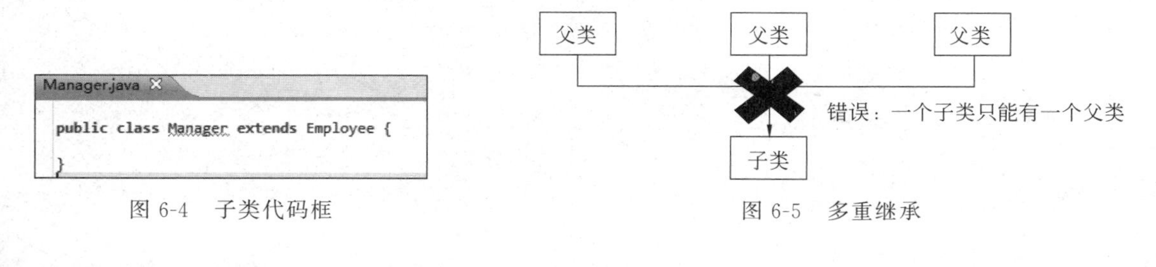

图 6-4　子类代码框

图 6-5　多重继承

```
class SubDemo extends Demo{ }                //正确
class SubDemo extends Demo1,Demo2...         //错误
```

(2) Java 支持多层继承。

一个父类派生子类,子类又可以派生子类,如图 6-6 所示。

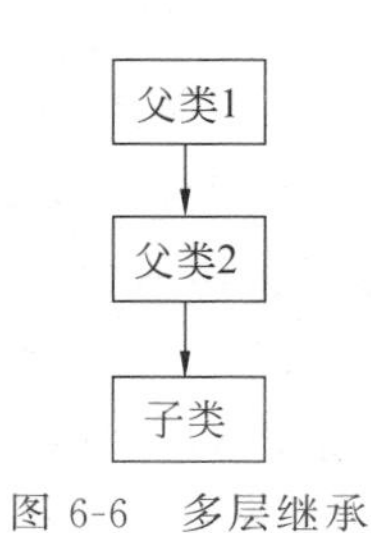

图 6-6　多层继承

(3) 子类继承父类,也就继承了父类的方法和属性。

子类中继承了父类所有的属性和方法,在访问控制符允许范围内,父类中声明的属性和方法在子类内部可以直接使用和访问。访问控制修饰符说明见5.2.6 小节。

(4) 子类不继承父类的构造方法。

构造器是不能被继承的,但在子类中可以使用 super 调用父类的构造器。

(5) 父类不拥有子类新增的属性和方法。

子类是父类的特殊化，因此在父类中不能使用子类里定义的属性和方法。

6.1.3 super 关键字

关键字 super 用于指代父类对象。在子类中可以使用 super 作为前缀，引用父类被覆盖的成员变量，调用父类被重写的成员方法，以及调用父类的构造方法。

1. 引用父类被覆盖的成员变量

若子类声明了与父类同名的变量，则父类的变量被隐藏起来，直接使用的是子类的变量，但父类的变量仍占据空间，可通过 super 或父类名来访问。其语法格式如下：

```
super.成员变量名
```

例如，在下面这段代码中，父类 A 定义了默认成员变量 x，子类 B 同样定义了成员变量 x，在子类 B 的 print()方法中直接使用 x，值为 200；使用 super.x 引用父类的成员变量 x，值为 100。

```
class A {
    int x=100;
}
public class B extends A{
    int x=200;
    void print(){
        System.out.println("Subclass : "+x);
        System.out.println("Superclass : "+super.x);
    }
    public static void main(String args[]){
        (new B()).print();
    }
}
```

2. 调用父类被重写的成员方法

在子类中可以根据需要对从父类继承来的方法进行改造，也称方法的重置、覆盖、重写。在程序执行时，子类的方法将覆盖父类的方法。子类重写父类的方法有如下要求。

(1) 重写方法必须和被重写方法具有相同的方法名称、参数列表和返回值类型。

(2) 重写方法不能使用比被重写方法更严格的访问权限。

(3) 重写和被重写的方法须同时为 static 的，或同时为非 static 的。

(4) 子类方法抛出的异常不能大于父类被重写方法的异常。

子类调用父类被重写的方法的语法格式如下：

```
super.成员方法名(参数列表)
```

例如，在下述代码中，Student 类继承 Person 类。在父类 Person 中定义了 getInfo()方法，在子类中重写了该方法，并使用 super.getInfo()调用父类中的方法。

```
class Person {
    private String name;
    private int age;
    public String getName() {
        return name;
    }
    public void setName(String name) {
        this.name =name;
    }
    public int getAge() {
        return age;
    }
    public void setAge(int age) {
        this.age =age;
    }
    public String getInfo() {
         return "Name: "+name +"\n" +"age: "+age;
    }
}
public class Student extends Person{
    private String school;
    public String getSchool() {
        return school;
    }
    public void setSchool(String school) {
        this.school =school;
    }
    public String getInfo() {                          //重写方法
         return super.getInfo() +"\nschool: "+school;
     }
    public static void main(String args[]){
        Student s1=new Student();
        s1.setName("Bob");
        s1.setAge(20);
        s1.setSchool("广东理工");
        System.out.println(s1.getInfo());     //Name:Bob age:20 school:广东理工
    }
}
```

3. 调用父类的构造方法

调用父类的构造方法的语法格式如下：

```
super.构造方法名(参数列表)
```

例如，在例6-1中，父类Employee定义了一个构造方法，子类Manager构造方法中使用super(...)调用父类的构造方法。

super关键字调用父类构造方法的原则如下：

（1）在子类的构造方法中使用 super 关键字时，必须作为构造方法的第一条语句。

（2）只能在子类构造方法中使用 super 关键字来调用父类的构造方法。

（3）只能使用 super 关键字调用父类构造方法，不能使用方法名直接调用父类构造方法。

在子类中，使用构造器创建对象时，子类的构造器一定先调用父类的构造器对父类的属性初始化，然后才对自己的属性初始化。在默认情况下，子类构造器调用父类的无参的默认构造器，但如果父类没有定义默认构造器，子类的构造器中必须显式地使用 super 关键字调用父类中定义的其他构造器，否则，编译报错。例如下面这段代码，在子类的构造方法 1 中隐式调用父类的无参构造器，但父类中未定义无参的构造器，故编译报错。

```
class Person {
    private String name;
    private int age;
    public Person(String name,int age){
        this.name=name;
        this.age=age;
    }
    ...
}
public class Student extends Person{
    private String school;
    public Student(String s){              //构造方法 1,编译报错:no super()
        //此处默认 super();
        school=s;
    }
    public Student(String name, int age, String s){       //构造方法 2
        super(name,age);                   //显式调用父类的构造方法
        school=s;
    }
    ...
}
```

6.1.4　final 关键字

关键字 final 是最终的意思，可以修饰类、变量和方法。final 修饰的元素都是不可变的。

1. final 变量

final 关键字可以修饰类的成员变量或局部变量，使其成为最终变量，其值不能更改。

（1）final 修饰的成员变量必须在构造器结束前赋值，即可在声明的同时赋值，在构造方法中赋值，或者在静态代码块中赋值，其后不可更改。

（2）final 修饰的局部变量在程序中只能被赋值一次，即可在声明的同时赋值，或者后面赋值。一旦被赋值，不允许更改。

（3）大多数情况下，final 与 static 共同修饰变量，将其看作常量，通常用大写字母命名，且必须在声明时赋值。

例如，在下述代码中分别使用关键字 final 修饰变量。

```
public class TestFinalField {
    private final int firstVal;              //声明 final 成员变量
    private final int secondVal=2;           //声明 final 变量并赋值，之后不可更改
    public static final int THIRDVAL=3; //常量，必须在声明的同时赋值
    public TestFinalField(){                 //构造方法
        firstVal=1;                          //构造方法中给 final 变量赋值
    }
    public static void testMethod(){
        final int forthVal;                  //声明 final 局部变量
        final int fifthVal=5;                //声明 final 局部变量并赋值
        forthVal=4;                          //final 局部变量赋值一次，之后不可更改
        //firstVal=10;                       //错误，不能更改 final 变量值
        //secondVal=20;                      //错误，不能更改 final 变量值
        //forthVal=40;                       //错误，不能更改 final 变量值
        //fifthVal=50;                       //错误，不能更改 final 变量值
        System.out.println("first:"+firstVal);
        System.out.println("second:"+secondVal);
        System.out.println("third:"+THIRDVAL);
        System.out.println("first:"+forthVal);
        System.out.println("first:"+fifthVal);
    }
    public static void main(String args[]){
        testMethod();                        //分别输出 5 个 final 变量的值
    }
}
```

2. final()方法

通常情况下，很少使用 final 修饰方法，仅当类中的某个方法有不可被更改的实现，并且对象的稳定状态非常重要时，将该方法用 final 来修饰。关键字 final 修饰的方法称为最终方法，它不能被覆盖，即不能被其子类重写。在一定程度上，final()方法的执行效率高，因为在调用该方法时，JVM 不需要进行重写的判断。使用形式如下：

```
public class ParentClass{
    public final void finalMethod(){...}
    ...
}
class SubClass extends ParentClass{
    public void finalMethod(){...}         //错误，final 方法不能被子类重写
    ...
}
```

3. final 类

final 还可以修饰类，表示该类为最终类，不能被子类继承。使用形式如下：

```
public final class FinalClass{...}
class SubClass extends FinalClass {...} //错误，final 类不能被继承
```

6.2 多态性

6.2.1 多态性的概念

多态，从字面上解释，就是多种形态。

在自然界中，万事万物的表现形态丰富多彩。比如狗、猫、老虎等都是动物，也就是说，它们是动物的不同形态；各种动物的叫声是不同的，狗的叫声是“汪汪”，猫的叫声是“喵喵”，老虎的叫声是“吼吼”等；同一物质在不同环境下表现的形态也是不同的，水在常温下是液态，在 0℃以下呈固态，在 100℃以上变成气态，这些都是自然界的多态性。

在面向对象的程序设计中，多态性主要表现为类声明的变量可指向多种不同的对象，具有多种类型的能力。即一个类通过派生或者实现接口可演化成多种类型，这就是类的多态性。多态性是面向对象程序设计代码重用的一个最强大机制，它极大地增强了程序的可扩展性，提高了代码的可维护性。

6.2.2 对象变量多态性

在 Java 中，对象的变量可以引用本类对象，也可以引用子类对象。也就是说，声明对象变量时，其指定的类型并不是对象的真正类型，对象的真正类型是由创建对象时调用的构造方法决定的。这就是对象变量的多态。

在例 6-1 中，Manager 类是 Employee 类的一个子类。当声明 Employee 类型的对象变量时，既可以是 Employee 类型，也可以是子类 Manager 类型。如下述代码。

```
Employee e1=new Employee("张一山", '男', 6000);
Employee e2=new Manager("张一山", '男', 6000, 3000);
```

1. 上转型对象

子类由父类派生，可以将子类对象赋值给父类声明的对象。这种由父类变量引用的子类对象就是上转型对象。上述代码中，e2 对象就是 Manager 对象的上转型对象。上转型对象本质上是由子类创建的，但形式上属于父类，可以说其相当于子类对象的一个简化版，因此会失去原对象的一些属性和功能。

上转型对象的主要特征如下：

(1) 上转型对象只能访问父类中声明的成员变量和成员方法，不可以访问子类新增的成员变量和成员方法。

(2) 如果子类重写了父类的方法，则上转型对象调用该方法时，必定是重写后的方法。

(3) 如果子类重新定义了父类的同名变量，则上转型对象引用该变量时是父类中定义的变量，而不是子类中定义的变量。

【例 6-2】 定义动物类和狗类，测试上转型对象的特性。

```
//动物类
class Animal{
    public final String type="动物";
```

```
    private String name;
    public Animal(String name){
        this.name=name;
    }
    public String getName(){
        return name;
    }
    public void shout(){
        System.out.println("不同动物叫声不同");
    }
}
//狗类继承动物类
class Dog extends Animal{
    public final String type="狗";
    private String color;
    public Dog(String name,String color){
        super(name);
        this.color=color;
    }
    public String getColor(){  //新增方法
        return color;
    }
    public void shout(){          //重写父类方法
        System.out.println(getName()+"汪汪叫...");
    }
}
//测试类
public class PolyTest {
    public static void main(String[] args){
        System.out.println("======动物上转型对象测试======");
        Animal an=new Dog("旺财","黑色");
        System.out.println("该对象是:"+an.type);
                                  //上转型对象引用覆盖变量时是父类中定义的变量
        an.shout();               //上转型对象调用重写后的方法
        //System.out.println("动物颜色为:"+an.getColor());
        //编译报错,上转型对象不能访问子类新增的方法
    }
}
```

运行结果如图 6-7 所示。

```
======动物上转型对象测试======
该对象是：动物
旺财汪汪叫...
```

图 6-7　例 6-2 的运行结果

2. 下转型对象

把父类对象变量赋值给子类对象变量的情况称为向下转型。子类对象有上转型对象，父类变量可以直接引用子类的对象；但父类对象没有下转型对象，子类变量不能直接引用父类对象，必须通过强制转换，将上转型对象还原回子类对象，这时该对象又具备了子类所有的功能和特性。

注意：

（1）向上转型是自动执行的，向下转型需要执行强制类型转换操作。

（2）只有上转型对象才能发生向下转型。

```
Employee e1=new Employee("张一山", '男', 6000);
Employee e2=new Manager("张一山", '男', 6000, 3000);
Manager m1=(Manager)e1;                    //错误,e1不能向下转型,因为它不是上转型对象
Manager m=e2;                              //错误,下转型不会自动执行,需强制转换
Manager m2=(Manager)e2;                    //正确,上转型对象 e2 被强制还原
```

在例 6-2 中，上转型对象 an 不能访问子类新增的 getColor()方法。那么，如何访问子类中新增的方法呢？这时必须发生向下转型，将上转型对象强制还原回子类对象。

```
System.out.println("======动物下转型对象测试======");
Dog dog=(Dog)an;
System.out.println("该对象是:"+dog.type);              //向下转型,引用子类中定义的变量
dog.shout();                                          //调用重写后的方法
System.out.println("动物颜色为:"+dog.getColor());     //调用子类新增的方法
```

运行结果如图 6-8 所示。

```
======动物下转型对象测试======
该对象是：狗
旺财汪汪叫...
动物颜色为：黑色
```

图 6-8　向下转型的运行结果

3. 操作符 instanceof

需要特别注意的是，强制向下转型并不是都能成功执行，由于父类的对象变量引用的对象类型有可能是父类型，将导致强制向下转型失败。为了解决这一问题，建议在强制向下转型前使用 instanceof 操作符来判断当前对象变量引用的对象的实际类型。其语法格式如下：

```
对象变量名 instanceof 类型名
```

instanceof 操作符返回值的类型为 boolean 型，当对象变量引用的对象的真实类型与指定的类类型一致时，返回 true；否则返回 false。例如：

```
if(e2 instanceof Manager){                 //如果类型匹配
    Manager m2=(Manager)e2;                //可以安全地强制向下转型
}
```

【例 6-3】 instanceof 操作符使用示例。

```
public class CastingTest{
    public static void main(String[] args){
        System.out.println("======instanceof 方法使用======");
        Animal a=new Animal("无名氏");
        Dog d=new Dog("小强","白色");
        System.out.println("对象 a 是 Animal 吗？"+(a instanceof Animal));
```

```
        //true,子类对象类型与父类类型匹配
        System.out.println("对象 d 是 Animal 吗?"+(d instanceof Animal));
        //false,父类对象类型与子类类型不匹配
        System.out.println("对象 a 是 Dog 吗?"+(a instanceof Dog));
        Animal an=new Dog("旺财","黑色");          //上转型
        //上转型对象既与父类类型匹配,又与子类类型匹配
        System.out.println("对象 an 是 Animal 吗?"+(an instanceof Animal));
                                                   //true
        System.out.println("对象 an 是 Dog 吗?"+(an instanceof Dog));
                                                   //true
    }
}
```

运行结果如图 6-9 所示。

```
======instanceof方法使用======
对象a是Animal吗?true
对象d是Animal吗?true
对象a是Dog吗?false
对象an是Animal吗?true
对象an是Dog吗?true
```

图 6-9　例 6-3 的运行结果

6.2.3　方法多态性

同一个方法调用形式实际能调用不同版本的方法的现象称为方法多态性,即父类的成员方法被派生的多个子类重写,致使调用同一个父类方法,在运行时,实际能调用本类的方法或不同子类的方法,因而产生不同的结果。实际调用哪个方法,由运行时的动态绑定决定,而不是由声明对象变量时的类型决定。

方法的多态是基于方法覆盖和动态绑定机制的。

【例 6-4】　在例 6-2 基础上增加猫类,测试方法多态性。

```
//狗类继承动物类
class Cat extends Animal{
    public Cat(String name){
        super(name);
    }
    public void shout(){                    //重写父类方法
        System.out.println(getName()+"喵喵叫...");
    }
}
//测试类
public class MethodPolyTest {
    public static void main(String[] args){
        System.out.println("======方法多态性测试======");
        Animal an;
        an=new Animal("无名氏");
        an.shout();                         //调用本类方法
        an=new Dog("旺财","黑色");
```

```
        an.shout();                        //上转型对象调用子类 Dog 重写后的方法
        an=new Cat("咪咪");
        an.shout();                        //上转型对象调用子类 Cat 重写后的方法
    }
}
```

运行结果如图 6-10 所示。

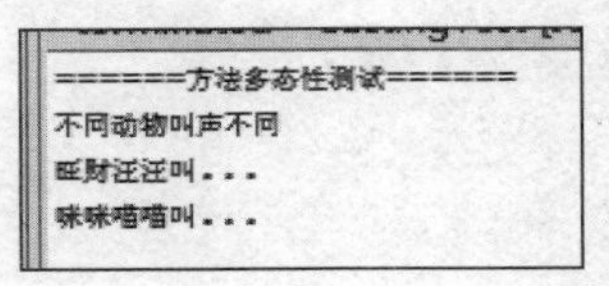

图 6-10　例 6-4 的运行结果

6.3　应用实例

案例 1　图形类的派生

1. 案例要求

（1）编写图形类 Geom，有私有的属性：颜色和是否填充，定义公共的构造方法、获取各个属性的方法和获取图形信息的方法。

（2）编写继承图形类的矩形类 Rectangle，有私有的属性：长和宽，定义公共的构造方法、获取各个属性的方法和求面积的方法。

（3）编写继承矩形类的长方体类 Rectlinder，有私有属性：高，定义公共的构造方法、获取属性的方法和求体积的方法，重写图形信息的方法。

（4）设计一个入口主类，构造若干立方体，然后把它们的数据和行为列举出来。

2. 案例分析

根据类图定义类，然后创建对象，调用类的成员方法。类的设计如下所述。

（1）图形类 Geom，其定义如下：

Geom
-color:String -isFilled:boolean
+Geom() +Geom(String,boolean) +getColor():String +setColor(String):void +isFilled():boolean +setFilled(boolean):void +toString():String

（2）Geom 的子类——矩形类 Rectangle，其定义如下：

Rectangle
-length:double -width:double
+Rectangle() +Rectangle(String,boolean,double,double) +getLength():double +setLength(double):void +getWidth():double +setWidth(double):void +getArea():double //求面积

(3) Rectangle 的子类——长方体类 Rectlinder,其定义如下:

Rectlinder
-high:double
+Rectlinder() +Rectlinder(String,boolean,double,double,double) +getHigh():double +getVolume():double //求体积 +toString():String

3. 案例实现

参考代码如下:

```
import java.util.Scanner;
//测试类的定义
public class Test {
    public static void main(String[] args) {
        //TODO Auto-generated method stub
        try {
            Scanner sc=new Scanner(System.in);
            Rectlinder rt;
            String color;
            boolean isFilled;
            double l, w, h;
            while(true) {
                System.out.print("请输入空格分隔的长方体颜色、填充(true/false)、底
                面长、宽和高\n(end结束程序)");
                color=sc.next();
                if(color.equals("end")) {
                    System.out.println("程序结束");
                    return;
                }
                isFilled=sc.nextBoolean();
                l=sc.nextDouble();
                w=sc.nextDouble();
                h=sc.nextDouble();
                rt=new Rectlinder(color,isFilled,l,w,h);
```

```
                System.out.println(rt.toString());
            }
        } catch(Exception e){
            //TODO Auto-generated catch block
            System.out.println(e.toString());
        }
    }
}
//图形类的定义
class Geom {
    private String color;
    private boolean isFilled;
    public Geom(){    }
    public Geom(String color,boolean isFilled){
        this.setColor(color);
        this.setFilled(isFilled);
    }
    public String getColor(){
        return color;
    }
    public void setColor(String color){
        this.color=color;
    }
    public boolean isFilled(){
        return isFilled;
    }
    public void setFilled(boolean isFilled){
        this.isFilled=isFilled;
    }
    public String toString(){
        return "所构建图形信息:"+
                "\n\t 颜色:"+color+
                "\n\t 是否有填充:"+isFilled;
    }
}
//矩形类的定义
class Rectangle extends Geom {
    private double length;
    private double width;
    public Rectangle(){}
    public Rectangle(double length,double width)throws Exception{
        this.setLength(length);
        this.setWidth(width);
    }
    public Rectangle(String color,boolean isFilled,double length,double width)
    throws Exception{
        super(color,isFilled);
        this.setLength(length);
        this.setWidth(width);
```

```
    }
    public double getLength(){
        return length;
    }
    public void setLength(double length)throws Exception{
        if(length<0)throw new Exception("长不能为负数");
        this.length=length;
    }
    public double getWidth(){
        return width;
    }
    public void setWidth(double width)throws Exception{
        if(width<0)throw new Exception("宽不能为负数");
        this.width=width;
    }
    public double getArea(){
        return length*width;
    }
}
//立方体类的定义
class Rectlinder extends Rectangle {
    private double high;
    public Rectlinder(){}
    public Rectlinder(double high)throws Exception{
        this.setHigh(high);
    }
    public Rectlinder (String color, boolean isFilled, double length, double
    width,double high)throws Exception{
        super(color,isFilled,length,width);
        this.setHigh(high);
    }
    public double getHigh(){
        return high;
    }
    public void setHigh(double high)throws Exception{
        if(high<0)throw new Exception("高不能为负数");
        this.high=high;
    }
    public double getVolume(){
        return getArea()*high;
    }
    public String toString(){
        return super.toString()+
            "\n\t体积为:"+getVolume();
    }
}
```

运行结果如图 6-11 所示。

```
请输入空格分隔的长方体颜色、填充(true/false)、底面长、宽和高
(end结束程序)red true 20 10 15
所构建图形信息:
        颜色: red
        是否有填充: true
        体积为: 3000.0
请输入空格分隔的长方体颜色、填充(true/false)、底面长、宽和高
(end结束程序)black false 18 12 16
所构建图形信息:
        颜色: black
        是否有填充: false
        体积为: 3456.0
请输入空格分隔的长方体颜色、填充(true/false)、底面长、宽和高
(end结束程序)end
程序结束
```

图 6-11　图形类继承的运行结果

案例 2　动物多态性

1. 案例要求

本案例测试多态性。

(1) 编写动物类 Animal,有私有的属性：名称和腿的数量,定义公共的构造方法、获取各个属性的方法、两个重载的移动的方法(一个无参数：输出“×××在移动”;另一个需要一个整型参数 n：输出 n 次“×××在移动”)。

(2) 编写继承动物类的鱼类 Fish,定义公共的构造方法(设置腿的数量为 0)、重写无参的移动的方法,输出“×××在水中游来游去”。

(3) 编写继承动物类的马类 Horse,定义公共的构造方法(设置腿的数量为 4)、重写无参的移动的方法,输出“×××在草原上驰骋”。

(4) 设计一个入口主类 Zoo,构造若干个 Animal、Fish 和 Horse,然后把它们的数据和行为列举出来,测试多态性。

2. 案例分析

根据类图定义类,然后创建对象,调用类的成员方法。类的设计如下：

(1) 动物类 Animal,其定义如下：

Animal
-name:String -legs:int
+Animal() +Animal(String,int) +getName():String +setName(String):void +getLgs():int +setLegs(int):void +move():void +move(int):void

(2) Animal 的子类鱼类 Fish,其定义如下：

Fish
+Fish(String) +move():void

(3) Animal的子类马类Horse,其定义如下:

Horse
+Horse() +move():void

3. 案例实现

参考代码如下:

```
import java.util.Scanner;
public class Zoo {
    public static void main(String[] args) throws Exception {
        Scanner sc=new Scanner(System.in);
        System.out.println("======动物多态性======");
        int num=0;
        Animal an;
        while(true){
            System.out.println("请输入数字(1==动物,2==鱼,3==马,其他==结束):");
            try{
                num=sc.nextInt();
            }catch(Exception e){
                System.out.println(e.toString());
                System.out.println("======程序结束=====");
            }
            if(num==1) an=new Animal();
            else if(num==2) an=new Fish("小鱼");
            else if(num==3) an=new Horse("小马");
            else {
                System.out.println("======程序结束=====");
                return;
            }
            an.move();
        }
    }
}
class Animal{
    private String name;
    private int legs;
    public Animal(){
        this.name="动物";
        this.legs=4;
```

```
    }
    public Animal(String name){
        this.name=name;
        this.legs=4;
    }
    public Animal(String name,int legs)throws Exception{
        this.setName(name);
        this.setLegs(legs);
    }
    public String getName(){
        return name;
    }
    public int getLegs(){
        return legs;
    }
    public void setLegs(int legs)throws Exception{
        if(legs<0)throw new Exception("腿的数量不能小于 0");
        this.legs=legs;
    }
    public void setName(String name){
        this.name=name;
    }
    public void move(){
        System.out.println(name+"在移动 ");
    }
    public void move(int n){
        while(n>=0){
            System.out.println(name+"在移动 ");
            n--;
        }
    }
}
//鱼类继承动物类
class Fish extends Animal{
    public Fish(String name)throws Exception{
        super(name,0);
    }
    public void move(){
        System.out.println(getName()+"在水中游来游去 ");
    }
}
//马类继承动物类
class Horse extends Animal{
    public Horse(String name){
        super(name);
    }
```

```
    public void move(){
        System.out.println(getName()+"在草原上驰骋 ");
    }
}
```

运行结果如图6-12所示。

```
======动物多态性======
请输入数字（1==动物，2==鱼，3==马，其他==结束）：
1
动物在移动
请输入数字（1==动物，2==鱼，3==马，其他==结束）：
2
小鱼在水中游来游去
请输入数字（1==动物，2==鱼，3==马，其他==结束）：
3
小马在草原上驰骋
请输入数字（1==动物，2==鱼，3==马，其他==结束）：
0
======程序结束=====
```

图6-12　动物多态性的运行结果

本章小结

本章介绍了面向对象的两大特性：继承与多态。继承是一种由已存在的类型创建一个或多个子类型的机制，即在现有类的基础上构建子类。运用继承，能达到提高代码复用性，简化编程的目的。Java只支持单继承，不支持多继承。多继承可通过接口来实现。

关键字super用于指代父类对象。在子类中使用super作为前缀，引用父类被覆盖的成员变量，调用父类被重写的成员方法，以及调用父类的构造方法。关键字final是“最终”的意思，可以修饰类、变量和方法。final修饰的元素都是不可变的。修饰类表示此类不能派生子类，修饰方法表示此方法不能被子类重写，修饰变量表示此变量值不允许修改。

一个类通过派生或者实现接口可演化成多种类型，这就是类的多态性。多态性是面向对象程序设计代码重用的一个最强大机制，它极大地增强了程序的可扩展性，提高了代码的可维护性。Java中，多态性主要表现在变量的多态和方法的多态。

子类对象有上转型对象，父类变量可以直接引用子类的对象；但父类对象没有下转型对象，子类变量不能直接引用父类对象，必须通过强制转换，将上转型对象还原回子类对象，这时该对象又具备了子类所有的功能和特性。

习　题

上机题

根据下面的类图定义类，然后创建不同的图形对象，输出图形面积。

(1) 图形类GeometricObject，其定义如下：

```
GeometricObject
-name:String(常量值:图形)
-color:String
+GeometricObject(String)
+getColor():String
+setColor(String):void
+getName():String
+toString():String
```

（2）GeometricObject 的子类圆类 Circle，其定义如下：

```
Circle
-name:String(常量值:圆形)
-radius:double
+Circle(String,double)
+getRadius():double
+setRadius(double):void
+getName():String
+getArea():double   //求面积
+toString():String
```

（3）GeometricObject 的子类矩形类 Rectangle，其定义如下：

```
Rectangle
-name:String(常量值:矩形)
-length:double
-width:double
+Rectangle(String,double,double)
+getLength():double
+setLength(double):void
+getWidth():double
+setWidth(double):void
+getName():String
+getArea():double           //求面积
+toString():String
```

第 7 章

抽象类与接口

类类型是适用最广的类型，除此之外，还有接口类型。本章主要介绍抽象类与接口的概念，还介绍包的使用。

学习目标

- 理解抽象类与抽象方法的概念。
- 掌握使用系统接口的技术和创建自定义接口的方法。
- 了解抽象类与接口的区别。
- 了解 Java 系统包的结构。
- 掌握创建自定义包和引入包的方法。

7.1 抽 象 类

7.1.1 抽象类与抽象方法

抽象是指从众多的事物中抽取出共同的、本质的特征，舍弃非本质的特征。例如，苹果、香蕉、生梨、葡萄、桃子等共同的特性就是水果。得出水果概念的过程，就是抽象的过程。要抽象，必须进行比较，没有比较，就无法找到共同的部分。

类的设计即为一个抽象的过程。在设计类的时候会出现这样一种情况，希望某个类具有某些功能，但目前无法进行具体的实现。这时，使用 Java 提供的抽象类和抽象方法解决问题。

例如，要开发一个网上宠物商店，使用面向对象的思路来设计，设计的类如图 7-1 所示。

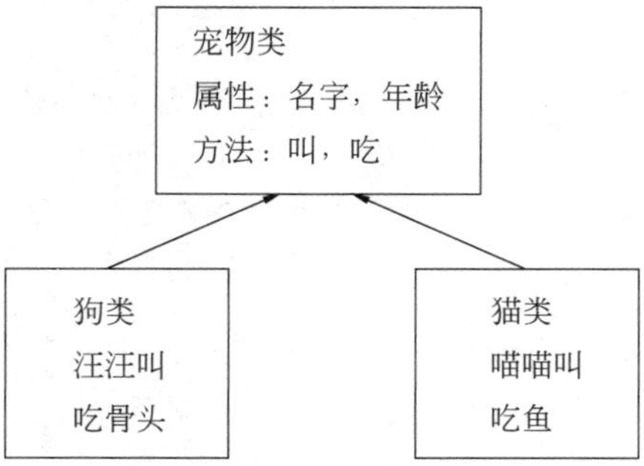

宠物类
属性：名字，年龄
方法：叫，吃

狗类
汪汪叫
吃骨头

猫类
喵喵叫
吃鱼

图 7-1　宠物商店类图

猫类和狗类的方法比较好实现(具体)，但是宠物类的叫和吃的方法怎么实现呢？因此，宠物类要声明为抽象类。在抽象类中无法为某些方法创建有意义的实现过程，需要将这类方法声明为抽象方法。在 Animal 类中，无法为 eat()方法创建有意义的实现过程；如果仅仅留着空方法，会让客户产生误会，因此需要将 eat()和 shout()方法声明为抽象方法。

在实际开发中，有时需要这样的基类，它提供一部分(或者压根没有提供)被子类共享的内容，而更多的内容是等待子类自己去补充实现。这样的类称为抽象类。

在 Java 中,使用关键字 abstract 定义抽象类,语法格式如下:

```
[访问控制符] abstract class  类名 {
    类成员
}
```

抽象方法是指只有方法的声明,没有方法体的方法。抽象方法用来描述系统具有什么功能,但并不提供功能的实现。

在 Java 中,使用关键字 abstract 定义抽象方法,语法格式如下:

```
[访问控制符] abstract 返回类型 方法名(参数列表);
```

说明:

(1) 具有一个或多个抽象方法的类必须声明为抽象类。

(2) 抽象类通常包含 0 个或多个抽象方法;同时,抽象类可以有具体的属性和方法。

(3) 构造方法不能声明为抽象方法。

(4) 当一个具体类继承一个抽象类时,必须实现抽象类中声明的所有抽象方法,否则必须声明为抽象类。

(5) 不能通过 new 关键字实例化抽象类的对象,但可以声明抽象类的引用指向子类的对象,以实现多态性。

(6) 不能定义一个类,既是 final 的类,又是 abstract 的类,因为这是自相矛盾的。

【例 7-1】 定义一个抽象类宠物类 Pet 及其子类——猫类 Cat,实现父类叫和吃的方法。

```
abstract class Pet{                          //抽象类
    private String name;                     //属性:名字
    private int age;                         //属性:年龄
    public Pet(String name,int age){         //构造方法
        this.name=name;
        this.age=age;
    }
    public abstract void eat();              //抽象方法
    public abstract void shout();
    public String toString(){                //具体方法
        return String.format(name+"  年龄:"+age);
    }
}
class Cat extends Pet{                       //具体子类
    public Cat(String name,int age){         //构造方法
        super(name,age);
    }
    public void eat(){                       //实现父类的抽象方法
        System.out.println("爱吃鱼");
    }
```

```
    public void shout(){
        System.out.println("喵喵叫...");
    }
}
public class TestCat{
    public static void main(String args[]){
        Pet cat=new Cat("花花",3);
        System.out.println(cat.toString());
         cat.eat();
         cat.shout();
    }
}
```

运行结果如图 7-2 所示。

在 MyEclipse 环境下创建抽象类的步骤如下所述：执行 File→New→Class 命令，弹出 New Java Class 对话框，如图 7-3 所示。在 Name 文本框中输入 Pet，再勾选 abstract 选项，然后单击 Finish 按钮，在代码区生成 Pet.java 源文件。按照图 7-4 所示将代码补充完整。

大家好，我叫花花，今年3岁
要吃鱼
喵喵叫...

图 7-2　例 7-1 的运行结果

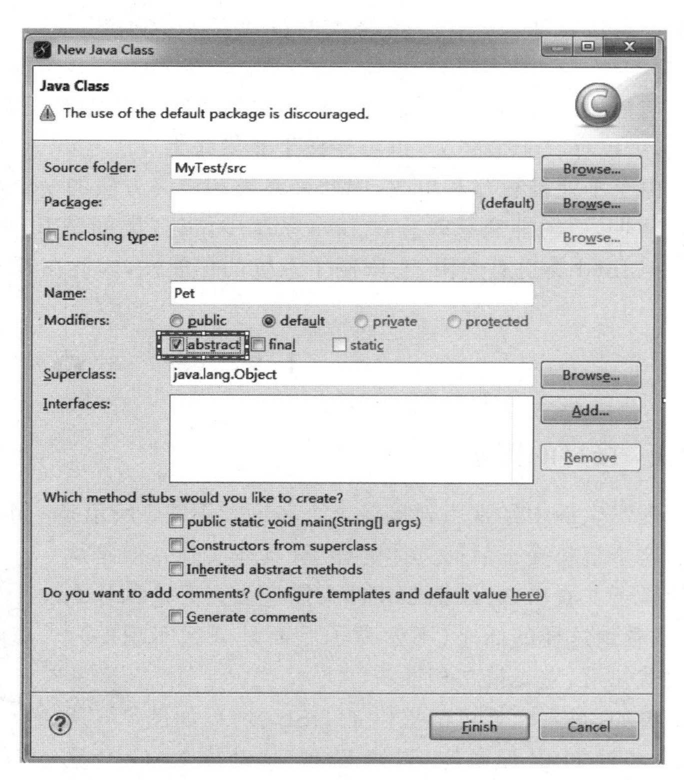

图 7-3　创建抽象类

7.1.2　抽象类与最终类

定义抽象类是为了让别人继承，并按抽象类中定义的方案，给出具体的设计。抽象类只

```
abstract class Pet {
    private String name;  //属性：名字
    private int age;  //属性：年龄

    public Pet(String name,int age){  //构造方法
        this.name=name;
        this.age=age;
    }
    public abstract void eat();    //抽象方法
    public abstract void shout();
    public String toString(){
        return String.format(name+"  年龄："+age);
    }
}
```

图 7-4　抽象类代码

关心它的子类是否具有某种功能，并不关心功能的具体行为。功能的具体行为由子类负责实现，所以抽象类可以实现类型隐藏。抽象类使用关键字 abstract 定义。抽象类里可以包含抽象方法，也可以不包含抽象方法。

与抽象类相对的是最终类。最终类使用关键字 final 定义，表示该类不能被继承。最终类里不能包含抽象方法。最终类与抽象类水火不相容。一个类不能既是抽象类，又是最终类。

与抽象方法相对的是最终方法。最终方法是不能被子类重写的方法，使用关键字 final 定义，可以存在于最终类，也可存在于非最终类。

由于不能被重写和更改，因此最终类和最终方法的安全性最好，一些重要的代码通常用 final 声明，以防非法篡改。在 Java 系统中，很多类都是 final 类，如 String、System 和 Math 等。但 final 类也有局限，它限制了系统的扩展性，因此在开发中要权衡利弊。

7.2 接口

7.2.1 接口的概念

现实生活中经常用到接口这个名词。图 7-5 所示是一个二相电源插座，表面上看，无法知道这个塑料壳子后面具体的样子（具体实现），但是从它的样子上看出，可以把二相插头插进去。无论到什么地方，看到这样的插座（不管壳子后面是怎么实现的），人们就知道，它支持二相插头。

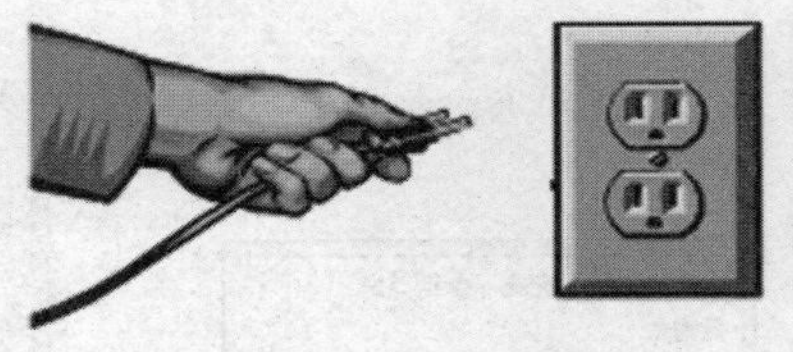

图 7-5　二相电源插座

再如，每台计算机都提供了 USB 接口，如图 7-6 所示，供各种 USB 设备使用，如 U 盘、移动硬盘、USB 鼠标、USB 键盘等。计算机通过提供统一的 USB 接口来提高通用性，使计算机不必同时需要各种 USB 专用接口。

那么，到底什么是接口？其实接口就是一套规范。例如，设计电脑的 USB 接口，就是设计一套规范，其中规定 USB 有 4 条通道，哪些用来传输数据，哪些用于供电，提供的电压是

图 7-6 计算机 USB 接口

多少等。所有的这些规范只规定了必须实现哪些功能，并没有规定如何实现。具体实现交给使用接口的产品(如 U 盘)来实现。

注意：

接口是作为一个标准存在的，一旦公布，就不应被改变。

这种只规定功能，而不限制如何实现的结构，在程序设计领域中称为设计与实现相分离。其中，功能的规定属于设计部分，功能的实现属于实现部分。这种结构极大地简化了程序的设计和管理，使系统的开发分工更加细致。如图 7-7 所示，通过接口来调用服务的好处是：假设接口不变，若服务提供者改变，只要还实现相同的接口，调用者就无须改变。

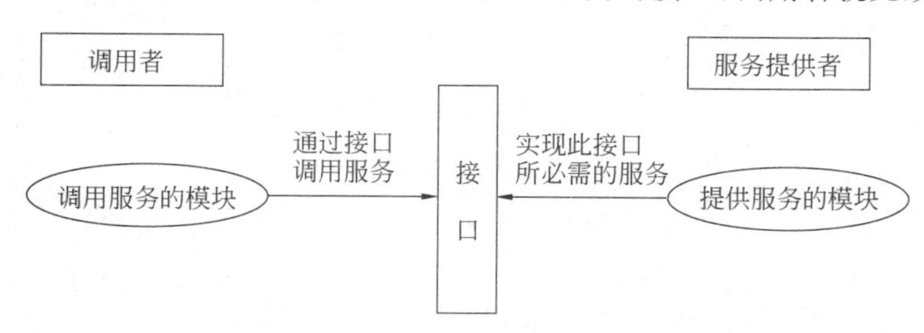

图 7-7 程序设计中的接口

7.2.2 接口的定义与实现

Java 语言中的接口属于设计部分，它只声明一套功能，没有具体的实现。使用 interface 关键字定义接口，其语法格式如下：

```
[访问控制符] interface 接口名{
    [常量字段]
    [抽象方法]
}
```

接口只能包含最终字段(即常量)和抽象方法两种成员，默认为 public。其中，常量字段允许省略 public 和 final，抽象方法允许省略 public 和 abstract。

接口是需要由其他类实现的行为模板。在抽象类没有可供继承的默认实现时，一般用接口来替代该抽象类。因此可以说，接口是特殊的抽象类。

注意：

接口不是类，接口中不能定义构造器。

要使用接口，必须指定该接口的实现类，并且该类必须按照接口声明中指定的方法特征来实现该接口中的所有方法。在 Java 中，使用关键字 implements 实现接口，语法格式如下：

```
[访问控制符] class 类名 implements 接口名 1[,接口名 2,...]{
    ...
    //实现接口的成员方法
}
```

【例 7-2】 定义图形接口 IShape，包含常量字段 MIN_AREA 和 MIN_GIRTH，求面积和周长的抽象方法。再定义实现接口的矩形类 Rectangle。

```
interface IShape{
    public final double MIN_AREA=0;               //可缩写为 double MIN_AREA=0;
    public final double MIN_GIRTH=0;              //可缩写为 double MIN_GIRTH=0;
    public abstract double getArea();             //可缩写为 double getArea();
    public abstract double getGirth();            //可缩写为 double getGirth();
}
public class Rectangle impements IShape{
    private double len;                           //成员变量:长
    private double wid;                           //宽
    public Rectangle(double len, double wid){     //带参数的构造方法
        this.len=len;
        this.wid=wid;
    }
    public double getArea(){                      //计算面积
        return len * wid;
    }
    public double getGirth(){                     //计算周长
        return 2 * (len+wid);
    }
    public void getMinRect(){                     //最小矩形信息
            System.out.printf("最小矩形,面积 :%.2f,周长 :%.2f\n", IShape.MIN_
            AREA,IShape.MIN_GIRTH);
    }
}
```

在 MyEclipse 环境下创建接口的步骤是：执行 File→New→Interface 命令，弹出 New Java Interface 对话框，如图 7-8 所示。在 Name 文本框中输入 IShape，然后单击 Finish 按钮，再按照图 7-9 所示，将代码补充完整。

在 MyEclipse 环境下创建类实现接口的步骤如下：

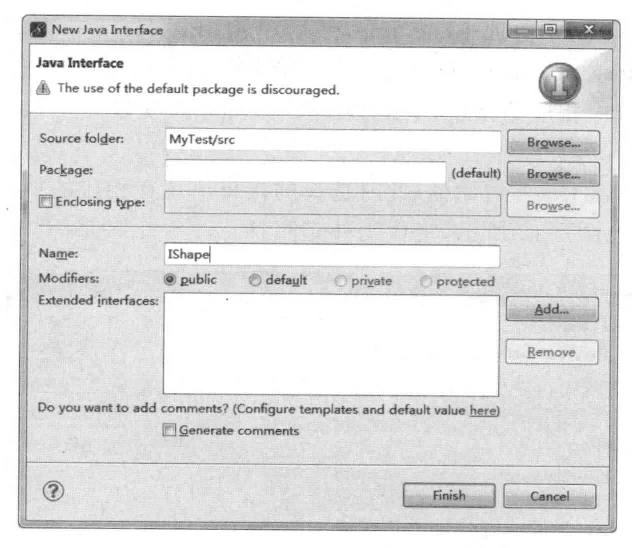

图 7-8　创建接口

```
*IShape.java
public interface IShape {
    public final double MIN_AREA = 0; // 可缩写为double MIN_AREA=0;
    public final double MIN_GIRTH = 0; // 可缩写为double MIN_GIRTH=0;

    public abstract double getArea(); // 可缩写为double getArea();
    public abstract double getGirth(); // 可缩写为double getGirth();
}
```

图 7-9　接口代码

（1）执行 File→New→Class 命令，弹出 New Java Class 对话框，如图 7-10 所示。

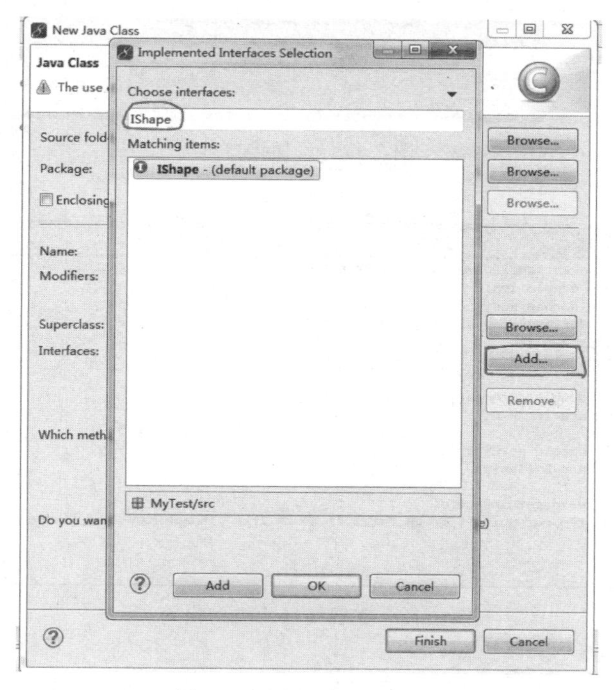

图 7-10　选择实现的接口

(2) 在 Name 文本框中输入 Rectangle，然后单击 Interfaces 右边的 Add...按钮，弹出 Implemented Interfaces Selection 选择器。在 Choose interfaces 文本框中输入接口名，如 IShape，然后在下方选中相应的接口，单击 OK 按钮（如果要实现多个接口，单击 Add 按钮，再选择其他接口）。

(3) 返回 New Java Class 对话框，此时选择的接口出现在相应的框中，如图 7-11 所示。单击 Finish 按钮，按照图 7-12 所示，将代码补充完整。

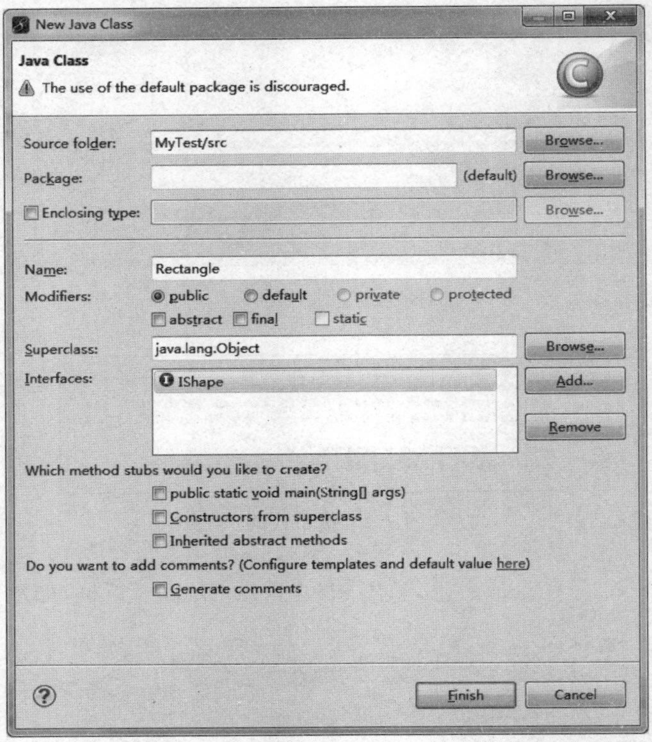

New Java Class
Java Class
The use of the default package is discouraged.
Source folder: MyTest/src Browse...
Package: (default) Browse...
Enclosing type: Browse...
Name: Rectangle
Modifiers: public default private protected
abstract final static
Superclass: java.lang.Object Browse...
Interfaces: IShape Add... Remove
Which method stubs would you like to create?
public static void main(String[] args)
Constructors from superclass
Inherited abstract methods
Do you want to add comments? (Configure templates and default value here)
Generate comments
Finish Cancel

图 7-11 添加接口

Rectangle.java

```java
public class Rectangle implements IShape {
    private double len;  //成员变量：长
    private double wid;  //宽
    public Rectangle(double len, double wid) {//带参数的构造方法
        this.len=len;
        this.wid=wid;
    }
    public double getArea(){  //计算面积
        return len*wid;
    }
    public double getGirth(){  //计算周长
        return 2*(len+wid);
    }
    public void getMinRect(){
        System.out.printf("最小矩形,面积:%.2f,周长:%.2f\n",IShape.MIN_AREA,IShape.MIN_GIRTH);
    }

}
```

图 7-12 实现接口的类的代码

一个类只能有一个直接的基类，但是可以实现多个接口（解决多继承问题）。

【例 7-3】 类B实现接口A、C。

```
interface A{
    String INFO ="CHINA" ;                        // 全局常量
    void print() ;                                // 抽象方法
    public void fun() ;                           // 抽象方法
}
interface C{
    public void funA() ;
}
class B implements A,C{                           // 子类 B 实现了接口 A、C
    public void print(){                          // 实现抽象方法
        System.out.println("HELLO WORLD!!!") ;
    }
    public void fun(){
        System.out.println(INFO);                 // 输出全局常量
    }
    public void funA(){
        System.out.println("信息: " +INFO) ;
    }
}
public class InterfaceDemo {
    public static void main(String[] args) {
            B b=new B();
            b.print();
            b.fun();
            b.funA();
    }
}
```

运行输出结果如下：

```
HELLO WORLD!!!
CHINA
信息: CHINA
```

一个类可以实现接口同时又继承抽象类，语法格式如下：

```
[访问控制符] class 子类名 extends 抽象类名 implements 接口名 1[,接口名 2,…]{
    ...
}
```

【例 7-4】 子类 Son 继承父类 Fahter 同时实现接口 D、E。

```
interface D{                                      //定义接口 D
    public void printD();}
    interface E{                                  //定义接口 E
    public void printE();}
    abstract class Father{                        //定义抽象类 Father
        public abstract void printF();
```

```
    };
class Son extends Father implements D,E{   //子类 Son 继承父类 Fahter 并实现接口 D、E
    public void printD(){
        System.out.println("D 的实现");}
    public void printE(){
        System.out.println("E 的实现");}
    public void printF(){
        System.out.println("F 的实现");}
}
public class InterfaceDemo1 {              //测试类
    public static void main(String[] args) {
        Son b =new Son();
        b.printD();
        b.printE();
        b.printF();
    }
}
```

运行输出结果如下：

```
D 的实现
E 的实现
F 的实现
```

7.2.3 接口的多态

接口的多态性与类的多态性类似，即接口变量引用的是实现了该接口的子类对象。

接口可以用来声明变量，但接口不是类，不能创建对象。

【例 7-5】 在例 7-2 的基础上，定义实现接口的正方形类 Square，再定义一个测试类 TestShape。

```
class Square implements IShape{
    private double border;                          //成员变量：边长
    public Square(double border){                   //带参数的构造方法
        this.border=border;
    }
    public double getArea(){                        //计算面积
        return border * border;
    }
    public double getGirth(){                       //计算周长
        return 4 * border;
    }
}
public class TestShape{
    public static void main(String args[]){
        IShape shape=new Rectangle(10,20);   //接口变量引用实现类 Rectangle 的对象
        System.out.printf("矩形面积：%.2f，周长：%.2f\n", shape.getArea(),shape.
        getGirth());
```

```
        shape=new Square(10);                //接口变量引用实现类 Square 的对象
        System.out.printf("正方形面积: %.2f, 周长: %.2f\n", shape.getArea(),
        shape.getGirth());
    }
}
```

运行输出结果如下：

```
矩形面积: 200.00, 周长: 60.00
正方形面积: 100.00, 周长: 40.00
```

在实际项目开发中，经常会把方法的参数定义成接口类型，实际传入的值用实现类的对象来代替。这样，只需针对同一类型功能的参数定义一个方法，即适用于不同的实现类。这就是我们常说的面向接口的编程。如下面的示例代码中，定义 getInfo()方法的参数为接口类型 IShape；方法调用处参数既可以是实现类 Rectangle 对象，也可以是实现类 Square 对象。

```
public class TestShape1{
    public static void main(String args[]){
        getInfo(new Rectangle(10,20));
        IShape shape=new Square(10);     //接口变量引用实现类 Square 的对象
        getInfo(shape);
    }
    public static void getInfo(IShape shape){
        System.out.printf("图形面积: %.2f, 周长: %.2f\n", shape.getArea(),shape.
        getGirth());
    }
}
```

7.2.4 接口的继承

在 Java 中，类只支持单继承，即一个类只能有一个父类，但一个接口可以同时继承多个接口。如下面这段代码中，接口 Z 同时继承了接口 A 和 B，即 Z 除了具备 A 和 B 的功能以外，增加了一个新功能，当类 X 实现接口 Z 时，必须实现接口 A、B 和 Z 里定义的所有方法。

```
interface A{
    public void printA();
}
interface B{
    public void printB();
}
interface Z extends A,B{                     //X 接口同时继承了 A 和 B 两个接口
    public void printZ();
}
class X implements Z{
    public void printA(){...}
    public void printB(){...}
    public void printC(){...}
    public void printZ(){...}
}
```

7.3 包

7.3.1 Java 系统 API 包

在实际开发中,大型系统往往需要多人合作完成,每个程序员都要命名多个类与接口等类型,难免会定义重名的类或接口。为了避免名字冲突,Java 提供了“包”的管理机制:只要包名不同,即使类名相同,也能相互区分。通常,每个程序员都会创建自己特有的包,把自己的类放在包里,避免名字冲突。

包(package)又称为类库,即存放类的仓库。包实际上就是一个文件夹,在不同的文件夹中可以有同名的类,这就是包的作用。

Java 系统提供了大量的类与接口,如 System、String、Math、Scanner 等类,以及 Runnable 等接口,供程序员开发应用程序时直接调用,这些类与接口称为应用编程接口(application programming interface,API)。为了便于管理,API 存放在不同包里,表 7-1 所示为常用的系统 API 包。

表 7-1 Java 系统常用 API 包

API 包名	说　明
java.lang	Java 基础类库,提供最基本的类与接口,包括 String、System、Math 和 Thread 类,Runnable 与 Cloneable 接口
java.util	实用工具包,包括 Scanner、Random、Date、Arrays 等类,Collection、Map 等接口
java.io	Java 数据流相关的包,包括 File、FileReader、FileWriter、RandomAccessFile 等类
java.awt	抽象窗口工具集包,包括 Frame、Button、Color、Graphics 等类
java.awt.event	图形用户界面事件包,包括 ActionEvent、ItemEvent 等类,ActionListener、ItemListener 等接口
java.sql	数据库访问包,包括 DriverManager 等类,Connection、Statement、ResultSet 等接口
javax.swing	“轻量级”图形用户界面包,包括 JFrame、JButton、ImageIcon 等类,Icon 等接口
java.applet	小应用程序包,包括 Applet 类、AudioClip 接口等
java.net	网络开发包,包括 Socket、ServerSocket 等类

注意:

如表 7-1 所示,除了 java.lang 包由系统自动引入以外,其他包均需使用 import 引入。

7.3.2 包的定义

除了 Java 系统 API 包以外,程序员还可以在应用程序中自定义包。使用关键字 package 定义一个包,其语法格式如下:

```
package 包名;
```

说明:

(1) 允许分层命名,各层之间用“.”分隔,层次的数量不受限制。

(2) 包一般采用小写字母命名。由于包在编译时将转换为目录层次,故包名不要包含特殊字符。

(3) package 语句必须放在源代码文件的首行,作为第一条非注释语句。

(4) 一个源程序只能有一条 package 语句。

(5) 如果程序中没有使用 package 语句定义包,则类属于默认包(或无名包)。默认包中的类无法被其他包中的类使用。

【例 7-6】 定义包 com.gdlgxy.demo,在包里定义 Hello 类,输出"我爱 Java"。

```
package com.gdlgxy.demo;
public class Hello{
    public static void main(String args[]){
        System.out.println("我爱 Java ");
    }
}
```

在 MyEclipse 环境下创建类的步骤如下所述。

(1) 在某一 Java 项目下,执行 File→New→Package 命令,弹出 New Java Package 对话框,如图 7-13 所示,创建包。

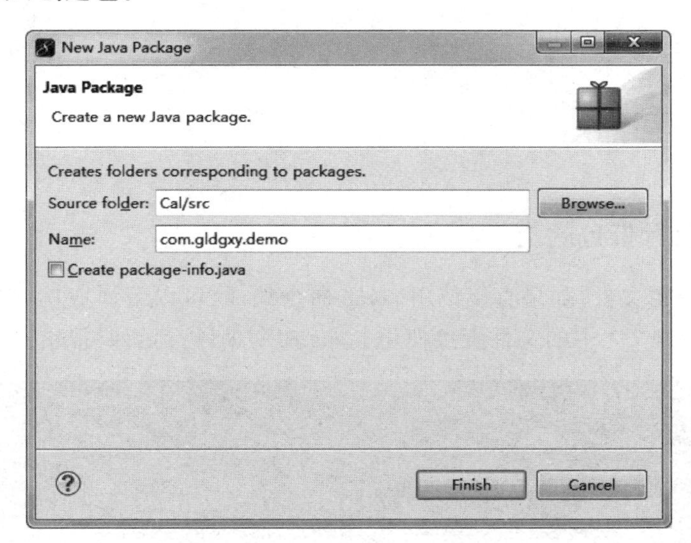

图 7-13 创建包

(2) 在对话框中输入包名,如 com.gldgxy.demo,然后单击 Finish 按钮,在项目下新建包。系统自动创建与包名对应的文件夹,如 com\gdlgxy\demo。

(3) 执行 File→New→Class 命令,弹出 New Java Class 对话框,如图 7-14 所示。注意,Package 文本框中自动输入包名。若没有自动输入,可以手动输入。

(4) 在 Name 文本框中输入 Hello,再勾选 public static void main(String[] args)项,然后单击 Finish 按钮,在代码区将生成 Hello.java 源文件。按照例 7-6 所示代码补充完整。

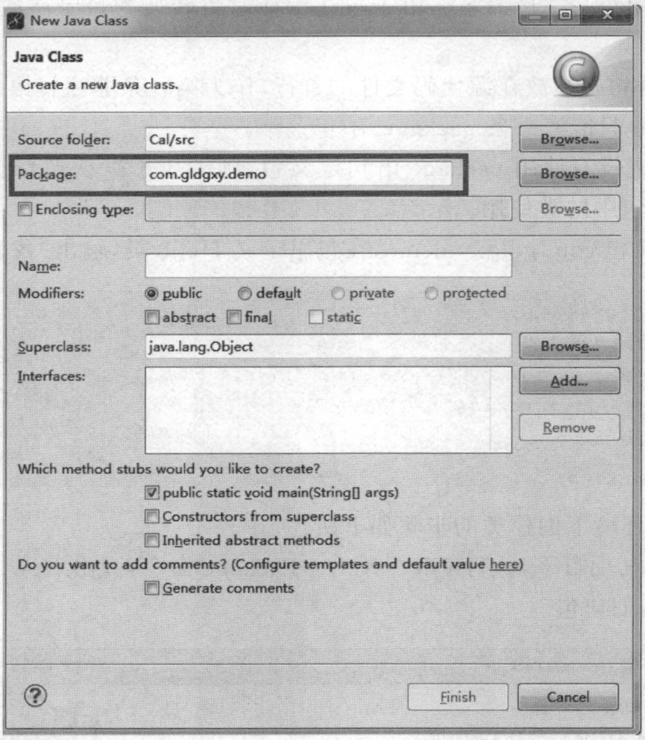

图 7-14　创建类

7.3.3　编译与执行带包的类

对于带有包的源文件，如果直接使用 javac 命令编译，可以编译成功，但是运行不成功。如图 7-15 所示，对例 7-1 中的文件直接使用 javac 命令编译，运行时报错。

```
H:\java>javac Hello.java

H:\java>java Hello
Exception in thread "main" java.lang.NoClassDefFoundError: Hello (wrong name: com/gdlgxy/demo/Hello)
        at java.lang.ClassLoader.defineClass1(Native Method)
        at java.lang.ClassLoader.defineClass(ClassLoader.java:791)
        at java.security.SecureClassLoader.defineClass(SecureClassLoader.java:142)
        at java.net.URLClassLoader.defineClass(URLClassLoader.java:449)
        at java.net.URLClassLoader.access$100(URLClassLoader.java:71)
        at java.net.URLClassLoader$1.run(URLClassLoader.java:361)
        at java.net.URLClassLoader$1.run(URLClassLoader.java:355)
        at java.security.AccessController.doPrivileged(Native Method)
        at java.net.URLClassLoader.findClass(URLClassLoader.java:354)
        at java.lang.ClassLoader.loadClass(ClassLoader.java:423)
        at sun.misc.Launcher$AppClassLoader.loadClass(Launcher.java:308)
        at java.lang.ClassLoader.loadClass(ClassLoader.java:356)
        at sun.launcher.LauncherHelper.checkAndLoadMain(LauncherHelper.java:476)

H:\java>
```

图 7-15　直接编译带包的类报错

此时，需要带参数编译，语法格式如下：

```
javac -d .|路径名 源文件名
```

其中，-d 表示生成目录根据 package 的定义生成，“.”表示在当前目录下生成包，路径名表示在指定目录下生成包。

1. 在当前目录下生成包

执行以下命令，在源文件所在目录下生成和包层次相对应的目录层次结构，如图 7-16 所示。

```
javac  -d  .  Hello.java
```

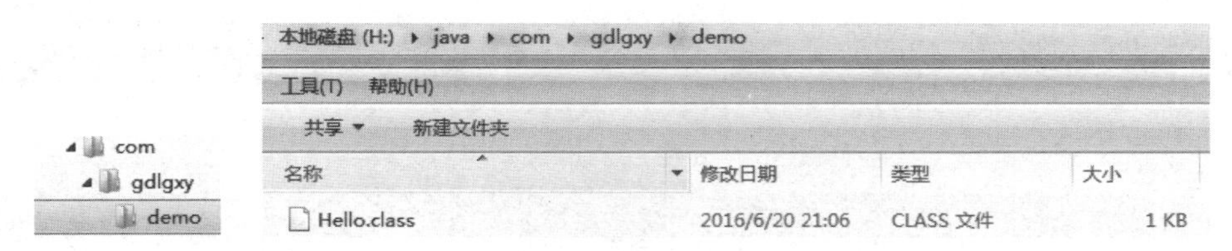

图 7-16　在当前目录下生成包

使用 java 命令，必须指定完整的类名，即“包名.类名”，如图 7-17 所示。

```
H:\java>javac -d . Hello.java

H:\java>java com.gdlgxy.demo.Hello
我爱Java

H:\java>
```

图 7-17　执行带包的类

2. 在指定目录下生成包

执行以下命令，在指定的目录下生成和包层次相对应的目录层次结构，如图 7-18 所示。

```
javac  -d  F:\java  Hello.java
```

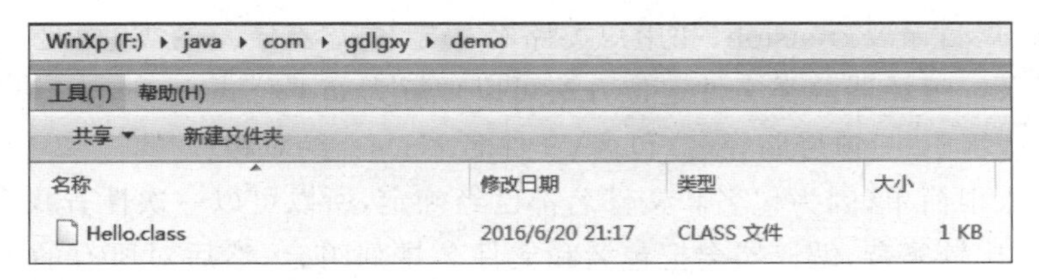

图 7-18　在指定目录下生成包

运行时，首先使用 DOS 命令进入指定目录，然后使用 java 命令运行。此时，必须指定完整的类名，即“包名.类名”，如图 7-19 所示。

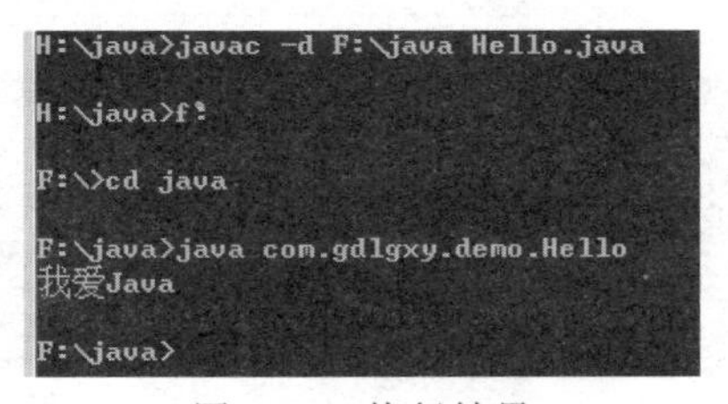

图 7-19　执行结果

7.3.4 引入包

当类声明了包以后，同一个包内部的类默认引入。如果程序中需要使用其他包的类或接口（除 java.lang 包外），要用 import 语句引入这些包。

使用关键字 import 引入包，Java 中有两种引入机制，即单类型引入和按需类型引入，其语法格式如下：

```
import 包名.类名|接口名;                    //单类型引入(single-type-import)
```

或

```
import 包名.*;                              //按需类型引入(type-import-on-demand)
```

说明：

（1）对于分层的包名，各层之间用“.”分隔，包名和类名之间也是用圆点分隔，以包名作为前缀的类名称为类长名，例如 com.gdlgxy.demo.Hello。

（2）“*”表示包所包含的所有类和接口。

（3）一个源程序可以有多条 import 语句。

（4）import 语句放在 package 语句（如果存在）之后，类（或接口）定义之前，即关键字出现的次序依次为 package、import、class（或 interface）。

下面分析这两种引入机制的工作原理。

对于单类型导入，比较好理解，仅导入一个 public 类或接口。对于按需类型导入，有人误解为导入一个包下的所有类。其实不然，它并非导入整个包，而仅导入当前类需要使用的类或接口。既然如此，是不是就可以放心地使用按需类型导入呢？并非如此，因为单类型导入和按需类型导入对类文件的定位算法是不一样的。Java 编译器会从启动目录（bootstrap）、扩展目录（extension）和用户类路径去定位需要导入的类，而这些目录仅给出了类的顶层目录。编译器的类文件定位方法可以理解为如下公式：

顶层路径名\包名\文件名.class＝绝对路径

单类型导入很简单，因为包名和文件名都已经确定，所以可以一次性查找定位。而对于按需类型导入，比较复杂，编译器会把包名和文件名排列组合，然后对所有的可能性进行类文件查找定位。例如：

```
package com;
import java.io.*;
import java.util.*;
```

当类文件中用到了 File 类，Java 编译器将按下述顺序查找定位 File 类。

```
File     //File 类属于无名包,也就是说,File 类没有 package 语句,编译器会首先搜索无名包
com.File                                      //File 类属于当前包
java.lang.File                                //编译器自动导入 java.lang 包
java.io.File
java.util.File
```

需要注意的是，编译器找到java.io.File类之后，并不会停止下一步的寻找，而要把所有的可能性都查找完，确定是否有类导入冲突。如果在查找完成后，编译器发现两个同名的类，就会报错。必须删除不用的那个类，然后再编译。

综上所述，得出结论：按需类型导入绝对不会降低Java代码的执行效率，但会影响Java代码的编译速度。查看JDK的源代码可知，SUN公司的软件工程师一般不会使用按需类型导入，因为使用单类型导入至少有两点好处：一是提高编译速度；二是避免命名冲突。例如：当import java.awt.*;import java.util.*之后，使用List的时候，编译器将出现编译错误。

当然，使用单类型导入会使程序的import语句看起来很长。

【例7-7】 定义包com.gdlgxy.demo1，在包里定义Animal抽象类，包含吃和叫的抽象方法。再定义包com.gdlgxy.demo2，在包里定义猫类继承Animal类。

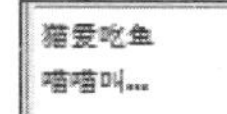

图7-20 例7-7的运行结果

运行结果如图7-20所示。

```
package com.gdlgxy.demo1;
public abstract class Animal{
    public abstract void eat();
    public abstract void shout();
}

package com.gdlgxy.demo2;
import com.gdlgxy.demo1.Animal;          //引入Animal类
class Cat extends Animal{
    public void eat(){
        System.out.println("猫爱吃鱼");
    }
    public void shout(){
        System.out.println("喵喵叫...");
    }
}
public class TestCat{
    public static void main(String args[]){
         Animal cat=new Cat();
         cat.eat();
         cat.shout();
     }
}
```

7.4 应用实例

案例 手机接口的定义与实现

1. 案例要求

(1) 创建com.gdlg.inter包。在此包中，①定义一个手机(IMobilePhone)接口，功能包括：打电话(call())、接电话(receive())、发送短信息(sendMessage())、接收短信息

(receiveMessage())。②定义一个照相机(ICamera)接口,功能包括拍照(takePhoto())。③定义一个照相手机(ICameraPhone)接口,它既有手机的功能,又有照相机的功能。

(2) 创建 com.gdlg.myclass 包。在此包中,①定义一个 IPhone 类和 SamSung 类,它们都是照相手机。在构造方法中输出手机型号,如"欢迎使用×××手机"。②定义一个 Student 类,包含 name 和 myPhone(类型为 ICameraPhone)两个属性;有一个带两个参数的构造方法,还有一个打电话的方法 myCall(),调用 myPhone 的 call()方法;另外有一个拍照的方法 myTakePhoto(),调用 myPhone 的 takePhoto()方法。③定义一个测试类 TestInterface。定义一个主方法,分别创建两个学生对象,一个学生使用的是 IPhone 手机;另一个学生使用的是 SamSung 手机,分别调用它们的 myCall()方法和 myTakePhoto()方法。

2. 案例分析

根据要求创建包,在相应包内定义接口和类,然后创建对象,调用类的成员方法。

3. 案例实现

ICameraPhone.java 源文件参考代码如下(包括三个接口的定义):

```
package com.gdlg.inter;
interface IMobilePhone {
    public void call();
    public void receive();
    public void sendMessage();
    public void receiveMessage();
}
interface ICamera{
    public void takePhoto();
}
public interface ICameraPhone extends IMobilePhone, ICamera{
}
```

TestInterface.java 源文件参考代码如下(包括三个类的定义):

```
package com.gdlg.myclass;
import com.gdlg.inter.*;
class IPhone implements ICameraPhone {
    public IPhone(){
        System.out.println("欢迎使用苹果手机");
    }
    public void call(){
        System.out.println("IPhone 打电话,请拨号 ...");
    }
    public void receive(){
        System.out.println("IPhone 电话响了,请接听 ...");
    }
    public void sendMessage(){
        System.out.println("IPhone 发短消息,请编辑 ...");
    }
    public void receiveMessage(){
        System.out.println("IPhone 有短消息了,请查收 ...");
```

```
    }
    public void takePhoto(){
        System.out.println("IPhone 拍照模式 ...");
    }
}
class SamSung implements ICameraPhone {
    public SamSung(){
        System.out.println("欢迎使用三星手机");
    }
    public void call(){
        System.out.println("三星打电话,请拨号 ...");
    }
    public void receive(){
        System.out.println("三星 电话响了,请接听 ...");
    }
    public void sendMessage(){
        System.out.println("三星 发短消息,请编辑 ...");
    }
    public void receiveMessage(){
        System.out.println("三星 有短消息了,请查收 ...");
    }
    public void takePhoto(){
        System.out.println("三星 拍照模式 ...");
    }
}
class Student{
    private String name;
    private ICameraPhone myPhone;
    public String getName(){
        return name;
    }
    public Student(String name,ICameraPhone myPhone){
        this.name=name;
        this.myPhone=myPhone;
    }
    public void myCall(){
        myPhone.call();
    }
    public void myTakePhoto(){
        myPhone.takePhoto();
    }
}
public class TestInterface{
    public static void main(String[] args){
        Student s1=new Student("John",new IPhone());
        s1.myCall();
        s1.myTakePhoto();
        Student s2=new Student("Mike",new SamSung());
        s2.myCall();
```

```
        s2.myTakePhoto();
    }
}
```

运行结果如图 7-21 所示。

```
欢迎使用苹果手机
IPhone打电话，请拨号...
IPhone 拍照模式...
欢迎使用三星手机
三星打电话，请拨号...
三星 拍照模式...
```

图 7-21　案例的运行结果

本章小结

本章介绍了抽象类与抽象方法，两者均用 abstract 声明。抽象类与最终类相对应，用于派生子类；而最终类是不允许派生子类，故两者水火不相容。抽象类不能实例化。抽象方法只有方法的声明，没有方法体，抽象方法与最终方法也是相对的。

接口是特殊的抽象类，接口的成员方法都是抽象的，接口的成员字段都是常量。接口之间可以相互继承与派生，并且接口允许多重继承。一个类可以实现多个接口。接口声明的变量可以引用实现接口的各个类对象，即可以同一形式调用不同类实现的接口的方法，以实现接口的多态。

包是含有类、接口等的仓库，也称为类库。Java 系统本身定义了 API 包，供编程人员使用。程序员也可以自定义包，并在其他包中引用。

习　题

上机题

要求：

（1）创建 com.ch07 包，在此包中定义一个音响设备（Soundable）接口，功能包括：增大音量（incVolume()）、减小音量（decVolume()）、关闭设备（StopSound()）、打开设备（playSound()）。

（2）创建 com.ch07.demo1 包，在此包中定义一个 Radio 类、Walkman 类和 MobilePhone 类，它们都是音响设备；再定义一个测试类 TestSound，根据输入，调用相应对象的方法。运行结果如图 7-22 所示。

参考代码如下所示，请在省略号处填上相应的代码。

```
//定义包和接口 Soundable
//定义实现接口的类 Radio
//定义测试类
```

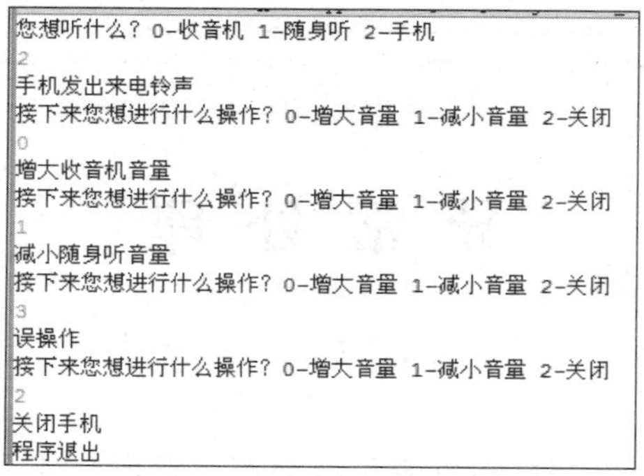

```
您想听什么？0-收音机 1-随身听 2-手机
2
手机发出来电铃声
接下来您想进行什么操作？0-增大音量 1-减小音量 2-关闭
0
增大收音机音量
接下来您想进行什么操作？0-增大音量 1-减小音量 2-关闭
1
减小随身听音量
接下来您想进行什么操作？0-增大音量 1-减小音量 2-关闭
3
误操作
接下来您想进行什么操作？0-增大音量 1-减小音量 2-关闭
2
关闭手机
程序退出
```

图 7-22　上机题的运行结果

```
public class TestSound {
    public static void main(String[] args){
        int i;
        Scanner sc=new Scanner(System.in);
        //声明接口数组,包含三个元素
        ...
        //分别创建三种音响设备对象,存放在数组中
        ...
        System.out.println("您想听什么？0-收音机  1-随身听   2-手机");
        i=sc.nextInt();
        //调用设备开机的方法
        ...
        while(true){
            System.out.println("接下来您想进行什么操作？0-增大音量  1-减小音量
            2-关闭");
            i=sc.nextInt();
            switch(i){
            }
        }
    }
}
```

第8章

异常处理

在利用 Java 语言设计程序时，不可避免地会产生错误。那么，如何处理错误？把错误交给谁去处理？程序又该如何从错误中恢复？这是任何程序设计语言都要解决的问题。本章将探讨如何解决 Java 的异常处理问题。

学习目标

- 理解异常的概念，熟悉异常的层次结构及分类。
- 掌握异常处理的机制和方式。
- 了解各类异常处理语句的作用和语法，熟练掌握异常处理语句的定义和使用方式。
- 了解断言语句，理解自定义异常类，能够熟练定义和使用自定义异常类。

8.1 异常的概念

在生活中，经常会发生一些异常情况。通常人们会对不同的异常进行不同的处理，不会因此而中断正常的生活。

例如，公司准备安排小李去开会，交通正常情况下，耗时大约 24 个小时，如图 8-1 所示。

图 8-1 交通正常情况图

但是，在高速公路上突然发生了异常情况，例如堵车或撞车。

面对异常该怎么办呢？通常情况下，会按照图 8-2 所示处理。

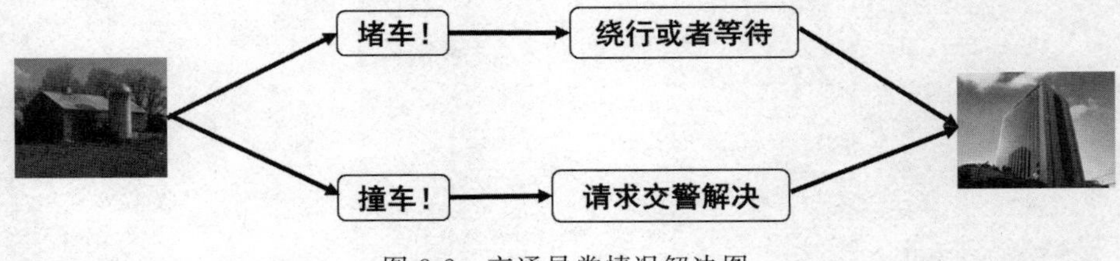

图 8-2 交通异常情况解决图

在使用计算机语言进行项目开发的过程中，即使程序员把代码写得尽善尽美，没有任何语法错误，运行时也会出现意外情况，使程序无法正常运行下去，因为很多问题不是靠代码就能够避免的。比如，在网站注册的时候，需要填写年龄，要求输入数字，如果用户输入字符，该怎么办？还有，在除法运算中，若用户输入除数 0，程序面对这样的异常，该怎么办呢？Java 提供了异常处理机制，就像人们遇到始料不及的事情，预先想好处理的办法。

简而言之，异常通常是程序运行时出现的问题和错误，比如：客户输入数据的格式，读取的文件是否存在，网络是否保持通畅等。Java 程序在执行过程中发生的异常事件分为两类：异常和错误。

1. 异常

异常(exception)是指程序运行过程中出现的非正常现象，例如用户输入错误，除数为 0，需要处理的文件不存在，数组下标越界等。其他因操作错误或偶然的外在因素导致的一般性问题，可以使用针对性的代码进行处理，例如空指针访问，试图读取不存在的文件，网络连接中断等。

可能遇到的轻微错误，可以写代码来处理异常并继承执行，不应让程序中断。

2. 错误

程序不能顺利执行，除了异常，还可能发生了错误(error)，例如，断言错误，类的连接错误，Java 虚拟机崩溃性错误，等等，这些事件的发生将阻止程序正常运行。对于 Java 虚拟机无法解决的严重问题，如 JVM 系统内部错误、资源耗尽等情况，一般不编写针对性的代码进行处理。

对于被认为是不能恢复的严重错误，不应该抛出，而应让程序中断。

【例 8-1】 编写程序，输入歌手编号，显示对应的歌手名字。正确输入数字和错误输入字母，观察程序结果(不进行异常处理)。

```
import java.util.Scanner;
public class Accp {
public static void main(String[] args){
  System.out.print("请输入你最喜欢的歌手编号(1至3之间的数字):");
  Scanner in=new Scanner(System.in);
  int courseCode=in.nextInt();          //从键盘输入整数
  switch(courseCode){
    case 1:  System.out.println("1. 韩红");
             break;
    case 2:  System.out.println("2. 王菲");
             break;
    case 3:  System.out.println("3. 张学友");
    default:  System.out.println("无此歌手");
  }
 }
}
```

正常情况：
输入：1
输出：1.韩红

异常情况：
输入：B
程序中断运行！

运行时，如果输入数字，则程序正常结束，输出结果如图 8-3 所示；如果输入非数字，如输入字母 a，则程序产生异常，输出结果如图 8-4 所示。

```
请输入你最喜欢的歌手编号(1至3之间的数字):1
1. 韩红
```

图 8-3 正常情况

```
请输入你最喜欢的歌手编号(1至3之间的数字):a
Exception in thread "main" java.util.InputMismatchException
        at java.util.Scanner.throwFor(Scanner.java:909)
        at java.util.Scanner.next(Scanner.java:1530)
        at java.util.Scanner.nextInt(Scanner.java:2160)
        at java.util.Scanner.nextInt(Scanner.java:2119)
        at Ex8_1.main(Ex8_1.java:8)
```

图 8-4　异常情况

注意：

（1）开发过程中的语法错误和逻辑错误不是异常。

（2）异常和错误最大的区别是：错误往往比异常严重，发生了错误，一般不能在应用程序中捕获处理，程序只能非正常中止运行。

8.2　异常种类与层次结构

在 Java 中，所有的异常都有一个共同的祖先 Throwable（可抛出）。Throwable 有两个重要的子类：Error（错误）和 Exception（异常），二者都是 Java 异常处理的重要子类，各自包含大量子类。

（1）Error（错误）：是程序无法处理的错误，表示运行应用程序中出现的较严重问题。大多数错误与代码编写者执行的操作无关，表示代码运行时 JVM（Java 虚拟机）出现的问题。例如，Java 虚拟机运行错误（VirtualMachineError），当 JVM 不再有继续执行操作所需的内存资源时，将出现 OutOfMemoryError。这些异常发生时，Java 虚拟机（JVM）一般选择线程终止。

（2）Exception（异常）：是程序本身可以处理的异常。Exception 类有一个重要的子类 RuntimeException，它与其子类表示 JVM 常用操作引发的错误。例如，若试图使用空值对象引用、除数为 0 或数组越界，将分别引发 NullPointerException、ArithmeticException 和 ArrayIndexOutOfBoundException。Java 异常类层次结构如图 8-5 所示。

RuntimeException 异常子类见表 8-1。

表 8-1　RuntimeException 异常子类

异　常	说　明
ArrayIndexOutOfBoundsException	数组索引越界异常
ArithmeticException	算术条件异常，如整数除以 0 等
NullPointerException	空指针异常
ClassNotFoundException	找不到类异常
NegativeArraySizeException	数组长度为负异常
ArrayStoreException	数组中包含不兼容的值抛出的异常
SecurityException	安全性异常
IllegalArgumentException	非法参数异常

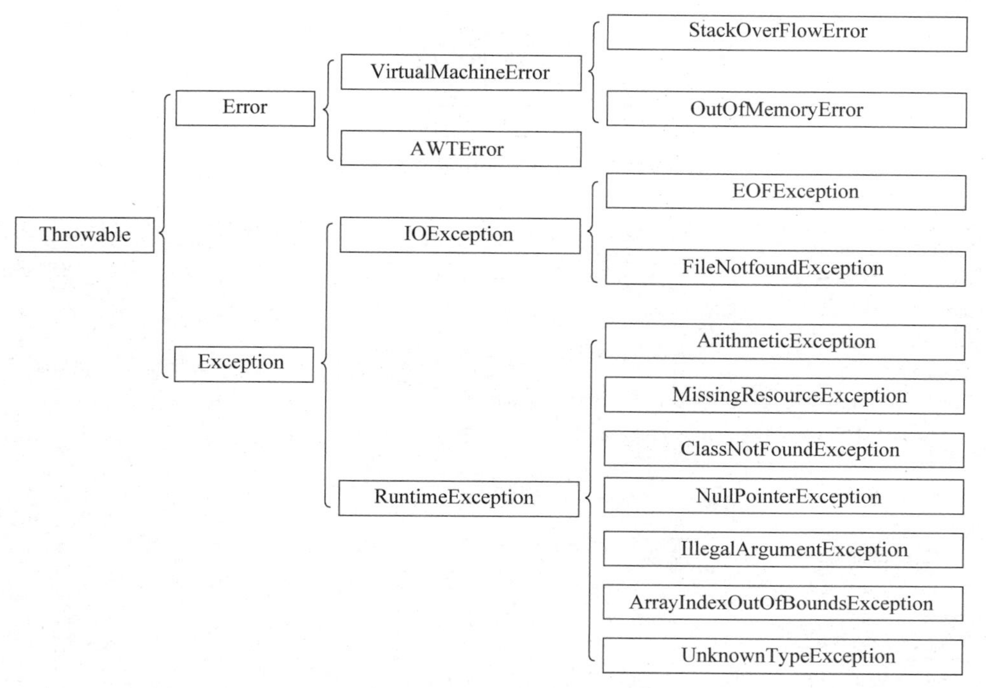

图 8-5　Java 异常类层次结构图

IOException 异常子类见表 8-2。

表 8-2　IOException 异常子类

异　　常	说　　明
IOException	操作输入流和输出流时可能出现的异常
EOFException	文件已结束异常
FileNotFoundException	文件未找到异常

其他异常子类见表 8-3。

表 8-3　其他异常子类

异　　常	说　　明
ClassCastException	类型转换异常类
SQLException	操作数据库异常类
NoSuchFieldException	字段未找到异常
NoSuchMethodException	方法未找到抛出的异常
NumberFormatException	字符串转换为数字抛出的异常
StringIndexOutOfBoundsException	字符串索引超出范围抛出的异常
IllegalAccessException	不允许访问某类异常

【例 8-2】　编写一段程序，实现多层嵌套调用，观察异常的传递，如图 8-6 所示。

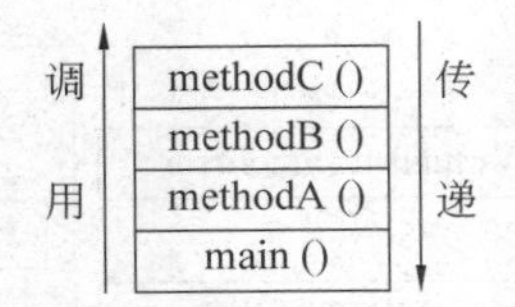

图 8-6 方法调用堆栈中异常对象的传递

```
import java.io.*;
import java.util.*;
import java.io.IOException;
public class ArrayOfException {
  String[] lines={"第一名","第二名","第三名"};
  public static void main(String[] args){
    ArrayOfException eoe=new ArrayOfException();
    eoe.methodA();
    System.out.println("Program finished.");
  }
  void methodA(){
    methodB();
  }
  void methodB(){
    methodC();
  }
  void methodC(){
    for(int i=0; i<4; i++)
       System.out.println(lines[i]);
  }
}
```

程序运行效果如图 8-7 所示。

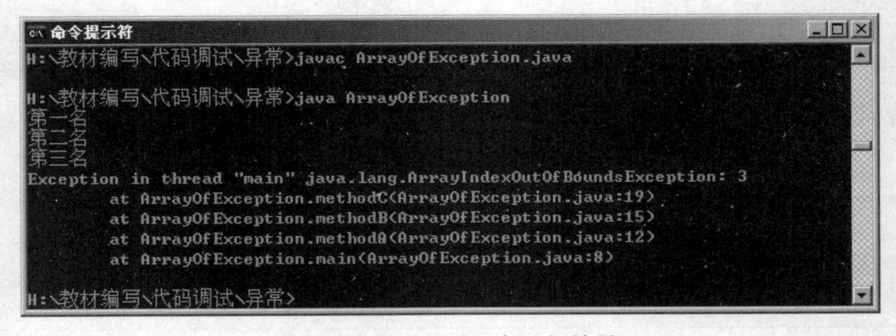

图 8-7 例 8-2 的程序运行效果

说明：

（1）Java 程序在执行的过程中，形成了一个先进后出的调用堆栈，各方法之间依照调用先后顺序的不同，先后进入调用堆栈。堆栈的最上层是当前被调用执行的方法。该方法执行完毕，将处理器控制权交还给调用它的方法，依此类推。

（2）当某一方法中的一条语句抛出一个异常时，如果该方法中没有处理该异常的语句，将中止执行，并将该异常传递给堆栈中的下一层方法，直到某一方法中含有处理该异常的语句为止。如果该异常被传递至主方法,而主方法中仍然没有处理该异常的语句,异常将被抛至JVM,程序中断。

8.3 异常处理机制

出现异常事件时,Java系统自动产生一个异常对象,然后将其传递给Java运行时系统。这个异常产生和提交的过程称为抛弃异常(throw)。

当Java运行时系统得到异常对象以后,它将寻找处理这一异常的方法,找到之后,运行时系统把当前异常对象交给该方法进行处理。这一过程称为捕获(catch)。

若Java运行时系统找不到可以捕获异常的方法,运行时程序将终止,相应的Java应用程序也将退出。

不同的异常处理方式如图8-8所示。

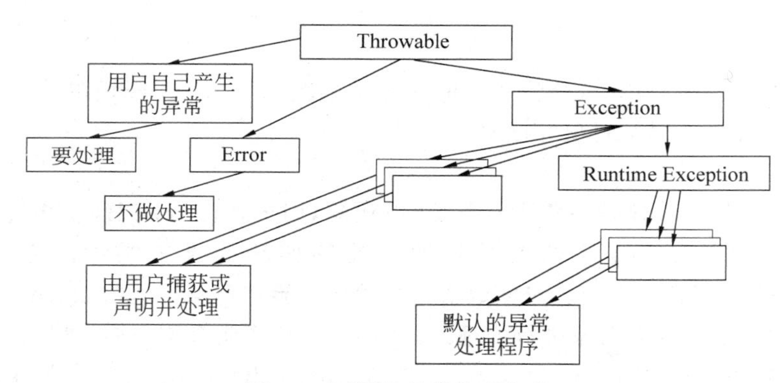

图8-8 不同的异常处理方式

异常处理的一般步骤为:异常抛出→异常捕获→异常处理。

Java异常机制主要依赖于try、catch、finally、throw和throws这5个关键字,如图8-9所示。

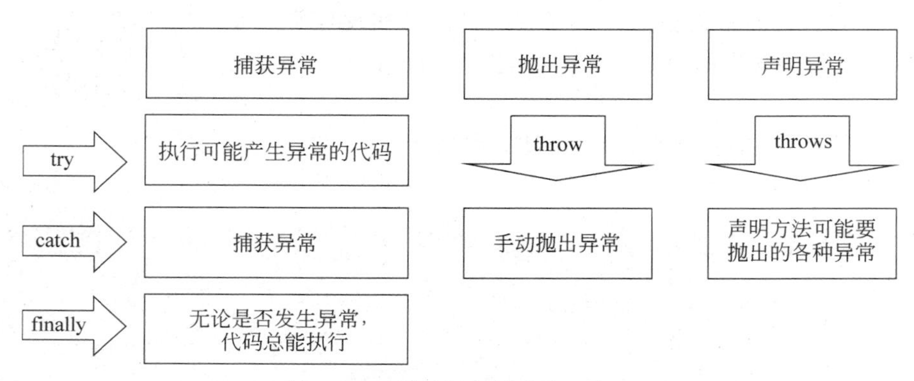

图8-9 不同的语句异常处理作用

(1) try:它里面放置可能引发异常的代码。

(2) catch:后面对应异常类型和一个代码块,用于表明该catch块用于处理这种类型的代码块。可以有多个 catch 块。

(3) finally：主要用于回收在 try 块里打开的物力资源(如数据库连接、网络连接和磁盘文件)。异常机制保证 finally 块总是被执行。只有 finally 块在执行之后，才会回来执行 try 或者 catch 块中的 return 或者 throw 语句；如果 finally 中使用了 return 或者 throw 等终止方法的语句，不会跳回执行，而是直接停止。

(4) throw：用于抛出一个实际的异常，可以单独作为语句使用，抛出一个具体的异常对象。

(5) throws：用在方法签名中，用于声明该方法可能抛出的异常。

8.4 异常处理语句

8.4.1 try-catch

1. try

捕获异常的第一步是用 try{…}选定捕获异常的范围。由 try 限定的代码块中的语句在执行过程中可能生成异常对象并抛出。

2. catch

每个 try 代码块可以伴随一条或多条 catch 语句，用于处理 try 代码块中生成的异常事件。catch 语句只需要一个形式参数指明它能够捕获的异常类型。这个类必须是 Throwable 的子类，运行时系统通过参数值把被抛出的异常对象传递给 catch 块。

在 catch 块中是对异常对象进行处理的代码，与访问其他对象一样，可以访问一个异常对象的变量或调用它的方法。getMessage()是类 Throwable 提供的方法，用来得到有关异常事件的信息。类 Throwable 还提供了 printStackTrace()方法，用来跟踪异常事件发生时执行堆栈的内容。

当 try 块中的某条代码抛出异常时：首先，自该语句的下一条语句起的所有 try 块中的剩余语句将被跳过不予执行；其次，程序执行 catch 子句进行异常捕获。异常捕获的目的是实现异常类型的匹配，并执行与所抛出的异常类型相对应的 catch 子句中的异常处理代码。

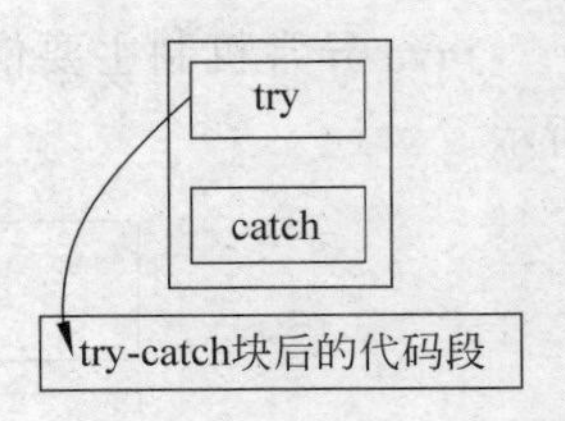

图 8-10　try-catch 不产生异常执行流程

使用 try-catch 块捕获异常，分为下述 3 种情况。

(1) 不会产生异常，如图 8-10 所示。

```
public void method(){
    try {
        //代码段(此处不会产生异常)
    } catch(异常类型 ex){
        //处理异常的代码段
    }
    //代码段
}
```

【例 8-3】 利用 try-catch 编写程序,输入歌手编号,显示其名字。正确输入数字,不产生异常。观察程序显示效果。

```
import java.util.*;
import java.io.IOException;
public class AccpException {
    public static void main(String[] args){
        System.out.print("请输入你最喜欢的歌手(1至3之间的数字):");
        Scanner in=new Scanner(System.in);
        try {
            int courseCode=in.nextInt();
            switch(courseCode){
                case 1:
                    System.out.println("1. 韩红");
                    break;
                case 2:
                    System.out.println("2. 王菲");
                    break;
                case 3:
                    System.out.println("3. 张学友");
            }
        } catch(Exception ex){
            System.out.println("输入不为数字!");
        }
        System.out.println("欢迎使用!");
    }
}
```

输入数字 1,观察运行结果,如图 8-11 所示。

图 8-11 例 8-3 的程序运行结果

(2) 产生异常,且异常类型匹配,如图 8-12 所示。

```
public void method(){
    try {
        //代码段 1
        //产生异常的代码段 2
        //代码段 3
    } catch(异常类型 ex){
        //处理异常的代码段 4
    }
```

```
        //代码段 5
    }
```

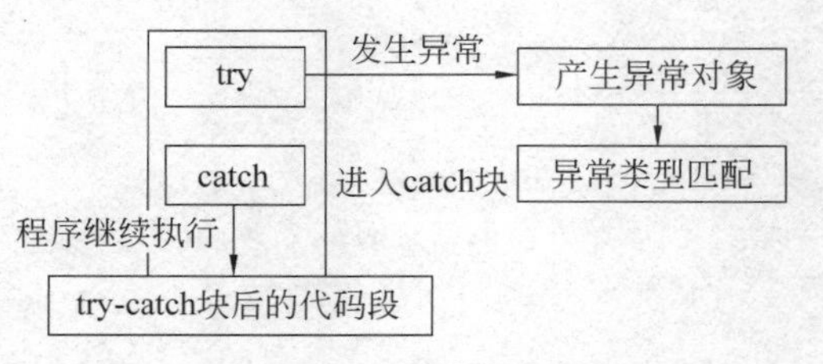

图 8-12　try-catch 异常匹配执行流程

【例 8-4】 修改例 8-3 的程序，输入字母，产生异常，正常捕获且与异常类型匹配。进行异常处理，观察程序运行效果。

```
public class AccpException1 {
    public static void main(String[] args) {
        System.out.print("请输入你最喜欢的歌手(1 至 3 之间的数字):");
        Scanner in=new Scanner(System.in);
        try {
            int courseCode=in.nextInt();
            switch(courseCode) {
                case 1:
                    System.out.println("1. 韩红");
                    break;
                case 2:
                    System.out.println("2. 王菲");
                    break;
                case 3:
                    System.out.println("3. 张学友");
            }
        } catch(Exception ex) {
            System.out.println("输入不为数字!");
            ex.printStackTrace();
        }
        System.out.println("欢迎使用");
    }
}
```

输入 B，异常类型正常捕获，输出信息。观察运行结果，如图 8-13 所示。

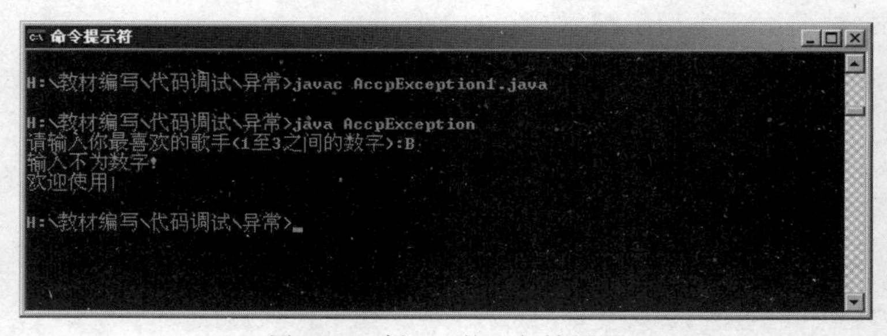

图 8-13　例 8-4 的运行效果图

(3) 产生异常,但异常类型不匹配,如图 8-14 所示。

```
public void method(){
    try {
        //代码段 1
        //产生异常的代码段 2
        //代码段 3
    } catch(异常类型 ex){
        //处理异常的代码段 4
    }
    //代码段 5
}
```

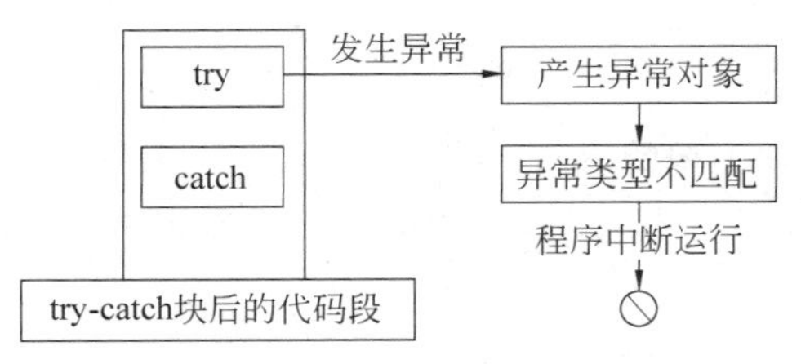

图 8-14 try-catch 产生异常不匹配执行流程

【例 8-5】 修改例 8-4 的程序,输入字母,产生异常,但异常类型不匹配,不能正常捕获,程序中断。观察程序运行效果,如图 8-15 所示。

```
public class AccpException2 {
    public static void main(String[] args){
        System.out.print("请输入你最喜欢的歌手(1 至 3 之间的数字):");
        Scanner in=new Scanner(System.in);
        try {
            int courseCode=in.nextInt();
            switch(courseCode){
                case 1:
                        System.out.println("1. 韩红");
                        break;
                case 2:
                        System.out.println("2. 王菲");
                        break;
                case 3:
                        System.out.println("3. 张学友");
            }
        } catch(NullPointerException ex){
            System.out.println("输入不为数字!");
        }
        System.out.println("欢迎使用!");
    }
}
```

运行结果:没有显示"输入不为数字!",程序中断。

```
命令提示符

H:\教材编写\代码调试\异常>javac AccpException2.java

H:\教材编写\代码调试\异常>java AccpException2
请输入你最喜欢的歌手(1至3之间的数字): b
Exception in thread "main" java.util.InputMismatchException
        at java.util.Scanner.throwFor(Scanner.java:840)
        at java.util.Scanner.next(Scanner.java:1461)
        at java.util.Scanner.nextInt(Scanner.java:2091)
        at java.util.Scanner.nextInt(Scanner.java:2050)
        at AccpException2.main(AccpException2.java:9)

H:\教材编写\代码调试\异常>_
```

图 8-15　例 8-5 的运行效果图

8.4.2　try-catch-catch

一段代码可能引发多种类型的异常。当引发异常时，按顺序查看每条 catch 语句，并执行第一条与异常类型匹配的 catch 语句，其后的 catch 语句将被忽略。try-catch-catch 语句执行流程如图 8-16 所示。

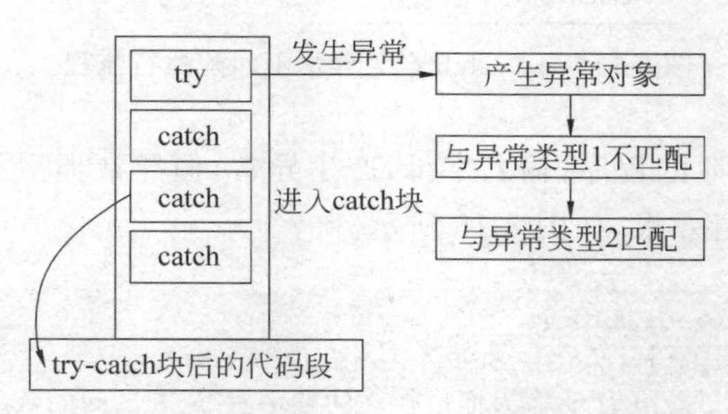

图 8-16　try-catch-catch 语句执行流程

在安排 catch 语句的顺序时，首先应该捕获最特殊的异常，然后逐渐一般化。即先安排子类，再安排父类。

```
public void method(){
    try {
        //代码段
        //产生异常(异常类型 2)
    } catch(异常类型 1 ex){
        //处理异常的代码段
    } catch(异常类型 2 ex){
        //处理异常的代码段
    } catch(异常类型 3 ex){
        //处理异常的代码段
    }
    //代码段
}
```

【例 8-6】　利用 try-catch-catch 编写程序，在输入卖出商品的总金额和总数目的过程中，捕获类型错误异常 InputMismatchException 和算术异常 ArithmeticException。

```
import java.io.*;
import java.util.*;
public class ShopException {
    public static void main(String[] args) {
        Scanner in=new Scanner(System.in);
        try{
            System.out.print("请输入该商品卖出的总金额:");
            int totalMoney=in.nextInt();          //总金额
            System.out.print("请输入该商品卖出的总数目:");
            int totalNumber=in.nextInt();         //总数目
            System.out.println("该商品卖出的平均价格为:"+totalMoney /
            totalNumber);
        } catch(InputMismatchException e1) {
            System.out.println("输入不为数字!");
        } catch(ArithmeticException e2) {
            System.out.println("商品卖出的总数目不能为零!");
        } catch(Exception e) {
            System.out.println("发生错误:"+e.getMessage());
        }
    }
}
```

运行结果如图 8-17 所示。

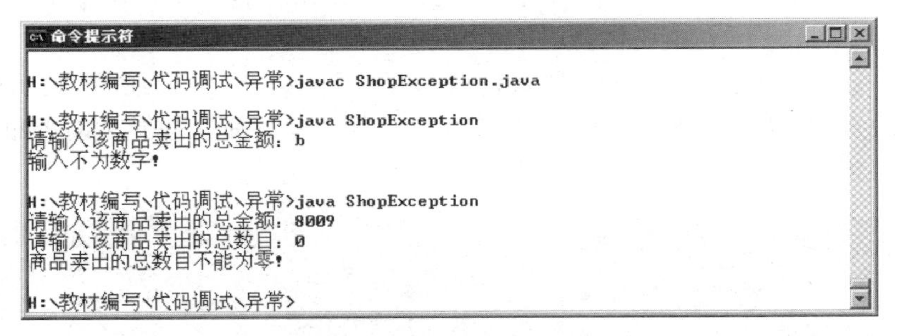

图 8-17　例 8-6 的运行结果

8.4.3　try-finally

try-finally 语句没有 catch 子块,发生异常时无法在当前程序中捕获处理,只能由系统处理。

finally 是一定会执行的程序块。当需要一个地方来执行在任何情况下都必须执行的代码时,可以将这些代码放入 finally 块。当程序中使用了外界资源,如数据库连接、文件等,必须将释放这些资源的代码写入 finally 块。

捕获异常的最后一步是通过 finally 语句为异常处理提供统一的出口,使在控制流转到程序的其他部分以前,能够对程序的状态统一管理。不论在 try 代码块中是否发生了异常事件,finally 块中的语句都会被执行。

分析如下代码。

```
public int m() {
```

```
        try {
          return 1;
        }finally{
          return 0;
        }
    }
```

当调用上述代码段中的 m()方法时，try 块中包含方法的 return 语句，返回值为 1。然而，实际调用该方法后，产生的返回值为 0。这是因为在方法实际返回并结束前，finally 子句中的内容无论如何都要被执行，所以 finally 子句中的 return 语句使该方法实际的返回值为 0。

8.4.4 try-catch...catch-finally

对于完整的异常处理块，在一条 try 语句后面跟一条或多条 catch 语句，最后是 finally 语句。不论 try 块中的代码是否抛出异常，异常是否被捕获，finally 块中的代码总能被执行。

(1) 如果 try 块中没有抛出任何异常，当 try 块中的代码执行结束后，finally 中的代码将会被执行。

(2) 如果 try 块中抛出了一个异常，且该异常被 catch 正常捕获，那么 try 块中自抛出异常的代码之后的所有代码将被跳过，程序接着执行与抛出异常类型匹配的 catch 子句中的代码，最后执行 finally 子句中的代码。

(3) 如果 try 块中抛出了一个不能被任何 catch 子句捕获(匹配)的异常，try 块中剩下的代码将被跳过，程序接着执行 finally 子句中的代码。未被捕获的异常对象继续抛出，沿调用堆栈顺序传递。

```
try {
    //常规的代码;
}
catch(异常类型 1 ex) {
    //处理异常
}
catch(异常类型 2 ex) {
    //处理异常
}
finally {
    //不论发生什么异常(或者不发生任何异常),都要执行的部分;
}
```

【例 8-7】 利用 try-catch-finally 编写程序，输出数组元素，观察程序捕获异常的过程。

```
import java.io.*;
import java.util.*;
import java.io.IOException;
class ArrOut{
    public static void main(String[] args) {
```

```
        try{
            int x[]=new int[2];
            System.out.println("x[0]="+x[0]);
            System.out.println("x[1]="+x[1]);
            System.out.println("try语句块执行结束");
        }catch(ArrayIndexOutOfBoundsException e){
            System.out.println(e.toString());
            System.out.println("catch语句块执行结束");
        }finally{
            System.out.println("finally语句块执行结束");
        }
    }
}
```

运行结果如图 8-18 所示。

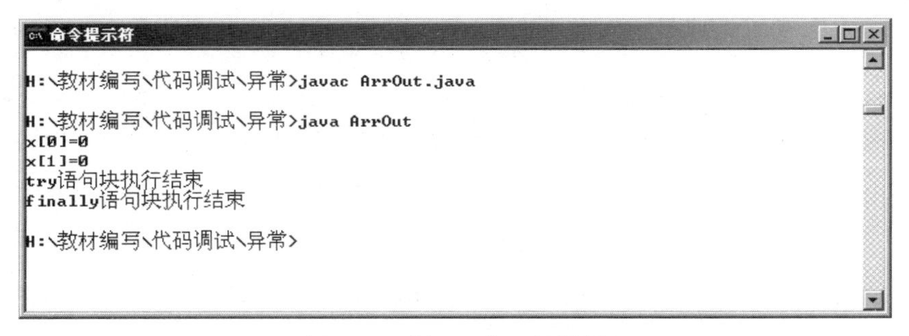

图 8-18　例 8-7 的运行结果

思考：在如下位置添加一行语句，会有什么现象？运行结果如何？

```
System.out.println("x[0]="+x[0]);
System.out.println("x[1]="+x[1]);
System.out.println("x[2]="+x[2]);
System.out.println("try语句块执行结束");
```

运行结果如图 8-19 所示。

```
命令提示符
H:\教材编写\代码调试\异常>javac ArrOut1.java

H:\教材编写\代码调试\异常>java ArrOut1
x[0]=0
x[1]=0
java.lang.ArrayIndexOutOfBoundsException: 2
catch语句块执行结束
finally语句块执行结束

H:\教材编写\代码调试\异常>
```

图 8-19　代码修改后的运行结果

8.5 异常抛出 throw 与 throws 子句

8.5.1 throw 语句

throw 语句用来明确地抛出一个异常，例如：

```
if(异常条件 1 成立)
    throw new 异常 1();
if(异常条件 2 成立)
    throw new 异常 2();
  ...
```

抛出异常，首先要生成异常对象。异常或者由虚拟机生成，或者由某些类的实例生成，也可以在程序中生成。生成异常对象通过 throw 语句实现。

```
IOException e=new IOException();
throw e;
```

可以抛出的异常必须是 Throwable 或其子类的实例。下述语句在编译时将产生语法错误。

```
throw new String("want to throw");
```

【例 8-8】 输入学生的编号，判断其长度是否为 7。不为 7，则抛出异常。

```
public class AccpStudent {
    private String id;                      //学生编号，长度应为 7
    public void setId(String pId) {         //判断学生编号的长度是否为 7
      if(pId.length()==7)
      {
        id=pId;
      } else {
        throw new IllegalArgumentException("参数长度应为 7!");
      }
    }
}
```

【例 8-9】 调用例 8-8 中的程序，接收抛出的异常并进行异常处理。

```
public class AccpStudentTest {
    public static void main(String[] args) {
        AccpStudent Student=new AccpStudent();
        try {Student.setId("088");
        } catch(IllegalArgumentException ex) {
            System.out.println(ex.getMessage());
        }
    }
}
```

程序运行结果如图 8-20 所示。

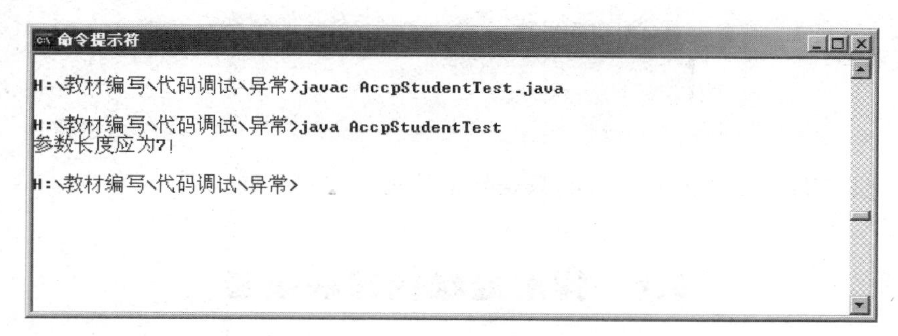

图 8-20 例 8-8 和例 8-9 的运行结果

说明：

(1) AccpStudent：在当前环境无法解决参数问题，因此通过抛出异常，把问题交给调用者去解决。

(2) AccpStudentTest：通过 getMessage()方法获得异常信息。

8.5.2 throws 子句

throws 子句用来声明一个异常。声明异常的方法如下：

```
returnType methodName([paramlist]) throws exceptionList
```

一个方法不处理它产生的异常，而是沿着调用堆栈向上传递，由调用它的方法来处理这些异常，则需要声明异常。例如：

```
void compute(int x)   throws ArithmeticException{     ...}
```

再如：

```
public int read() throws IOException{...     }
```

throws 子句中可以同时指明多个异常，说明该方法将不对这些异常进行处理，而是声明抛出它们。

相比较捕获异常来讲，这种处理异常的方式较消极，所以有时候也称为异常的消极处理方式，捕获异常称为积极处理方式。

【例 8-10】 修改例 8-9 中的程序，对异常采用先声明再抛出的方法。

```
public class AccpStudent {
    private String id;                          //学生编号,长度应为 7
    public void setId(String pId) throws IllegalArgumentException{
            //判断学生编号的长度是否为 7
        if(pId.length()==7){
            id=pId;
```

```
        } else {
         throw new IllegalArgumentException("参数长度应为 7!");
        }
    }
}
```

运行结果与例 8-8 和例 8-9 相同，只是异常处理的方式不同。

8.6 异常处理代码块嵌套

在 try 块、catch 块或 finally 块中包含完整的异常处理流程的情形称为异常处理的嵌套。异常处理流程的代码可以放在任何可执行代码的地方，因此完整的异常处理流程既可放在 try 块，也可放在 catch 块，还可放在 finally 块里。

try 语句可以被嵌套。也就是说，一条 try 语句可以在另一个 try 块内部。每次进入 try 语句，异常的前后关系都会被推入堆栈。如果一条内部的 try 语句不含特殊异常的 catch 处理程序，堆栈将弹出，下一条 try 语句的 catch 处理程序将检查是否与之匹配。这个过程将持续到一条 catch 语句匹配成功，或者是所有的嵌套 try 语句被检查完。如果没有 catch 语句匹配，Java 的运行时系统将处理该异常。

嵌套形式一：

```
try
{  try
  {                                           //程序代码
  }
  catch(Exception E1)
  {                                           //错误处理代码
  }
}
catch(Exception E2)
{                                             //错误处理代码
}
```

嵌套形式二：

```
try
{                                             //程序代码
}
catch(Exception E1)
{
    try
  {                                           //错误处理代码
  }
  catch(Exception E2)
  {                                           //错误处理代码
  }
}
```

嵌套形式三：

```
try{                                        //程序代码
}
catch(Exception E2)
{                                           //错误处理代码
}
finally
{   try{                                    //程序代码
    }
    catch(Exception E1)
    {                                       //错误处理代码
    }
    Finally
    {
    }
}
```

嵌套的深度没有很明确的限制。通常没有必要写层次太深的嵌套异常处理，否则将导致程序可读性降低。不建议使用嵌套异常，可以用多条 catch 子句来实现多异常捕捉。

需要特别指出的是，虽然异常处理机制为程序员提供了非常大的便利，但是作为一名好的程序员，要尽量避免异常的过度使用。这是因为异常对象的实例化和其后续处理工作非常消耗资源，过度使用异常会明显影响程序的执行速度。所以，在使用异常处理时应该仔细考虑，只对有必要的异常情况使用异常，不可以将异常泛化。

8.7 错误与断言

assertion(断言)是 Java 1.4 引入的一个新特性，目的是辅助开发人员调试和测试，是在软件开发过程中一种比较常用的调试方法；不仅如此，使用 assertion 可以在开发过程中证明程序的正确性，只是这种用法对系统的整体设计有很大的挑战，而且目前很少使用。Java 2 在 Java 1.4 的基础上新增了一个关键字：assert。在程序开发过程中使用它创建一个断言，其语法有如下两种形式。

(1) assert condition;

这里的 condition 是一个必须为真(true)的表达式。如果表达式的结果为 true，那么断言为真，并且无任何行动；如果表达式为 false，则断言失败，抛出一个 AssertionError 对象。这个 AssertionError 继承于 Error 对象，Error 继承于 Throwable。Error 是和 Exception 并列的一个错误对象，通常用于表达系统级运行错误。

(2) assert condition:expr;

这里的 condition 和上述一样，冒号后跟一个表达式，通常用于断言失败后的提示信息，即它是一个传到 AssertionError 构造函数的值。如果断言失败，该值被转化为对应的字符串，并显示出来。

断言在默认情况下是关闭的。要在编译时启用断言，需要使用 source 1.4 标记，即 javac source 1.4 Test.java。在运行时启用断言，需要使用 -ea 参数。要在系统类中启用和禁用断言，使用 -esa 和 -dsa 参数。

【例 8-11】 断言的使用。判断一个数是否大于 0，断言为真，不执行；断言失败，输出“负数不能做除数”，再报错。

操作过程如下。

(1) 定义一个断言，例如：

```
int number=-30; assert(number>0):"负数不能做除数";
```

(2) 在断言的类中右击选择 Run As，然后选择 Run Configurations。

(3) 选择 Arguments 选项卡。

(4) 在 VM arguments 文本框中输入-ea 来运行断言。

运行界面如图 8-21 所示。

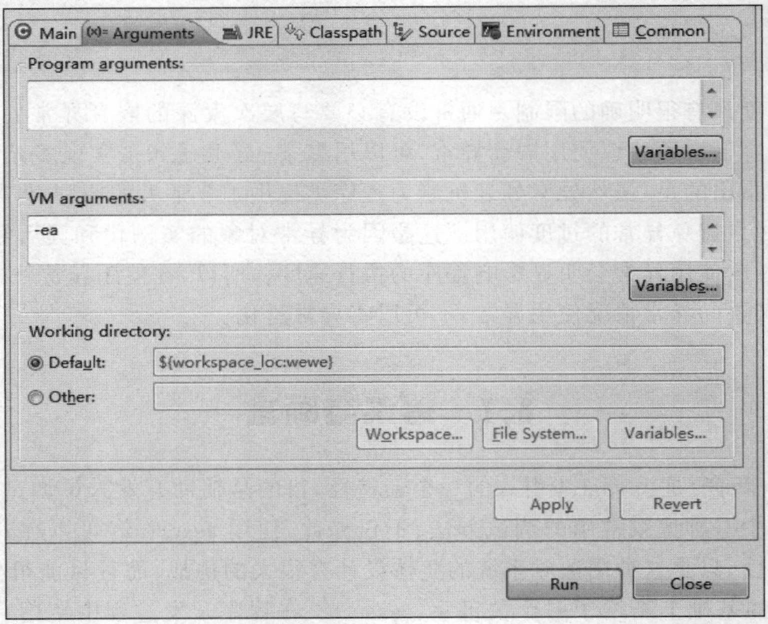

Main | (x)= Arguments | JRE | Classpath | Source | Environment | Common

Program arguments:

Variables...

VM arguments:

-ea

Variables...

Working directory:

Default: ${workspace_loc:wewe}

Other:

Workspace... | File System... | Variables...

Apply | Revert

Run | Close

图 8-21　例 8-11 的运行界面

代码如下：

```
public class wewe {
    public static void main(String[] args) {
        int number=-30;
        assert(number>0):" 负数不能做除数";
        System.out.print("程序正常运行");
    }
}
```

运行结果如图 8-22 所示。其中，若 number 为负数，“>0”不成立，此断言是假的，所以输出“负数不能做除数”，然后报错。

```
<terminated> wewe [Java Application] D:\Users\del68\AppData\Local\Genuitec\Common\binary\
Exception in thread "main" java.lang.AssertionError: 负数不能做除数
        at wewe.main(wewe.java:5)
```

图 8-22 例 8-11 的运行结果

思考：修改代码，int number=50；为一个正数，观察运行结果，如图 8-23 所示。

```
<terminated> wewe [Java Application] D:\Users\del68\Ap
程序正常运行
```

图 8-23 修改代码后的运行结果

8.8 自定义异常类

Java 语言中允许用户自定义异常类。自定义异常类不是由 Java 系统监测到的异常(如数组下标越界，被 0 除等)，而是由用户自己定义的异常。

自定义异常同样要用 try-catch-finally 捕获，但必须由用户自己抛出(throw new MyException)。自定义异常类必须是 Throwable 的直接子类或间接子类。同时要理解，一个方法声明抛出的异常是作为该方法与外界交互的一部分存在的。方法的调用者必须了解这些异常，并确定如何正确处理。

自定义异常类的格式如下：

```
class MyException1 extends Exception {
    MyException1(String str){
        super(str);
    }
}
```

根据 Java 异常类的继承关系，用户最好将自己的异常类定义为 Exception 的子类，而不要将其定义为 RuntimeException 的子类。因为对于 RuntimeException 的子类而言，即使调用者不处理，编译程序也不会报错。将自定义异常类定义为 Exception 的子类，可以确保调用者对其进行处理。

【例 8-12】 自定义异常 SelfException，当输入值小于等于 50 时，显示"正常退出!"；输入值大于 50 时，捕捉自定义异常，并输出对应的信息。

```
class SelfException extends Exception{
  private int detail;
  SelfException(int x){
    detail=x;
  }
  public String toString(){
    return "SelfException "+detail;
  }
```

```
}

public class ExceptionDemo{
  static void compute(int a)throws SelfException {
    System.out.println("called compute("+a+")");
    if(a>50)
          throw new SelfException(a);
    System.out.println("正常退出!");
  }
  public static void main(String args[]){
    try{
      compute(10);
      compute(100);
    } catch(SelfException e){
      System.out.println("Caught "+e);
    }
  }
}
```

程序运行结果如图 8-24 所示。

```
<terminated> ExceptionDemo [Java
called compute(10)
正常退出!
called compute(100)
Caught SelfException 100
```

图 8-24　例 8-12 的运行结果

8.9 应用实例

案例 1　定义一个异常类，用于检查月份正确与否

1. 案例要求

输入一个月份，检查该月份是否正确，并判断该月份处于春夏秋冬的哪一个季节。

2. 案例分析

编写简单的 Java 应用程序，首先提示用户“请你输入月份，(1-12)之间的数字：”；然后读取用户输入的信息并判断。如果不是整数，提示“必须输入一个整数”并抛出异常，程序捕获异常并进行处理；如果不是 1-12 之间的数，提示“请输入 1-12 之间的正确的月份”，如图 8-25～图 8-27 所示。

```
Problems @ Javadoc Declaration
PanduanYue [Java Application] D:\Users\del68\
请你输入月份，(1-12)之间的数字：
12
12月为冬季
```

图 8-25　输入正确程序效果图

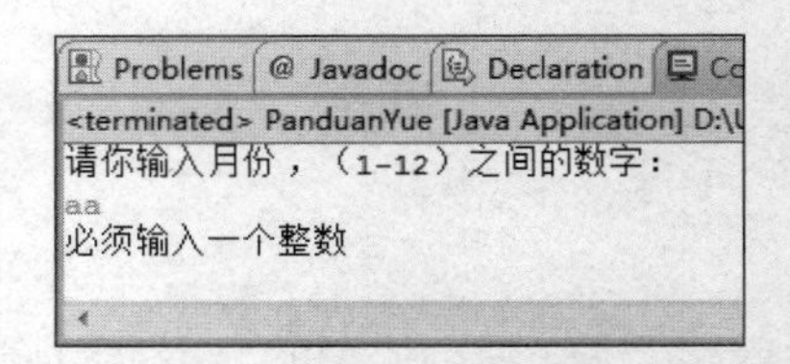

图 8-26　输入不是整数效果图

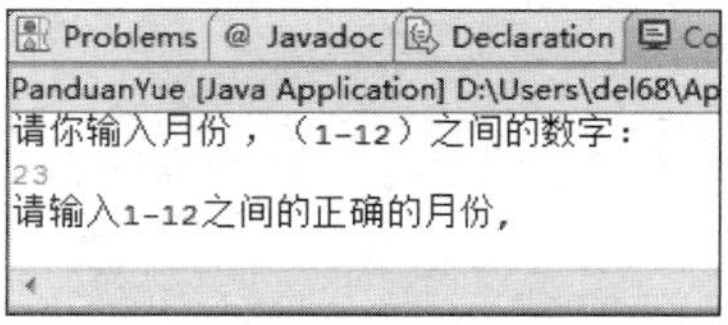

Problems @ Javadoc Declaration Co
PanduanYue [Java Application] D:\Users\del68\Ap
请你输入月份，（1-12）之间的数字：
23
请输入1-12之间的正确的月份，

图 8-27　输入非 1-12 之间整数效果图

3. 案例实现

```
import java.io.*;
public class PanduanYue
{
  int month;
  public static void main(String[] args){
    PanduanYue s=new PanduanYue();
    System.out.println("请你输入月份，(1-12)之间的数字:");
    BufferedReader in =new BufferedReader(new InputStreamReader(System.in));
    while(true)
    {
      try
        {
          s.month=Integer.parseInt(in.readLine());
        } catch(Exception e)
        {
          System.out.println("必须输入一个整数");
          return;
        }
      PanduanYue.identSeason(s.month);
    }
  }

public static void identSeason(int a)
{
  if(a<0 || a>12)
  {System.out.println("请输入 1-12 之间的正确的月份");
  }
  else
  {  switch((a-1)/3)
        {
          case 0 :  System.out.println(a+"月为春季");
                    break;
          case 1 :  System.out.println(a+"月为夏季");
                    break;
          case 2 :  System.out.println(a+"月为秋季");
                    break;
          case 3 :  System.out.println(a+"月为冬季");
                    break;
        }
```

```
        }
    }
}
```

案例 2 构成三角形

1. 案例要求

输入 3 个数字作为边长，判断其能否构成一个三角形。

2. 案例分析

编写一个方法 void Sanjiao(int a,int b,int c)。其中，成员 a、b、c 作为三角形三边长。在主方法中获取命令行输入的 3 个整数，判断这 3 个参数作为边长是否能构成一个三角形。如果可以构成，显示输入的 3 个边长；如果不能，抛出异常 IlleArgumentException，调用此方法，并捕获异常，然后显示异常信息“你输入的三个数字不能构成三角形！”，如图 8-28 和图 8-29 所示。

```
<terminated> sanjiao [Java Application] D:\Users\del68\AppDa
请输入三个数字，用于构成三角形的三边：
5
6
7
成功构成三角形，三条边长度分别是：
5
6
7
```

图 8-28 正确构成三角形运行效果图

```
请输入三个数字，用于构成三角形的三边：
3
3
10
构成三角形失败！！！
java.lang.NullPointerException
        at sanjiao.main(sanjiao.java:24)
```

图 8-29 构成三角形失败运行效果图

3. 案例实现(sanjiao.java)

```
import java.io.*;
import java.util.Scanner;
public class sanjiao {
    public static void main(String[] args){
        //定义 3 个变量,作为三角形的三边长度
        int a, b, c;
        System.out.println("请输入三个数字,用于构成三角形的三边:");
        Scanner sc=new Scanner(System.in);
        a=sc.nextInt();
        b=sc.nextInt();
        c=sc.nextInt();
        //异常处理
        try{
            if((a+b)>c &&(a+c)>b &&(b+c)>a){
                System.out.println("成功构成三角形,三条边长度分别是:");
                System.out.println(a);
                System.out.println(b);
                System.out.println(c);
            }else
```

```
            {
                try {
                    //抛出题里要求的异常
                    throw IllegalArgumentException();
                } catch(Exception e){
                    e.printStackTrace();
                }
            }
        }catch(IllegalArgumentException e){
          e.printStackTrace();
        }
    }
    //改写 IllegalArgumentException 异常,为其添加构成失败提示语句
    private static Exception IllegalArgumentException(){
      System.out.println("构成三角形失败!!!");
      return null;
    }
}
```

本章小结

程序运行过程中可能出现异常情况,比如被 0 除、对负数计算平方根等;还有可能出现致命的错误,比如内存不足,磁盘损坏无法读取文件等。对于异常和错误情况的处理,统称为异常处理。

所有的异常都有一个共同的祖先 Throwable,它有两个重要的子类: Exception(异常)和 Error(错误),二者都是 Java 异常处理的重要子类。

Java 异常处理主要由 5 个关键字控制: try、catch、throw、throws 和 finally。

(1) try 的意思是试试它所包含的代码段中是否会发生异常。

(2) catch 表示当有异常时,抓住它,并进行相应的处理,使程序不受异常的影响而继续执行下去。

(3) throw 在程序中明确引发异常。

(4) throws 的作用是如果一个方法可以引发异常,而它本身并不处理该异常,那么它必须将该异常抛给调用它的方法。

(5) finally 是指无论是否发生异常都要被执行的代码。

assertion 在软件开发过程中是一种比较常用的调试方法。不仅如此,使用 assertion 可以在开发过程中证明程序的正确性,这种用法对系统的整体设计有很大的挑战,目前很少投入使用。

Java 语言允许用户自定义异常类。自定义异常同样要用 try-catch-finally 捕获,但必须由用户自己抛出(throw new MyException)。自定义异常类必须是 Throwable 的直接子类或间接子类。

习　题

一、程序填空题

下面程序抛出了一个异常并捕捉它。请在横线处填入适当内容,完成程序。

```
class TrowsDemo
{
  static void procedure() throws IllegalAccessException
  {
    System.out.println("inside procedure");
    throw _______ IllegalAccessException("demo");
  }
  public static void main(String args[])
  {
    try
    {
      procedure();
    }
    ________
    {
      System.out.println("捕获:"+e);
    }
  }
}
```

二、程序编写题

自定义年龄异常类 AgeException,在输入年龄小于 0 岁或大于 100 岁时,抛出异常。捕捉后,输出“年龄无效”;其他情况,输出“您的年龄是***岁。”。

第 9 章

文件的读/写

大部分程序都需要输入和输出数据，例如从键盘读取数据，向文件写入信息，从文件获取数据，或将数据通过打印机输出等。在 Java 中，对数据的输入/输出以流的方式实现，I/O 流用来处理设备之间的数据传输。本章将主要介绍 Java 标准程序库中各种处理 I/O 操作的类的用途及使用方法。

学习目标

- 理解数据流和文件输入/输出流的概念。
- 掌握 File 类、字节输入/输出流和字符输入/输出流的使用方法。
- 了解文件对话框的打开、保存等操作。
- 掌握序列化和随机访问文件流的方法和应用。
- 能编写应用程序，熟练进行各类文件操作，如文件复制、移动，文件内容修改、删除等。

9.1 数据流

为执行数据的输入/输出操作，Java 把不同的输入/输出源（例如键盘、文件、网络等）统一描述为流（stream）。流是 Java 语言 I/O 系统的主导思想，输入、输出都可以用流来表示，它是在同一台计算机或网络中不同计算机之间有序运动的数据序列。

根据不同的分类方式，Java 数据流可分为不同的流。

1. 按数据流的流向分类

（1）输入流：数据从源数据源输入到内存，称为输入流（InputStream）。

（2）输出流：数据从内存输出到目标数据源，称为输出流（OutputStream）。

InputStream 的子类常用方法如下。

（1）read()：从输入流中读取数据的下一字节。

（2）available()：返回此输入流下一个方法调用可以不受阻塞地从此输入流读取（或跳过）的估计字节数。

（3）skip()：跳过和丢弃此输入流中数据的 n 字节。

（4）reset()：将此流重新定位到最后一次对此输入流调用 mark()方法时的位置。

（5）mark()：在此输入流中标记当前的位置。

（6）close()：关闭此输入流，并释放与该流关联的所有系统资源。

2. 按数据处理的单位不同分类

（1）字节流（8 字节）：流中的数据按照 byte 的顺序实现成流，适合处理二进制文件，也可处理文本文件。字节流继承 InputStream 类和 OutputStream 类。

(2) 字符流(16 字节)：流中的数据按照 char 的顺序实现成流，适合处理字符串和文本。字符流继承 Reader 类和 Writer 类。

3. 按流的角色不同分类

(1) 节点流：可以从一台特定的 I/O 设备读/写数据的流。

(2) 处理流：对一个已存在的流进行连接和封装，通过封装后的流来实现数据读/写操作。

I/O 流体系见表 9-1。

表 9-1　I/O 流体系

分　类	字节输入流	字节输出流	字符输入流	字符输出流
抽象基类	InputStream	OutputStream	Reader	Writer
访问文件	FileInputStream	FileOutputStream	FileReader	FileWriter
访问数组	ByteArrayInputStream	ByteArrayOutputStream	CharArrayReader	CharArrayWriter
访问管道	PipedInputStream	PipedOutputStream	PipedReader	PipedWriter
访问字符串			StringReader	StringWriter
缓冲流	BufferedInputStream	BufferedOutputStream	BufferedReader	BufferedWriter
转换流			InputStreamReader	OutputStreamWriter
对象流	ObjectInputStream	ObjectOutputStream		
抽象基类	FilterInputStream	FilterOutputStream	FilterReader	FilterWriter
打印流		PrintStream		PrintWriter
推回输入流	PushbackInputStream		PushbackReader	
特殊流	DataInputStream	DataOutputStream		

注意：

(1) 第 1 行抽象基类，Java 的 I/O 流总共有 40 多个类，实际上非常规则，都是从抽象基类派生的。

(2) 从抽象基类派生的子类名称都是以其父类名作为子类名的后缀。

(3) 第 2 行也称为节点流或文件流。第 3 行“访问数组”到最后一行“特殊流”，都属于处理流。

9.2　输入/输出流

9.2.1　File 类

文件(file)是最常见的数据源之一。在程序中，经常需要将数据存储到文件中，例如图片文件、声音文件等数据文件；也经常根据需要，从指定的文件读取数据。

java.io 包中的 File 类提供了与具体平台无关的方式来描述目录和文件对象的属性功

能，其中包含大量的方法，用来获取路径、目录和文件的相关信息，并对它们进行创建、删除、改名等管理工作。因为不同的系统平台对文件路径的描述不尽相同，为做到与平台无关，使用抽象路径等概念，Java 自动进行不同系统平台的文件路径描述与抽象文件路径之间的转换。

File 类的直接父类是 Object 类。File 对象既可表示文件，也可表示目录，可以用 File 对象来对文件或目录进行操作。

下面介绍 File 类的基本使用方法。

1. File 类对象创建

File 类的对象可以代表一条文件路径。实际应用时，可以使用绝对路径，也可以使用相对路径。下面是创建的文件对象示例。

```
public File(String pathname)
```

该示例中，使用一条文件路径表示一个 File 类的对象，例如：

```
File f1=new File("d://test//1.txt");
File f2=new File("1.txt");
File f3=new File("e://abc");
```

这里的 f1 和 f2 对象分别代表一个文件，f1 是绝对路径；f2 是相对路径；f3 代表一个文件夹，也是文件路径的一种。

```
public File(String parent, String child)
```

也可以将父路径和子路径相结合，来代表文件路径，例如：

```
File f4=new File("d://test//","1.txt");
```

代表的文件路径是 d:/test/1.txt。

2. File 类常用方法

File 类中包含很多获得文件或文件夹属性的方法，使用起来比较方便。

下面介绍几种常用的方法。

(1) createNewFile()方法：作用是创建指定的文件。该方法只能用于创建文件，不能用于创建文件夹，且文件路径中包含的文件夹必须存在。

```
public boolean createNewFile() throws IOException
```

(2) delete()方法：作用是删除当前文件或文件夹。如果删除的是文件夹，则该文件夹必须为空。如果需要删除一个非空的文件夹，需要首先删除该文件夹内部的每个文件和文件夹，然后删除该文件夹。需要书写一定的逻辑代码。

```
public boolean delete()
```

(3) exists()方法：作用是判断当前文件或文件夹是否存在。

```
public boolean exists()
```

(4) getAbsolutePath()方法：作用是获得当前文件或文件夹的绝对路径。例如 c:/test/1.t,返回 c:/test/1.t。

```
public String getAbsolutePath()
```

(5) getName()方法：作用是获得当前文件或文件夹的名称。例如 c:/test/1.t,返回 1.t。

```
public String getName()
```

(6) getParent()方法：作用是获得当前路径中的父路径。例如 c:/test/1.t,返回 c:/test。

```
public String getParent()
```

(7) isDirectory()方法：作用是判断当前 File 对象是否是目录。

```
public boolean isDirectory()
```

(8) isFile()方法：作用是判断当前 File 对象是否是文件。

```
public boolean isFile()
```

(9) length()方法：作用是返回文件存储时占用的字节数。该值代表文件的实际大小，而不是文件在存储时占用的空间数。

```
public long length()
```

(10) list()方法：作用是返回当前文件夹下所有的文件名和文件夹名(该名称不是绝对路径)。

```
public String[] list()
```

(11) listFiles()方法：作用是返回当前文件夹下所有的文件对象。

```
public File[] listFiles()
```

(12) mkDir()方法：作用是创建当前文件的文件夹，而不创建该路径中的其他文件夹。假设 d 盘下只有一个 test 文件夹，则创建 d:/test/abc 文件夹成功；如果创建 d:/a/b 文件夹，则创建失败，因为该路径中，d:/a 文件夹不存在。如果创建成功，返回 true，否则返回 false。

```
public boolean mkDir()
```

(13) mkDirs()方法：作用是创建文件夹。如果当前路径中包含的父目录不存在，自动根据需要创建。

```
public boolean mkDirs()
```

(14) renameTo()方法：作用是修改文件名。在修改文件名时，不能改变文件路径。如果该路径下已有该文件，修改失败。

```
public boolean renameTo(File dest)
```

(15) setReadOnly()方法：作用是设置当前文件或文件夹为只读。

```
public boolean setReadOnly()
```

File 类中包含了很多方法，在此不一一详述。

【例 9-1】 编写一个程序，通过使用 File 类，在指定目录创建文件。如果目录存在，文件存在，将文件删除；如果目录存在，文件不存在，创建新文件；如果目录不存在，创建目录，再创建文件。

```
import java.io.*;
public class Fnew
{public  static void main(String args[])throws IOException
    {
        File aa=new File("D:/test/");
        File bb=new File(aa,"fnew.txt");
        if(aa.exists())
            if(bb.exists())
              bb.delete();
            else bb.createNewFile();
        else
        { aa.mkdirs();
          bb.createNewFile();
        }
    }
}
```

运行两次该程序，结果如图 9-1 和图 9-2 所示。

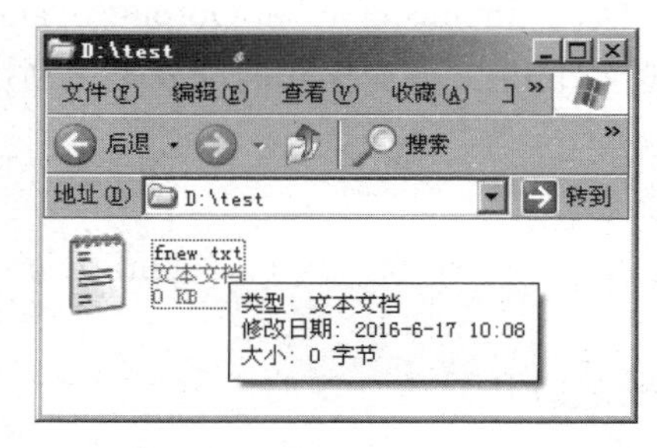

图 9-1 第一次运行，目录不存在，创建文件

图 9-2 第二次运行，目录文件都存在，删除文件

【例 9-2】 显示指定目录下的文件名和目录名信息。

```
import java.io.*;
public class DirShow {
  public static void main(String args[]){
    File dd=new File("D:/test /");
     if(dd.isDirectory()){
      System.out.println("Directory of "+dd);
      String listing[]=dd.list();
      for(int i=0;i<listing.length;i++)
        System.out.println("\t"+listing[i]);
     }
   }
}
```

运行该程序，结果如图 9-3 和图 9-4 所示。

图 9-3　例 9-2 的程序运行结果 1

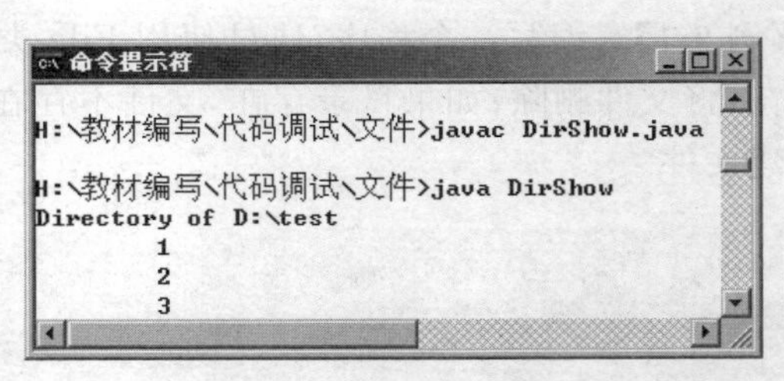

图 9-4　例 9-2 的程序运行结果 2

注意：

File 类能对文件或目录的属性进行操作，但 File 类不能访问文件的内容，也就是说，不能用 File 类给文件读写数据。

9.2.2　字节流（InputStream 类和 OutputStream 类）

InputStream 类和 OutputStream 类都是抽象类，不能直接生成对象，要通过继承类来生成程序中所需的对象。

1. FileInputStream 类和 FileOutputStream 类

FileInputStream 类和 FileOutputStream 类分别直接继承于 InputStream 和 OutputStream，它们重写或实现了父类中的一些方法，以便顺序访问本地文件，是字节流操作的基础类。利用它们可以方便地进行字节输入/输出操作。

1）FileInputStream 类

若需要以字节为单位顺序读出一个已存在文件的数据，使用字节输入流 FileInputStream。

(1) 构造方法。

① FileInputStream(String name)利用文件名 name 建立流对象。例如：

```
FileInputStream fis=new FileInputStream("c:/config.sys");
```

② FileInputStream(File file)用文件对象 file 建立流对象。例如：

```
File myFile=new File("c:/config.sys");
FileInputStream fis=new FileInputStream(myFile);
```

(2) 读取文件方法。

从 FileInputStream 流读取字节信息，一般使用 read()成员方法。该方法有重载。

① int read()读流中一个字节。若流结束，返回-1。

② int read(byte b[])从流中读字节填满字节数组 b，返回所读字节数。若流结束，返回-1。

③ int read(byte b[],int off, int len)从流中读字节填至 b[off]开始处，返回所读字节数。若流结束，则返回-1。

如用 FileInputStream 读文本文件，过程如下：

① 引入相关的类。

```
import java.io.IOException;
import java.io.InputStream;
import java.io.FileInputStream;
```

② 构造一个文件输入流对象。

```
InputStream fileobject=new FileInputStream("text.txt");
```

③ 利用文件输入流类的方法读取文本文件的数据。

```
fileobject.available();                    //可读取的字节数
fileobject.read();                         //读取文件的数据
```

④ 关闭文件输入流对象。

```
fileobject.close();
```

2) FileOutputStream 类

若需以字节为单位顺序向一个文件写入数据，使用字节输出流 FileOutputStream。构造方法如下。

(1) FileOutputStream(String name)用文件名 name 创建流对象。例如：

```
FileOutputStream fos=new FileOutputStream("d:/out.dat");
```

(2) FileOutputStream(File file)用文件对象 file 建立流对象。例如：

```
File myFile=new File("d:/out.dat");
    FileOutputStream fos=new FileOutputStream(myFile);
```

如向 FileOutputStream 写入信息，一般使用 write()方法。该方法有重载。

① void write(int b)将整型数据的低字节写入输出流。

② void write(byte b[])将字节数组 b 中的数据写入输出流。

③ void write(byte b[],int off,int len)将字节数组 b 中从 off 开始的 len 字节数据写入

输出流。

如用 FileOutputStream 写文本文件，过程如下：

① 引入相关的类。

② 构造一个文件输出流对象。

```
OutputStream fos=new FileOutputStream("Text.txt");
```

③ 利用文件输出流的方法写文本文件。

```
String str ="好好学习 Java";
byte[] words=str.getBytes();
fos.write(words, 0, words.length);
```

④ 关闭文件输出流。

```
fos.close();
```

注意：

FileOutputStream 可以表示一种创建并顺序写的文件。在构造此类对象时，若指定路径的文件不存在，会自动创建一个新文件。

2. DataInputStream 类和 DataOutputStream 类

字节文件流 FileInputStream 和 FileOutputStream 只能提供纯字节或字节数组的输入/输出，如果要实现基本数据类型，如整数和浮点数的输入/输出，使用过滤流类的子类二进制数据文件流 DataInputStream 类和 DataOutputStream 类。这两个类的对象必须和一个输入类或输出类联系起来，不能直接用文件名或文件对象建立。

使用数据文件流的一般步骤如下：

(1) 建立字节文件流对象。

(2) 基于字节文件流对象建立数据文件流对象。

(3) 用流对象的方法输入/输出基本类型的数据。

DataInputStream 的构造方法为：DataInputStream（InputStream in）创建过滤流 FilterInputStream 对象，并为以后的使用保存 InputStream 参数 in。

DataOutputStream 的构造方法为：DataOutputStream（OutputStream out）创建输出数据流对象，写数据到指定的 OutputStream。

【例 9-3】 在 D 盘根目录下建立文件 ff.dat，用于存储 Fibonacci 数列的前 30 个数。Fibonacci 数列的前两个数是 1；从第三个数开始，是其前两个数之和，即 1，1，2，3，5，8，13，21，……。

```
import java.io.*;
public class FibOut {
    public static void main(String args[]){
      try {                                        //创建字节文件输出流
        OutputStream aa=new FileOutputStream("D:/ff.dat");
        DataOutputStream bb=new DataOutputStream(aa);
        int count=0,i=1,j=1;
```

```
            for(;count<30; count++){
               bb.writeInt(i);
               int k=i+j;
               i=j;
               j=k;
            }
            aa.close();                          //关闭文件输出流
         } catch(Exception e){
            System.out.println("Exception: "+e);
         }
         System.out.println("文件创建成功!");
      }
   }
```

程序运行正常结束后，在 D 盘的根目录出现创建的文件 ff.dat，如图 9-5 所示。这是二进制数据文件。

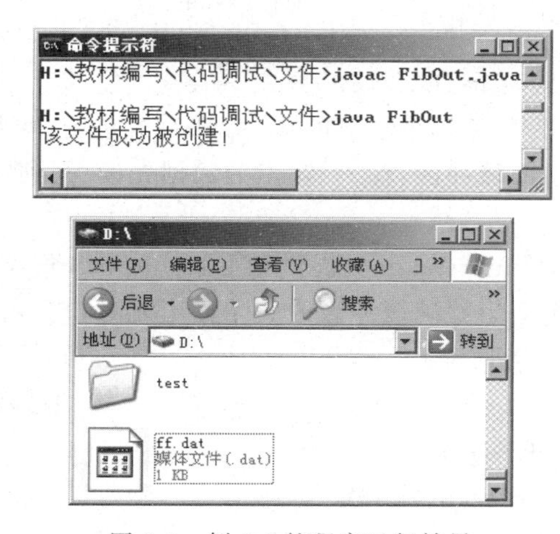

图 9-5　例 9-3 的程序运行结果

【例 9-4】 从例 9-3 建立的文件中读取 Fibonacci 数据并显示到屏幕上。

```
   import java.io.*;
   public class FibIn {
     public static void main(String args[]){
       try {
         FileInputStream fis =
         new FileInputStream("D:/ff.dat");                   //创建输入流
         DataInputStream dis =  new DataInputStream(fis); //创建数据输入流
         for(int i=0; i<30; i++){                          //读数据
          if(i %5 ==0) System.out.println();
          System.out.printf("%10d",dis.readInt());
         }
         fis.close();                                      //关闭文件输入流
       } catch(Exception e){
          System.out.println("Exception: "+e);
```

```
        }
        System.out.println();
    }
}
```

程序输出结果如图 9-6 所示。

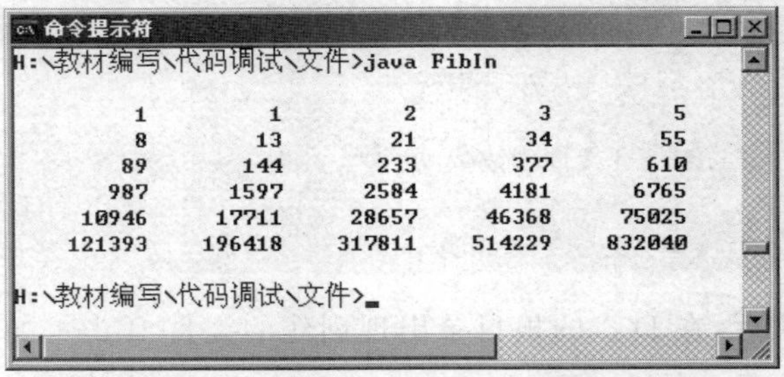

```
H:\教材编写\代码调试\文件>java FibIn

       1       1       2       3       5
       8      13      21      34      55
      89     144     233     377     610
     987    1597    2584    4181    6765
   10946   17711   28657   46368   75025
  121393  196418  317811  514229  832040

H:\教材编写\代码调试\文件>
```

图 9-6　例 9-4 的程序输出结果

3. BufferedInputStream 类和 BufferedOutputStream 类

若处理的数据量较多，为避免每个字节的读/写都对流进行，可以使用过滤流类的子类缓冲流。缓冲流建立一个内部缓冲区，输入/输出的数据先读/写到缓冲区中进行操作，以便提高文件流的操作效率。

缓冲输出流 BufferedOutputStream 类提供和 FileOutputStream 类同样的写操作方法，但所有输出全部写入缓冲区。当写满缓冲区或关闭输出流时，它再一次性输出到流，或者用 flush()方法主动将缓冲区输出到流。

当创建缓冲输入流 BufferedInputStream 时，一个输入缓冲区数组被创建，来自流的数据填入缓冲区，一次可填入许多字节。

1）创建 BufferedOutputStream 流对象

若要创建一个 BufferedOutputStream 流对象，首先需要一个 FileOutputStream 流对象，然后基于该流对象创建缓冲流对象。

BufferedOutputStream 类的构造方法如下。

（1）BufferedOutputStream(OutputStream out)：创建缓冲输出流，写数据到参数指定的输出流。缓冲区大小设为默认的 512 字节。

（2）BufferedOutputStream(OutputStream out, int size)：创建缓冲输出流，写数据到参数指定的输出流。缓冲区大小设为指定的 size 字节。

例如，下述代码创建一个缓冲输出流 bos。

```
FileOutputStream fos=new FileOutputStream("/user/dbf/stock.dbf");
BufferedOutputStream bos=new BufferedOutputStream(fos);
```

2）用 flush()方法更新流

要想在程序结束之前将缓冲区里的数据写入磁盘，除了填满缓冲区或关闭输出流外，还可以显式调用 flush()方法。

flush()方法的声明如下：

```
public void flush() throws IOException
```

例如：

```
bos.flush();
```

3）创建 BufferedInputStream 流对象

BufferedInputStream 类的构造方法如下。

（1）BufferedInputStream(InputStream in)：创建 BufferedInputStream 流对象，为以后使用保存 InputStream 参数 in，并创建一个内部缓冲区数组来保存输入数据。

（2）BufferedInputStream(InputStream in, int size)：用指定的缓冲区大小 size 创建 BufferedInputStream 流对象，并为以后的使用保存 InputStream 参数 in。

4）缓冲流类的应用

缓冲流类一般与另外的输入/输出流类配合使用。对于例 9-4，将流对象定义修改如下：

```
FileInputStream fis=new FileInputStream("D:/教学/java/fib.dat");
BufferedInputStream bis=new BufferedInputStream(fis);
DataInputStream dis=new DataInputStream(bis);
```

4. PrintStream 类

过滤流类的子类 PrintStream 提供了将 Java 的任何类型转换为字符串类型输出的能力。输出时，常使用 print()方法和 println()方法。

创建 PrintStream 流也需要 OutputStream 流对象。PrintStream 类的构造方法如下。

public PrintStream(OutputStream out)：创建一个新的打印流对象。

9.2.3 字符流(Reader 类和 Writer 类)

由于 Java 采用 16 位 Unicode 字符，因此需要基于字符的输入/输出操作。从 Java 1.1 版开始，加入了专门处理字符流的抽象类 Reader 和 Writer。前者用于处理输入，后者用于处理输出。这两个类类似于 InputStream 和 OutputStream，只是提供一些用于字符流的接口，本身不能用来生成对象。

Reader 类和 Writer 类也有较多子类，与字节流类似，用来创建具体的字符流对象进行 I/O 操作。字符流的读/写方法与字节流类似，但读/写对象使用的是字符。

1. InputSteamReader 类和 OutputStreamWriter 类

InputSteamReader 类和 OutputStreamWriter 类是 java.io 包中用于处理字符流的基本类，在字节流之间搭一座“桥”。这里字节流的编码规范与具体的平台有关，可以在构造流对象时指定，也可以使用当前平台的默认规范。

InputSteamReader 类和 OutputStreamWriter 类的构造方法如下：

```
public InputSteamReader(InputSteam in)
public InputSteamReader(InputSteam in, String enc)
public OutputStreamWriter(OutputStream out)
public OutputStreamWriter(OutputStream out, String enc)
```

其中，in 和 out 分别为输入和输出字节流对象，enc 为指定的编码规范（若无此参数，表示使用当前平台的默认规范。可用 getEncoding()方法得到当前字符流所用的编码方式）。

读/写字符的方法 read()、write()，关闭流的方法 close()等与 Reader 类和 Writer 类的同名方法的用法类似。

2. FileReader 类和 FileWriter 类

FileReader 类和 FileWriter 类是 InputSteamReader 类和 OutputStreamWriter 类的子类。利用它们，可方便地进行字符输入/输出操作。

FileReader 类的构造方法有：

```
FileReader(File file)                //对指定要读的 file 创建 FileReader 对象
```

FileWriter 类的构造方法有：

```
FileWriter(File file[,boolean append])
FileWriter(String fileName [,boolean append])
```

注意：

这两个构造方法都可带第二个布尔值的参数 append。当 append 为 true 时，为追加到输出流。

3. BufferedReader 类和 BufferedWriter 类

使用缓冲字符流类 BufferedReader 和 BufferedWriter，可提高字符流处理的效率。它们的构造方法如下：

```
public BufferedReader(Reader in)
public BufferedReader(Reader in,int sz)
public BufferedWriter(Writer out)
public BufferedWriter(Writer out,int sz)
```

其中，in 和 out 分别为字符流对象，sz 为缓冲区大小。从上述构造方法的声明可以看出，缓冲流的构造方法是基于字符流创建相应的缓冲流。

4. PrintWriter 类

PrintWriter 类提供字符流的输出处理。由于该类的对象可基于字节流或字符流来创建，写字符的方法 print()、println()可直接将 Java 基本类型的数据转换为字符串输出，用起来很方便。

PrintWriter 类的构造方法如下：

```
PrintWriter(OutputStream out)
PrintWriter(OutputStream out, boolean autoFlush)
PrintWriter(Writer out)
PrintWriter(Writer out, boolean autoFlush)
```

例如，为文件 test.txt 创建 PrintWriter 对象 pw 的语句如下：

```
PrintWriter pw=new PrintWriter(new FileOutputStream("test.txt"));
```

【例 9-5】 编写一个程序,从屏幕输入信息,然后写入文件 TextWrite.txt。

```
import java.io.*;
import java.util.*;
public class TextWrite {
  public static void main(String args[]){
   FileWriter aa;
   Scanner ss=new Scanner(System.in);
    try{
      aa=new FileWriter("TextWrite.txt");
      System.out.println("请在屏幕输入要写入记事本的内容:");
      String str=ss.next();
      aa.write(str);
      System.out.println("成功将文本写入记事本!");
      aa.close();
    }catch(IOException e){}
  }
}
```

程序运行结果如图 9-7 所示。

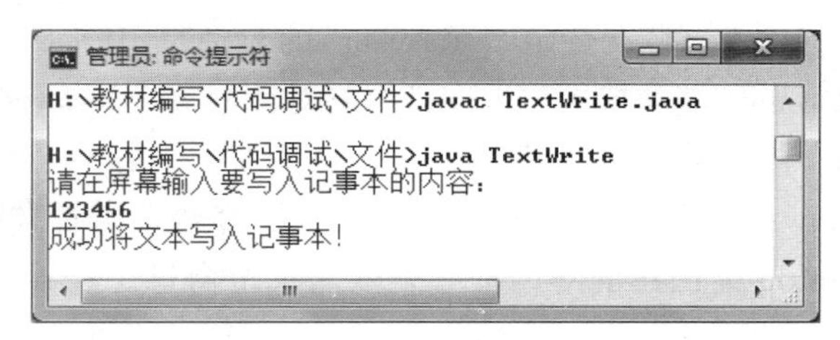

图 9-7 例 9-5 的程序运行结果

【例 9-6】 使用 FileWriter 类追加文件。在当前工作目录下,如果文件不存在,新建文件,并写入内容"Java 程序设计";如果文件存在,在文件最后添加内容"Java 程序设计"。自行修改文件名,观察程序运行结果,如图 9-8 所示。

```
import java.io.*;
public class TextWrite2 {
  public static void main(String args[]){
   FileWriter out=null;
   try{
      out=new FileWriter("TextWrite1.txt",true);
      System.out.println("Encoding:"+out.getEncoding());
      out.write("\n Java 程序设计");
      out.close();
      System.out.println("已经成功追加!");
   }catch(IOException e){}
  }
}
```

说明:

out=new FileWriter("FileWrite.txt",true);

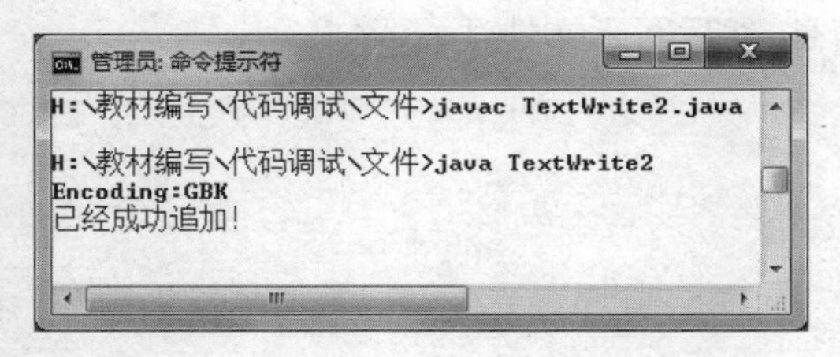

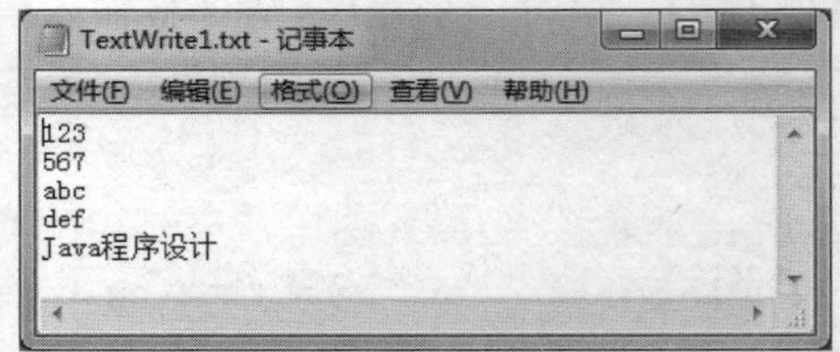

图 9-8　例 9-6 的程序运行结果

（1）如果文件不存在，自动创建。

（2）第 2 个参数设置时，①true：写入文件时，采用追加方式。②false：覆盖方式，默认。

9.3　文件对话框与常用对话框

对话框是一种大小不能变化、不能有菜单的容器窗口。对话框不能作为一个应用程序的主框架，而必须包含在其他容器中。Java 语言提供多种对话框类来支持多种形式的对话框。JOptionPane 类支持简单、标准的对话框；JDialog 类支持定制用户自己的对话框；JFileChooser 类支持文件打开、保存对话框；ProgressMonitor 类支持操作进度条控制对话框等。

1. Dialog 类主要方法

JDialog 类和 JFrame 类都是 Windows 的子类，两者的实例都是底层容器。两者有相似之处，也有不同的地方，主要区别是 JDialog 类创建的对话框必须依靠某个窗口。

其构造方法如下。

（1）JDialog()：构造一个无标题的初始不可见的对话框。对话框依赖一个默认的不可见的窗口，该窗口由 Java 运行环境提供。

（2）JDialog(JFrame owner)：构造一个无标题的初始不可见的无模式的对话框。owner 是对话框依赖的窗口。

（3）JDialog(JFrame owner, String title)：构造一个具有标题 title 的初始不可见的无模式的对话框。owner 是对话框依赖的窗口。

（4）JDialog(JFrame owner, String title, boolean modal)：构造一个具有标题 title 的初始不可见的对话框。owner 是对话框依赖的窗口，modal 决定对话框有无模式。

主要方法如下。

（1）getTitle()：获取对话框的标题。

（2）setTitle()：设置对话框的标题。

（3）setModal(boolean)：设置对话框的模式。

（4）setSize()：设置对话框的大小。

（5）setVisible(boolean b)：显示或隐藏对话框。

（6）public void setJMenuBar(JMenuBar menu)：对话框添加菜单条。

2. 对话框模式

对话框分为无模式和有模式两种。

如果对话框是有模式的，当其处于激活状态时，只让程序响应对话框内部的事件，堵塞其他线程的执行，用户不能激活对话框所在程序的其他窗口，直到该对话框消失，不可见。

无模式对话框处于激活状态时，能再激活其他窗口，也不堵塞其他线程执行。

3. 文件对话框(FileDialog)

文件对话框是一个从文件中选择文件的界面，它事实上并不能打开或保存文件，只能得到要打开或保存的文件的名字或所在的目录。要想真正实现打开或保存文件，必须使用输入/输出流。

FileDialog 是 Dialog 的子类，主要方法如下。

(1) FileDialog(Frame f,String s,int mode)：构造方法，f 为所依赖的窗口对象，s 是对话框的名字，mode 取值为 FileDialog.LOAD 或 FileDialog.SAVE。

(2) public String getDirwctory()：获取当前对话框中显示的文件目录。

(3) public String getFile()：获取对话框中显示的文件的字符串表示。如不存在，则为 null。

4. 消息对话框

消息对话框是有模式对话框。进行一个重要的操作动作之前，将弹出一个消息对话框。使用 javax.swing 包中 JOptionPane 类的静态方法的代码如下：

```
public static void showMessageDialog(Component parentComponent,String message,
String title, int messageType);
```

说明：

(1) Component parentComponent：消息对话框依赖的组件。

(2) String message：要显示的消息。

(3) String title：对话框的标题。

(4) int messageType：对话框的外观，其取值可为：JOptionPane.INFORMATION_MESSAGE、JOptionPane.WARNING_MESSAGE、JOptionPane.ERROR_MESSAGE、JOptionPane.QUESTION_MESSAGE、JOptionPane.PLAIN_MESSAGE。

5. 输入对话框

输入对话框含有供用户输入文本的文本框，以及“确定”和“取消”按钮，是有模式对话框。当输入对话框可见时，要求用户输入一个字符串。javax.swing 包中的 JOptionPane 类静态方法如下：

```
public static String showInputDialog(Component parentComponent, Object
message, String title, int messageType);
```

说明：

(1) Component parentComponent：指定输入对话框依赖的组件。

(2) Object message：指定对话框上的提示信息。

(3) String title：对话框上的标题。

(4) int messageType：确定对话框的外观，其取值可为：ERROR_MESSAGE、INFORMATION_MESSAGE、WARNING_MESSAGE、QUESTION_MESSAGE、PLAIN_

MESSAGE。

6. 确认对话框

确认对话框是有模式对话框，用 javax.swing 包中的 JOptionPane 类的静态方法创建的代码如下：

```
public static int showConfirmDialog(Component parentComponent, Object message,
String title, int optionType);
```

说明：

(1) Component parentComponent：对话框依赖的组件。

(2) Object message：对话框上显示的消息。

(3) String title：对话框的标题。

(4) int optionType：对话框的外观，其取值可为：JOptionPane.YES_NO_OPTION、JOptionPane.YES_NO_CANCEL_OPTION、JOptionPane.OK_CANCEL_OPTION。

当对话框消失后，showConfirmDialog 方法返回下列整数之一。

```
JOptionPane.YES_OPTION
JOptionPane.NO_OPTION
JOptionPane.CANCEL_OPTION
JOptionPane.OK_OPTION
JOptionPane.CLOSED_OPTION
```

7. FileChooser 类

javax.swing 包中的 JFileChooser 类可以创建文件对话框，使用该类的构造方法 JFileChooser()创建初始不可见的有模式的文件对话框。showSaveDialog(Component a)和 showOpenDialog(Component a)都可使对话框可见，但外观不同。showSaveDialog(Component a)方法提供保存文件的界面，showOpenDialog(Component a)方法提供打开文件的界面。参数 a 指定对话框可见时的位置。

当用户单击文件对话框中的"确定""取消"按钮或关闭图标后，文件对话框将消失，方法返回 JFileChooser.APPROVE_OPTION 和 JFileChooser.CANCEL_OPTION 之一。当返回值是 JFileChooser.APPROVE_OPTION 时，使用 JFileChooser 类的 getSelectedFile()方法得到文件对话框所选择的文件。

【例 9-7】 使用文件打开、关闭对话框(JFileChooser)编写程序，将选择的文件名显示到文本区域。

```
import java.io.*;
import java.awt.*;
import java.awt.event.*;
import javax.swing.*;
import javax.swing.filechooser.*;
public class JFileChooserDemo extends JFrame {
  public JFileChooserDemo(){
     super("使用 JFileChooser");
     final JTextArea ta=new JTextArea(5,20);
```

```
    ta.setMargin(new Insets(5,5,5,5));
    ta.setEditable(false);
    JScrollPane sp=new JScrollPane(ta);
    final JFileChooser fc=new JFileChooser();
    JButton openBtn=new JButton("打开文件...");
    openBtn.addActionListener(new ActionListener(){
        public void actionPerformed(ActionEvent e){
        int returnVal=fc.showOpenDialog(JFileChooserDemo.this);
          if(returnVal ==JFileChooser.APPROVE_OPTION){
              File file=fc.getSelectedFile();
              ta.append("打开: "+file.getName()+".\n");
          }
          else ta.append("取消打开命令.\n");
        }
    });
    JButton saveBtn=new JButton("保存文件...");
    saveBtn.addActionListener(new ActionListener(){
      public void actionPerformed(ActionEvent e){
        int returnVal=fc.showSaveDialog(JFileChooserDemo.this);
        if(returnVal ==JFileChooser.APPROVE_OPTION){
            File file=fc.getSelectedFile();
            ta.append("Saving: "+file.getName()+".\n");
        } else ta.append("取消保存命令。\n");
      }
    });
    JPanel buttonPanel=new JPanel();
     buttonPanel.add(openBtn);
     buttonPanel.add(saveBtn);
     openBtn.setNextFocusableComponent(saveBtn);
     saveBtn.setNextFocusableComponent(openBtn);
     Container c=getContentPane();
     c.add(buttonPanel, BorderLayout.NORTH);
     c.add(sp, BorderLayout.CENTER);
  }
  public static void main(String[] args){
   JFrame frame=new JFileChooserDemo();
   frame.setDefaultCloseOperation(EXIT_ON_CLOSE);
   frame.pack();
   frame.setVisible(true);
  }
}
```

程序运行的开始界面如图 9-9 所示。单击“打开文件”按钮,弹出如图 9-10 所示对话框。

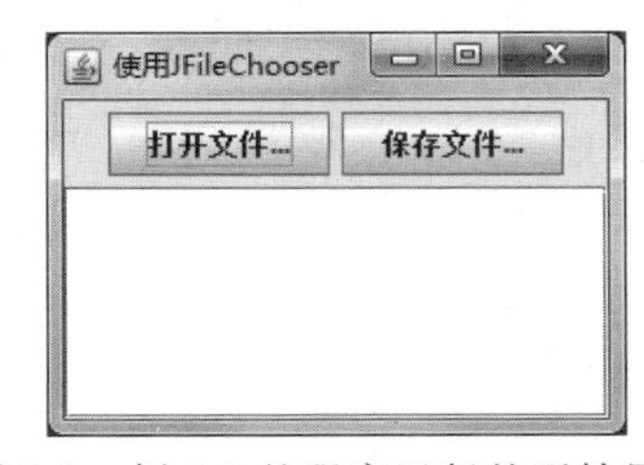

图 9-9 例 9-7 的程序运行的开始界面

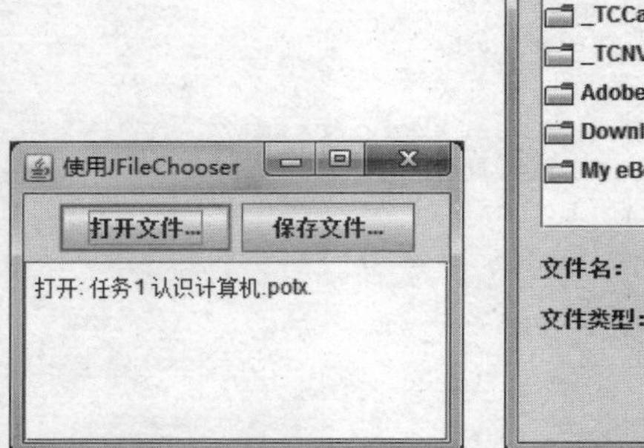

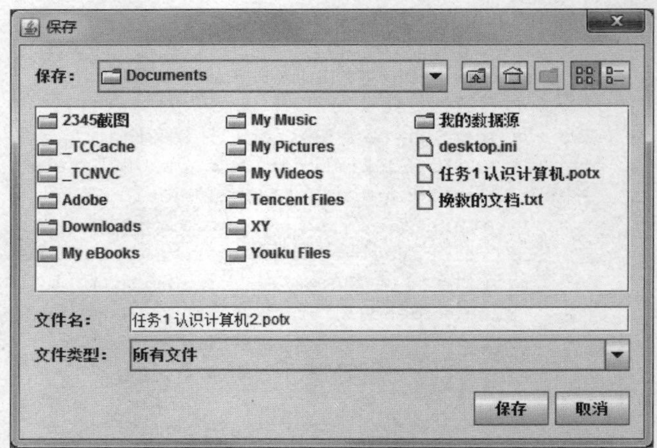

图 9-10 “保存”对话框

选择文件后,将文件名显示到文本区域中。单击“保存文件”按钮,弹出“保存”对话框。

9.4 随机访问文件 RandomAccessFile

RandomAccessFile 是 Java 输入/输出流体系中功能最丰富的文件内容访问类。它提供了众多的方法来访问文件内容,既可以读取文件内容,也可以向文件输出数据。与普通的输入/输出流不同的是,RandomAccessFile 支持随机访问的方式,程序可以直接跳转到文件的任意地方来读/写数据。

Java 提供的 RandomAccessFile 类可进行随机形式的输入/输出,可以自由访问文件的任意地方。

RandomAccessFile 类直接继承于 Object,但由于实现了 DataInput 和 DataOutput 接口而与同样实现该接口的 DataInputStream 类和 DataOutputStream 类方法很类似。

1. 建立随机访问文件流对象

建立 RandomAccessFile 类对象,类似于建立其他流对象。RandomAccessFile 类的构造方法如下:

```
RandomAccessFile(File file, String mode)
RandomAccessFile(String name, String mode)
```

其中,name 为文件名字符串,file 为 File 类的对象,均给出流的源,也是流的目的地。mode 为访问文件的方式,有 r 或 rw 两种形式。若 mode 为 r,文件只能读出;若 mode 为 rw 并且文件不存在,该文件将被创建。若 name 为目录名,将抛出 IOException 异常。

例如,打开一个数据库后,更新数据。

```
RandomAccessFile rf=new RandomAccessFile("/usr/db/stock.dbf", "rw");
```

2. 访问随机访问文件

1）读取文件

(1) int read()：从此文件中读取1字节。

(2) int read(byte[] b)：将最多 b.length 字节从此文件读入 byte 数组。

(3) int read(byte[] b, int off, int len)：将最多 len 字节从此文件读入 byte 数组。

2）写入文件

(1) void write(byte[] b)：将 b.length 字节从指定 byte 数组写入此文件，并从当前文件指针开始。

(2) void write(byte[] b, int off, int len)：将 len 字节从指定 byte 数组写入此文件，并从偏移量 off 处开始。

(3) void write(int b)：向此文件写入指定的字节。

3. 移动文件指针

随机访问文件任意位置的数据记录，是通过移动文件指针指定文件读/写位置来实现的。与文件指针有关的常用方法如下。

(1) long getFilePointer()：返回文件指针的当前字节位置。

(2) void seek(long pos)：将文件指针定位到一个绝对地址 pos。pos 参数指明相对于文件头的偏移量，地址0表示文件的开头。

例如，将文件 rf 的文件指针移到文件尾，可用语句：

```
rf.seek(rf.length());
int skipBytes(int n)
```

表示将文件指针向文件尾方向移动 n 字节。

4. 向随机访问文件增加信息

可以用访问的方式 rw 打开随机访问文件后，向随机访问文件增加信息。例如：

```
rf=new RandomAccessFile("1.txt","rw");
rf.seek(rf.length());
```

【例 9-8】 使用随机访问文件 suiji.txt 读/写数据。输入不同格式的数据并保存在 suiji.txt 文档中，然后用不同的读取方式读出，程序输出结果如图 9-11 所示。

```
import java.io.*;
public class RandomIODemo {
  public static void main(String args[]) throws IOException {
   RandomAccessFile rf=new RandomAccessFile("suiji.txt","rw");
   //rf.seek(rf.length());
   rf.writeBoolean(false);
   rf.writeInt(87654321);
   rf.writeChar('j');
   rf.writeDouble(4567.89);
   rf.seek(1);                              //定位到绝对地址 1
   System.out.println(rf.readInt());
```

```
        System.out.println(rf.readChar());
        System.out.println(rf.readDouble());
        rf.seek(0);                          //定位到绝对地址 0,代表文件开头
        System.out.println(rf.readBoolean());
        rf.close();
    }
}
```

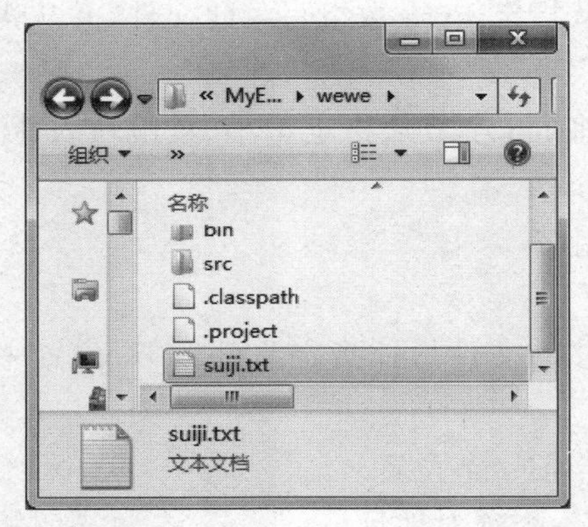

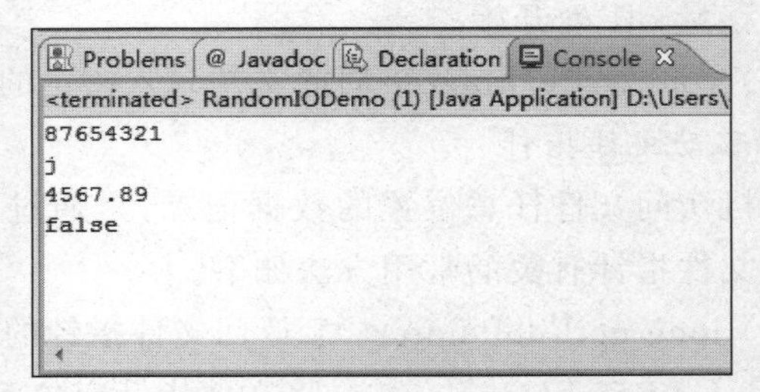

图 9-11　例 9-8 的程序输出结果

9.5　序列化与对象输入/输出

1. 对象序列化机制

当两个进程进行远程通信时，可以相互发送各种类型的数据，包括文本、图片、音频、视频等，这些数据都会以二进制序列的形式在网络上传送。那么，当两个 Java 进程通信时，能否实现进程间的对象传送呢？答案是可以的。如何做到呢？这就需要 Java 序列化与反序列化了。换句话说，一方面，发送方需要把这个 Java 对象转换为字节序列，然后在网络上传送；另一方面，接收方需要从字节序列中恢复出 Java 对象。

Java 序列化是指把 Java 对象转换为字节序列的过程；而 Java 反序列化是指把字节序列恢复为 Java 对象的过程。

Java 序列化的优点：一是实现了数据的持久化，通过序列化，可以把数据永久地保存到硬盘上（通常存放在文件里）；二是利用序列化实现远程通信，即在网络上传送对象的字节序列。

2. 序列化实现

一个对象要想实现序列化，必须实现 Serializable 接口或 Externalizable 接口。

(1) Serializable：标记接口，无须实现任何方法，只是表明该类是可序列化的。接口序列化一个对象时，有关类的信息，比如它的属性和这些属性的类型，都与实例数据一起被存储起来。

(2) Externalizable：只存储有关每个被存储类型的非常少的信息。

将需要被序列化的类实现 Serializable 接口，然后使用一个输出流（如 FileOutputStream）

来构造一个 ObjectOutputStream(对象流)对象;接着,使用 ObjectOutputStream 对象的 writeObject(Object obj)方法,将参数为 obj 的对象写出(即保存其状态)。若要恢复,使用输入流。

Serializable 接口的优点是内建支持,易于实现;缺点是占用空间过大,而且由于额外的开销,导致速度比较慢。

Externalizable 接口的优点是开销较少(程序员决定存储什么),可能的速度提升;缺点是虚拟机不提供任何帮助,也就是说,所有的工作都落到开发人员的肩上。

在两者之间如何选择,要根据应用程序的需求来定。Serializable 通常是最简单的解决方案,但是它可能导致不可接受的性能问题或空间问题。在此情况下,选用 Externalizable 可能是一条可行之路。

【例 9-9】 序列化实例。调用 writeObject()方法输出可序列化对象并保存在 test.dat 文件中。调用 readObject()方法,从该文件中读取流的对象,返回一个 Java 对象,程序如下:

```
import java.io.*;
public class xulie
{
    public static void main(String []args)throws Exception
    {   test a1=new test("李玫",35,3000000);
        test a2=new test("刘德华",53,900000000);
        FileOutputStream fos=new FileOutputStream("test.dat");
        ObjectOutputStream ww=new ObjectOutputStream(fos);
        ww.writeObject(a1);
        ww.writeObject(a2);
        ww.close();
        FileInputStream fis=new FileInputStream("test.dat");
        ObjectInputStream rr=new ObjectInputStream(fis);
        test a3,a4;
        a3=(test)rr.readObject();
        a4=(test)rr.readObject();
        System.out.println("以下是反序列化的运行结果");
        System.out.println(a3.name);
        System.out.println(a3.age);
        System.out.println(a4.name);
        System.out.println(a4.age);
        rr.close();
    }
}
class test implements Serializable
{   String name;
    int age;
    double gongzi;
    public test(String name,int age,double gongzi)
    {
        this.name=name;
        this.age=age;
```

```
        this.gongzi=gongzi;
    }
}
```

程序输出结果如图 9-12 所示。

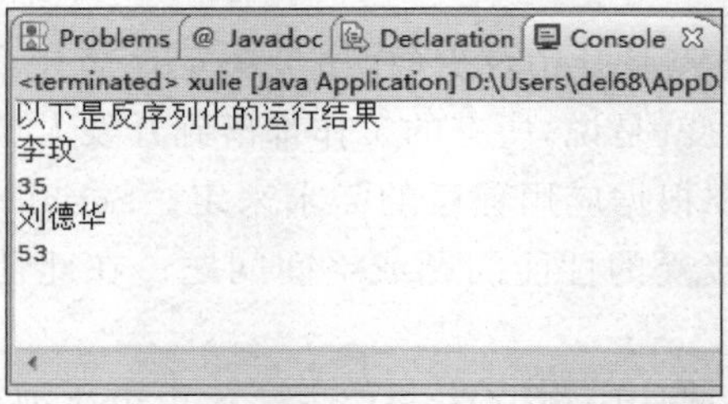

Problems @ Javadoc Declaration Console
<terminated> xulie [Java Application] D:\Users\del68\AppD
以下是反序列化的运行结果
李玫
35
刘德华
53

图 9-12　例 9-9 的程序输出结果

9.6　应用实例

案例 1　文件复制应用程序

1. 案例要求

用命令行方式提供源文件名和目标文件名，完成文件复制功能。

2. 案例分析

输入需要复制的源文件名（带路径），保存在字符串变量 a 中；输入要复制到的目标文件名（带路径），保存在字符中变量 b 中；再进行文件的复制。

3. 案例实现

```
import java.io.*;
import java.util.*;
public class CopyFile {
   public static void main(String args[]){
     int i;
     FileReader fin;
     FileWriter fout;
     Scanner scan=new Scanner(System.in);
     System.out.println("请输入需要复制的源文件名(带路径):");
     String a=scan.next();
     System.out.println("请输入要复制到的目标文件名(带路径):");
     String b=scan.next();
       try {
         fin=new FileReader(a);
         fout=new FileWriter(b);
         System.out.println("开始复制文件...");
         while((i=fin.read())!=-1)fout.write(i);
         System.out.println("文件复制成功");
```

```
            fin.close();
        } catch(FileNotFoundException e){
            System.out.println("输入文件未找到!");
        }catch(ArrayIndexOutOfBoundsException e){
            System.out.println("用法:CopyFile 源文件 目标文件");
        }catch(Exception e){
            System.out.println("异常:"+e);
        }  finally{
        System.out.println("-----程序结束");          }
    }
}
```

程序输出结果如图 9-13 所示。

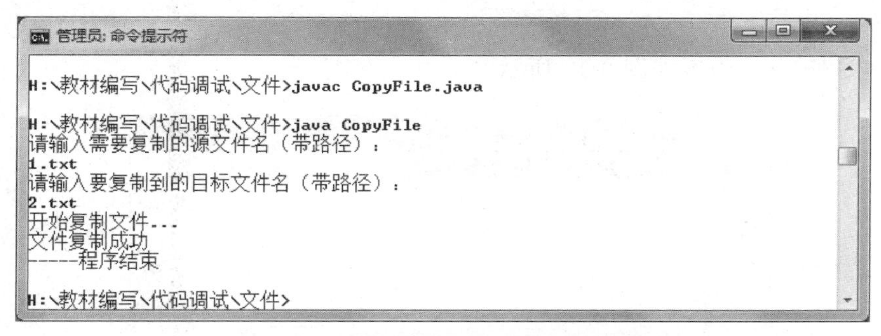

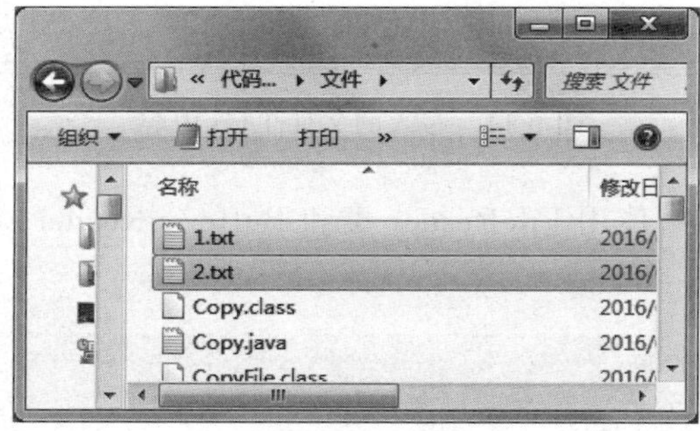

图 9-13　案例 1 的程序输出结果

案例 2　读/写顺序文本文件

1. 案例要求

创建顺序文本文件,写入内容,并读出顺序文本文件。

2. 案例分析

使用 FileWriter 类和 BufferedWriter 类,并用 write()方法写文件;使用 FileReader 类和 BufferedReader 类,并用 readLine()方法读文件。

3. 案例实现

(1) 创建顺序文本文件。使用 FileWriter 类和 BufferedWriter 类,并用 write()方法写文件。源代码如下:

```
import java.io.*;
public class BufferedWriterDemo {
  public static void main(String args[]) {
    try {
      FileWriter fw=new FileWriter("1.txt",true);
      BufferedWriter bw=new BufferedWriter(fw);
      for(int i=0; i<10; i++) {              //将字符串写至文件
           bw.write("Line "+i);
        bw.newLine();       }
      bw.close();                              //关闭缓冲字符输出流
    }catch(Exception e) {
      System.out.println("Exception: "+e);     }
  }
}
```

写入的文件 1.txt 内容如图 9-14 所示。

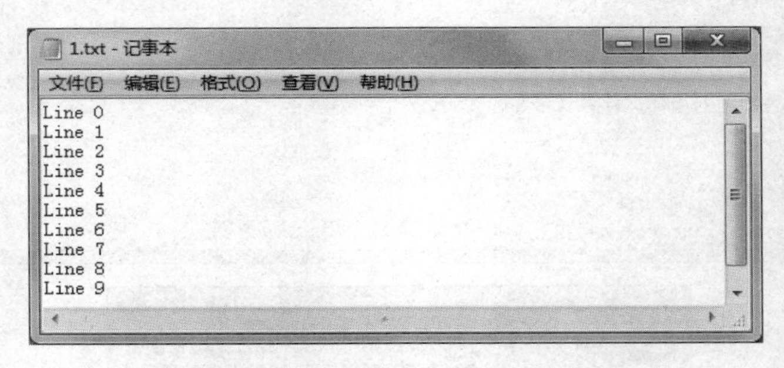

图 9-14　写入的文件 1.txt 内容

（2）读顺序文本文件。使用 FileReader 类和 BufferedReader 类，并用 readLine()方法读文件。源代码如下：

```
import java.io.*;
public class ReaderDemo {
  public static void main(String args[]) {
    try {
      FileReader fr=new FileReader("1.txt");
      BufferedReader br=new BufferedReader(fr);
      String s;
      while((s=br.readLine())!=null)
     System.out.println(s);
       fr.close();
    } catch(Exception e) {
       System.out.println("Exception: "+e);}
  }
}
```

程序输出结果如图 9-15 所示。

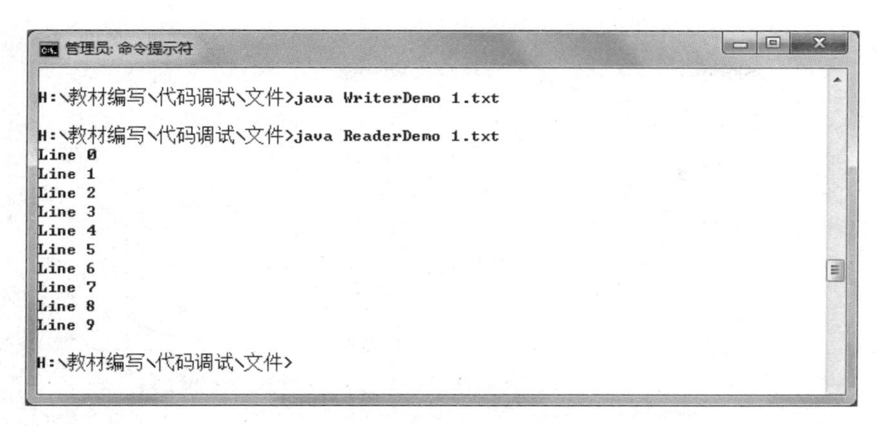

图 9-15　案例 2 的程序输出结果

案例 3　读/写随机访问文件

1. 案例要求

编写一个程序，将 Fibonacii 数列的前 20 项写入一个随机访问文件；然后，从该文件中读出第 2、4、6 等偶数位置上的项，并将它们依次写入另一个文件。

2. 案例分析

本程序主要考察 RandomAccessFile 文件流类的使用方法。

(1) 创建 RandomAccessFile 文件流类对象 raf，让它指向文件 fout.txt，并向该文件写入 Fibonacii 数列的前 20 项。

(2) 读取 fout.txt 文件中第 2、4、6 等偶数位置上的项，并将它们存入数组 fib2。

(3) 让文件流类对象 raf 指向文件 fin.txt，并将数组 fib2 中的数据写入其中。

3. 案例实现

```
import java.io. * ;
public class ff {
  public static void main(String args[]){
  final int Num=20;
  int[] aa=new int[Num];
  int[] aa2=new int[Num];
  long fp;
  aa[0]=1;
  aa[1]=1;
  int i;
  for(i=2; i<Num; i++)
      aa[i]=aa[i-1]+aa[i-2];
    try{
      RandomAccessFile raf=new RandomAccessFile("dataout.txt","rw");
      System.out.println("dataout.txt 中的内容为(全部按顺序排放):");
      for(i=0; i<Num; i++){
         raf.writeInt(aa[i]);
         System.out.print(aa[i]+"\t");
```

```
            if(i%8==0)
                System.out.println("");
        }

        for(i=1; i<Num; i+=2){
          fp=i*4;
          raf.seek(fp);
          aa2[i/2]=raf.readInt();
        }
        System.out.println("");
        raf.close();
        RandomAccessFile rbf=new RandomAccessFile("datain.txt","rw");
        rbf=new RandomAccessFile("datain.txt","rw");
        System.out.println("datain.txt 中的内容为(偶数位置):");
        for(i=0; i<Num/2; i++){
          System.out.print(aa2[i]+"\t");
          rbf.writeInt(aa2[i]);
        }
        rbf.close();
      }catch(FileNotFoundException e){
        e.printStackTrace();
      }catch(Exception e){
        e.printStackTrace();
      }
    }
}
```

程序输出结果如图 9-16 所示。

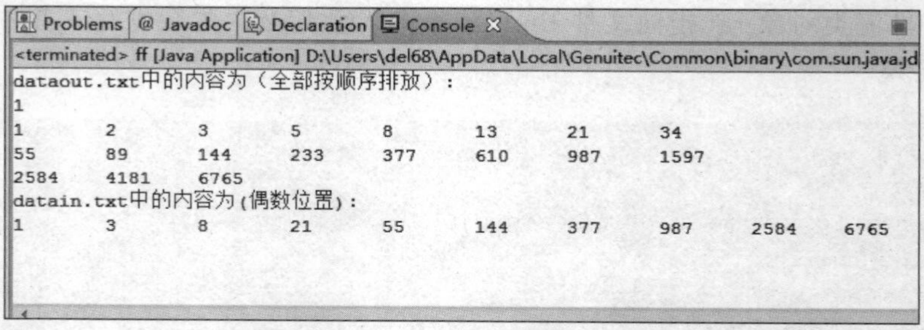

```
Problems  @ Javadoc  Declaration  Console
<terminated> ff [Java Application] D:\Users\del68\AppData\Local\Genuitec\Common\binary\com.sun.java.jd
dataout.txt中的内容为(全部按顺序排放):
1
1       2       3       5       8       13      21      34
55      89      144     233     377     610     987     1597
2584    4181    6765
datain.txt中的内容为(偶数位置):
1       3       8       21      55      144     377     987     2584    6765
```

图 9-16　案例 3 的程序输出结果

本章小结

在 Java 开发环境中,java.io 包为用户提供了几乎所有常用的数据流。文件的读/写是基于 I/O 类实现的。对于初次接触 I/O 技术的初学者来说,I/O 类体系博大精深,类的数量比较庞大,下面总结关于 I/O 类选择的步骤。

选择实体流的步骤如下所述。

(1) 按照连接的数据源种类进行选择。例如,读/写文件应使用文件流,如

FileInputStream/FileOutputStream、FileReader/FileWriter；读/写字节数组应该使用字节数组流，如 ByteArrayInputStream/ByteArrayOutputStream。

(2) 选择合适方向的流。例如，读操作时，使用输入流；写操作时，使用输出流。

(3) 选择字节流或字符流。除了读/写二进制文件，或字节流中没有对应的流时，一般优先选择字符流。

经过以上步骤，可以选择到合适的实体流。

在 Java 开发环境中，数据输入/输出的所有功能都是通过 java.io 包中的类和接口完成的。

在进行文件操作时，需要知道一些关于文件的信息，可以使用 File 类。Java 中提供了一系列字符流和字节流来实现对文件的读/写操作。其中，所有的字节流都是 InputStream 和 OutputStream 的子类，所有的字符流都是 Reader 和 Writer 的子类。最常用的字节流是 FileInputSream 和 FileOutputStream，最常用的字符流是 FileReader 和 FileWriter。通过这些输入/输出流，可以实现对文件的顺序操作。同时，Java 语言中还定义了一个功能更强大、使用更方便的 RandomAccessFile 类，用于实现对文件的随机读/写操作。

习　题

上机题

1. 编写程序，利用 RandomAccessFile 随机访问文件，通过文件的路径名和文件名，读取文件最后一行内容。

2. 定义一个序列化的 Box 类，有宽度和高度两个属性，然后构建一个(宽度，高度)为(50,30)的 Box 类对象，并保存到 foo.ser 文件中。

3. 编写一个程序，其功能是将两个文件的内容合并到一个文件中。

提示：

本题主要考查文件流类 FileReader 和 FileWriter 的使用方法，实现从文件读取数据，以及向文件输入数据。

(1) 采用面向字符的文件流读出文件内容，使用 FileReader 类的 read()方法；写文件内容，使用 FileWriter 类的 write()方法。

(2) 通过键盘方式输入要合并的两个源文件的文件名，以及合并后的新文件名。

(3) 将两个源文件的内容分别读出，并写入目标文件。

第10章

Java SE API 常用类

Java SE 平台的开发者封装了很多通用的常用类和接口，程序员了解这些 API 的详细用法以后，可以在开发过程中直接调用，以提高开发效率和开发质量。本章将重点介绍 Java SE API 文档中一些常用类和接口的用法。

学习目标

- 学习 Java SE API 文档的使用方法。
- 学习重要的常用类的用法。

10.1 Java SE API 介绍

Java SE 是 Java platform standard edition 的简称(Java 平台标准版)，用于开发和部署桌面、服务器及嵌入设备和实时环境中的 Java 应用程序。Java SE 包括用于开发 Java Web 服务的类库。Java SE 为 Java EE(企业版)提供了基础。

Java SE API 中提供了许多通用类和接口。为了帮助用户更好地了解和使用这些 API，Sun 公司为其编写了一份使用帮助文档，即常说的 API 文档，对 Java SE API 提供的所有类和接口提供了详细的说明和解释。因此，API 文档是学习和使用 Java SE API 编程的必备参考资料。

10.1.1 下载安装

由于 API 文档没有随 JDK 程序一起发布，若需要使用该文档，可以在线查找或下载安装。

在线下载网址为 http://www.oracle.com/technetwork/java/javase/documentation/jdk8-doc-downloads-2133158.html。

10.1.2 文档结构

文档主要分为 3 个区域，左上角区域显示 Java SE API 中所有包的链接；左下角区域显示左上角区域被选中包下所有类的链接；右侧的整个区域为详细描述区，其内容主要包括几个部分：类的继承关系树、类实现的接口、类的直接已知子类、类的声明、类的功能描述、类的属性、构造器及方法列表。其中，类的每个属性、构造器和方法名都用超链接表示，可以直接单击查看更详细的信息。

选择 java.lang 包中的 Math 类时，显示界面如图 10-1 所示。

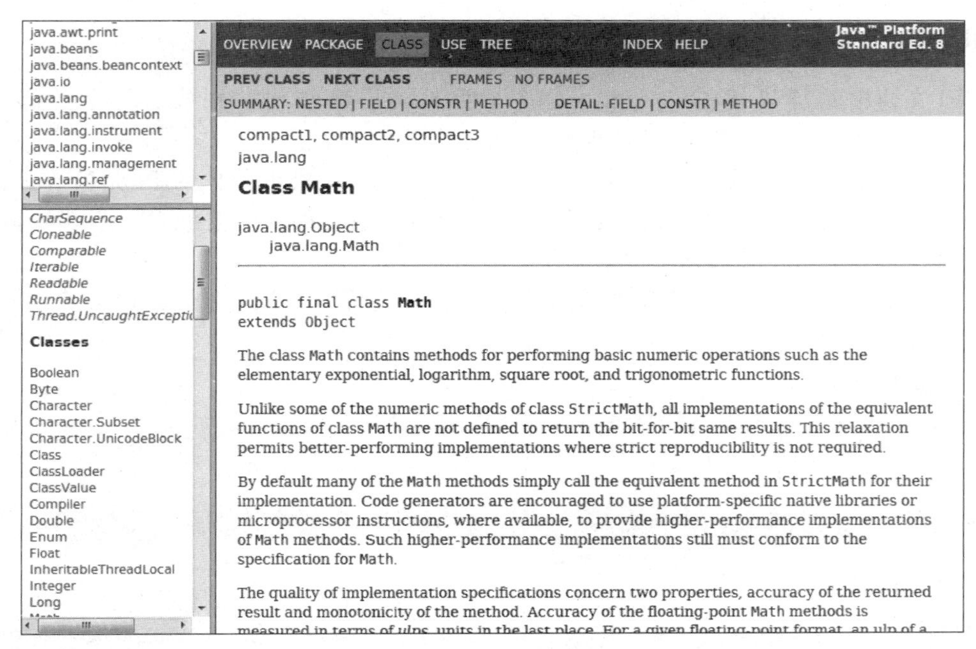

图 10-1 Math 介绍

在整个 JDK API 1.6 中,大约有 200 多个包、3777 个类和接口。新版本会不定期地增加、补充。在如此大的数据中,如何快速查找所需的类或接口呢?下面介绍 API 文档的使用方法。

10.1.3 使用方法

从文档结构上来看,从上层的包入手,先看包的分类。Java SE API 中包的命名主要有 3 种。

(1) 以 java 开头:是 JDK 最基础的语言包,使用最频繁。

(2) 以 javax 开头:属于 JDK 的扩展包。

(3) 以 org 开头:由第三方组织提供的功能包。

本章主要介绍使用最频繁的以 java 开头的基础语言包。

10.2 java.lang 包

java.lang 包中提供用 Java 语言进行程序设计所需的最基本的功能类和接口,是 Java 编程的基础,因此对其使用最频繁。为了方便用户,Java 编译器在编译每个类或接口源文件时,都会自动导入 java.lang 包,即 Java 编程中使用 java.lang 包中的类或接口时,无须用 import 显式导入。

下面介绍 java.lang 包中的几个常用类。

10.2.1 Object类

API文档中这样描述Object类：Object类是类层次结构的根类。每个类都是用Object作为超类。所有对象,包括数组,都实现这个类的方法。

通过这种描述,可以明确：Object类是整个Java语言中类继承树的根,是所有其他类的父类,所有其他类都是Object类的子孙类,即所有其他类都自动继承Object类。因此,Object类中的所有方法在其他类中都可以使用。

Object类中共定义了11种方法,其中与多线程有关的几个方法将在第14章介绍,这里介绍其余几种方法。

1. equals()方法

equals()方法用于比较参数对象与当前对象是否相等。

equals()方法声明形式如下：

```
public Boolean equals(Object obj)
```

实现代码如下：

```
public Boolean equals(Object obj){
    return(this ==obj);
}
```

使用代码示例如下：

```
Object obj1=new Object();
Object obj2=new Object();
System.out.println(obj1.equals(obj2));
```

对于自定义类,通常要重写equals()方法,使其能够比较出两个对象变量指向的是否为同一个对象。

同时要注意,equals()方法要和后面将讲到的hashCode()方法保持一致。

2. hashCode()方法

hashCode()方法用于返回对象的Hash值(哈希值)。使用哈希值主要是为提高集合框架中某些集合类存取该类型对象的效率。

hashCode()方法声明形式如下：

```
public int hashCode()
```

此方法的原理是将对象的内存地址转换成一个整数,但其实现与具体的操作系统平台相关。

调用hashCode()方法即可得到当前对象的Hash值,代码如下：

```
Object obj=new Object();
System.out.println(obj.hashCode());
```

hashCode()方法和equals()方法都会被用来判断对象是否相等,所以两个方法的结果应该保持一致,Java规范有如下规定。

(1) 对于同一个对象,若无内容修改,则多次调用hashCode()方法,返回值必须一致。

(2) 若两个对象的equals返回值相等,则两个对象hashCode()方法的返回值也必须相同。

(3) 若两个对象的equals返回值不相等,则两个对象的hashCode()方法返回值不要求一定不同,但若保持一致,可提高某些集合类存取元素的效率。

因此,在自定义类的对象需要存储到集合中时,通常要重写hashCode()方法和equals()方法。重写hashCode()方法比重写equals()方法稍复杂,主要考虑让自定义类的属性参与到hash值的计算中,以此形成一对一的结果。

【例10-1】 用自定义类重写equals()方法和hashCode()方法。

```
public class Book{
    private int id;
    private String name;
    @Override
    public Boolean equals(Object obj){
        if(obj ==null){
            return false;}
        if(getClass()!==obj.getClass()){
            return false;}
        final Book bk=(Book)obj;
        if(this.id !=bk.id){
            return false;}
        if((this.name ==null)?(bk.name !==null): !this.name.equals(bk.name)){
            return false;}

        return true;
    }
    @Override
    public int hashCode(){
        int hash=3;                        //取某个质数
        //以当前属性为基础,生成与属性相关的hash值
        hash=13 * hash+this.id;
        hash=13 * hash+(this.id !=null ? this.name.hashCode(): 0);
        return hash;
    }
}
```

很多IDE工具都可以根据类的属性定义自动生成equals()方法和hashCode()方法,可直接使用或参考。

3. toString()方法

toString()方法返回该对象的字符串表示。在Object类中的实现代码如下:

```
public String toString(){
  return getClass().getName()+"@"+Integer.toHexString(hashCode()));
}
```

即 toString()方法返回的字符串由类名、“@”和对象哈希值的十六进制值组成。例如：

```
Object obj=new Object();
System.out.println(obj);                    //java.lang.Object@190d11
```

运行结果如图 10-2 所示。

Problems | @ Javadoc | Declaration | Console
<terminated> Demo [Java Application] D:\Users\Admini
java.lang.Object@4f1d0d

图 10-2 运行结果

自定义类同样可以根据需要重写 toString()方法。

4. finalize()方法

finalize()方法在 JVM 回收一个对象所占用的内存空间时，被自动调用。声明格式如下：

```
protected void finalize()
```

与其他方法不同，由于 finalize()方法无法在期望的时间内被执行，因此不建议开发者重写此方法来回收资源。

5. getClass()方法

getClass()方法用来获取该对象所述的类型信息。

6. clone()方法

clone()方法用来复制对象。它存在一些潜在问题，较少使用。

10.2.2 枚举类型和枚举类

枚举类型是指由一组固定的常量组成合法值的类型。例如，一年的 12 个月、一星期的 7 天、彩虹的 7 种颜色等，都是枚举类型的典型例子。

枚举类型通过关键字 enum 定义，示例如下：

```
public enum Season {SPRING, SUMMER, AUTUMN, WINTER}
```

枚举类型的原理如下：

(1) 枚举类型在编译器编译时被转换成 final 类，对应 java.lang.Enum 类的子类。

(2) 类型中的所有枚举值都是对应类的静态 final 属性。

(3) 每个枚举类型都有一个静态 values()方法，可以按照枚举值的定义顺序返回其值数组。

(4) 每个枚举类型都有一个 valueOf()方法，用于根据枚举值的字符串名获取对应的枚举值，因此枚举类型的值可以直接用类型名.枚举值来访问。

【例 10-2】 枚举类型。

```
pulic class EnumTest{
    public static void main(String[] args){
```

```
        Season curSs=Season.SUMMER;                    //使用枚举类型定义变量和赋初值
        Season nextSs=Season.valueOf("AUTUMN");  //用 valueOf 赋值
        Season[] Ss=Season.values();                   //获取 Season 所有枚举值数组
        for(Season s:Ss){
            System.out.println(s);                     //输出每个枚举值
        }
    }
}
```

枚举值本质上是 int 值，因此枚举类型也可以用于 switch 判断结构。

```
switch(nextSs){
    case SPRING:
    System.out.println("first season");break;
        case SUMMER:
            System.out.println("second season");break;
    ...
}
```

枚举类型是 java.lang.Enum 的子类，因此枚举类型与其他 java.lang 下的子类一样，可以添加属性、构造器和方法，也可以实现任意接口，并且可以使用和重写所有 Object 类的方法。示例如下：

```
public enum Status{
    DONE("完成",1), NOTDONE("未完成",-1);          //枚举值
    private final String des;
    private final int value;
    Status(String des, int value){
        this.des=des;
        this.value=value;
    }
}
public void testEnum(){
    Status article_status=Status.DONE;
    System.out.println("论文状态"+article_status);
}
```

注意：

若枚举类定义在其他类内部，使用时，需要以类名.枚举类型名.枚举值的方式访问。

10.2.3 Math 类

Math 类是数学工具类，它是一个 final 类，不能被继承，也不能创建对象。它提供的所有属性和方法都是静态的，直接使用类名调用。表 10-1 列举了一些常用的方法。

表 10-1 Math 类常用方法

方　法	类　型	描　述
abs(int a)	static int	返回 a 的绝对值
sin(double a)	static double	返回 a 的正弦值
asin(double a)	static double	计算 a 的反正弦值
cos(double a)	static double	返回 a 的余弦值
ceil(double a)	static double	返回大于等于 a 的最小整数的 double 值
floor(double a)	static double	返回小于等于 a 的最大整数的 double 值
log(double a)	static double	返回 a 的对数值
max(int a, int b)	static int	返回 a、b 中较大值
min(int a, int b)	static int	返回 a、b 中较小值
pow(double a, double b)	static double	返回 a 的 b 次方值
random()	static double	返回[0.0,1.0]中的一个任意 double 值
round(float a)	static int	返回 a 四舍五入的整数结果
sqrt(double a)	static double	返回 a 的平方根

10.2.4 System 类

System 类用来代表与操作系统平台沟通的类。这个类与 Math 类有类似之处,也是 final 类,属性和方法都是静态的,不能继承和实现对象,直接用类名调用即可。下面介绍一些常用方法。

1. 标准输入/输出流

(1) 标准输入流:System.in 是 InputStream 类的对象,接收键盘输入数据只需调用如下代码。

```
char ch=System.in.read();
```

(2) 标准输出流:System.out 是打印输出流 PrintStream 类的对象,它定义了向屏幕等标准输出设备输出不同类型数据的方法 println()和 print()。最常用的输出一行字符串数据的语句如下:

```
System.out.println("xxxxxxxxx");
```

(3) 标准错误输出流:System.err.println();能够将运行期间的异常和错误反馈到标准输出设备。

2. 获取系统时间

System 类提供了获取系统当前时间的方法。

```
public static long currentTimeMillis()
```

此方法获取的时间值是当前系统的时间与 GMT 时间之间的时间差,以毫秒(ms)为单位,常用于统计某程序段或某方法执行所用的时间,使用代码如下:

```
long start=System.currentTimeMillis();
//待测程序段
...;
long end=System.currentTimeMillis();
System.out.println("××程序执行耗时="+(end-start)+"毫秒");
```

System 类还提供了更精确的计时统计方法 nanoTime(),此方法与上述方法用法相同,精确到毫微秒。

3. 读写属性

System 类提供了读取或设置系统属性的 3 个方法,见表 10-2。

表 10-2 System 类读/写属性方法

方 法	类 型	描 述
getProperties()	static Properties	获取系统所有属性值
getProperty(String key)	static String	根据输入关键字查询属性
getProperty(String key, String def)	static String	根据条件查询属性

可以查找的主要系统属性见表 10-3。

表 10-3 系统属性

属性名称	描 述
java.version	JRE 版本
java.home	Java 安装目录
java.vm.version	虚拟机版本
java.library.path	库文件路径
java.io.tmpdir	临时文件存放目录
os.name	操作系统名
os.arch	当前系统架构
os.version	操作系统的版本
file.separator	与系统有关的文件路径分隔符
user.name	用户账户名
user.home	用户主目录
user.dir	用户工作目录

使用代码示例如下:

```
System.out.println("Java 版本号:"+System.getProperty("java.version"));
```

4. 获取系统环境变量

System 类提供的 getenv(String name)可以获取系统的环境变量,示例代码如下:

```
System.out.println("系统环境变量:\r\n"+System.getenv("PATH"));
```

5. 垃圾回收

System 类提供了请求系统回收垃圾的方法，调用代码如下：

```
public static void gc();
```

但此方法并非调用即清理，仍然需要等系统去自动处理。

6. 退出

System 类提供 exit()方法退出程序，调用代码如下：

```
public static void exit(int status)
```

status=0，表示正常退出；非 0，代表异常终止。此方法可以用在需要强制关闭当前程序的地方。

10.3 java.util 包

java.util 包是 Java SE API 提供的各种实用工具类的集合，也是 Java SE API 中最重要的基础包之一，其中包含集合框架、日期时间相关类、数组类等。第 11 章将介绍集合框架类，本节介绍除集合框架外的其他重要类。

10.3.1 Random 类

Random 类，顾名思义，是生成随机数的方法类。不过，Random 类使用的随机算法是伪随机，也就是有规则的随机。这里的随机算法通过在一个起源数字的基础上进行一定的变换来完成。算法中的起源数字称为种子数(seed)。

该算法决定了种子数相同的 Random 对象，在相同次数生成的随机数是完全相同的。因此，若要用 Random 类生成多个随机数，应特别注意种子数的区分。

1. 构造器

Random 类提供了以下两个构造方法。

(1) public Random()：不带参数，使用当前系统时间毫秒值作为种子数。

(2) public Random(long seed)：带参数，需传入种子数。

Random 类常用方法见表 10-4。

表 10-4 Random 类常用方法

方　法	说　明
public boolean nextBoolean()	生成一个随机的 boolean 值，生成 true 和 false 的值概率相等
public double nextDouble()	生成一个随机的 double 值，数值介于[0,1.0)的区间
public int nextInt()	生成一个随机的 int 值，该值位于 int 的区间，也就是 $-2^{31} \sim 2^{31}-1$
public int nextInt(int n)	生成一个随机的 int 值，该值位于[0,n)的区间
public void setSeed(long seed)	重新设置 Random 对象中的种子数

【例 10-3】 Random 类举例。

```
import java.util.Random;
public class RandomTest {
    public static void main(String[] args){
        Random myRm=new Random();
        int i=0;
        while(i<3){
            System.out.println(myRm.nextInt());
            i++;     }
    }
}
```

程序输出结果如图 10-3 所示。

再执行一次，程序输出结果如图 10-4 所示。

```
Problems @ Javadoc Declaration Console
<terminated> RandomTest [Java Application] D:\Users\Admi
2000768270
1034772719
1474621303
```

图 10-3　例 10-3 的程序输出结果 1

```
Problems @ Javadoc Declaration Console
<terminated> RandomTest [Java Application] D:\Users\Adm
-1662301519
1911428212
1196641760
```

图 10-4　例 10-3 的程序输出结果 2

2. 生成指定区间内的随机数

Random 类中给定的几种计算随机数的方法都是由系统设定好起始点的，如果需要在一个给定起始点和结束点的区间内产生随机数，应如何操作？

其实很简单，只要配合一个简单的数学运算。例如：要在[20,65)这个区间产生随机数，利用 nextInt(n)方法，代码如下：

```
intoresult=myRm.nextInt(65-20)+20;
```

即在从 0 开始的给定跨度内产生随机数，再加上基数，使随机数满足区间要求。

若要产生的随机数是字符，利用字符之间的 ASCII 码差值进行如上转换即可。

10.3.2　Arrays 类

Arrays 类称为数组操作工具类，提供了用来操作数组的各种静态方法，如排序、搜索、数组复制等。下面介绍几种最常用的方法。

1. 排序

Arrays 类提供了一系列 sort()方法用于排序，基本声明格式如下：

```
public static void sort(int[] a)
```

此方法指定的 int 型数组 a 按数字升序排列。

2. 查找

Arrays 类提供了一系列 binarySearch()方法进行查找。使用二分法算法，效率较高，基本声明格式如下：

```
static int binarySearch(int[] a, int key)
```

此方法搜索指定的 int 型数组 a，获取指定值所在的索引位置。

3. 复制

Arrays 类提供了一系列复制数组的方法，基本声明格式如下：

```
static int[] copyOf(int[] original, int newLength)
```

此方法复制指定的 int 数组到目标数组中，目标数组长度为 newLength。若目标数组短于原数组，则仅复制指定长度的数据元素；若目标数组长于原数组，则多余部分用 0 填充。

【例 10-4】 Arrays 类举例。

```
import java.util.Arrays;
public class ArraysTest {
    public static void main(String[] args){
        int[] a={20,15,37,9,22};
        int[] b=Arrays.copyOf(a,10);     //复制数组 a 到 b
        System.out.println("原数组:"+Arrays.toString(a));
                                          //以字符形式显示原数组
        //对元素组排序
        Arrays.sort(a);
        System.out.println("sort 排序后:"+Arrays.toString(a));
        //获取 37 索引位置
        System.out.println("37 索引位置是:"+Arrays.binarySearch(a, 37));
    }
}
```

程序输出结果如图 10-5 所示。

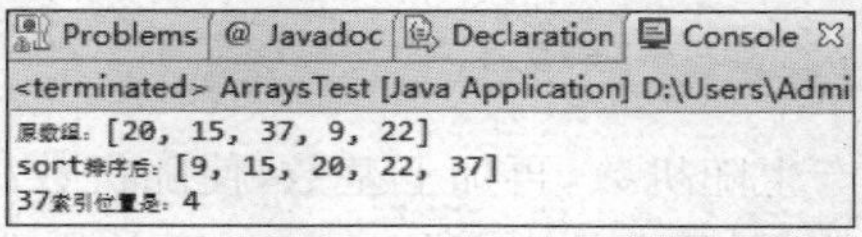

```
Problems  @ Javadoc  Declaration  Console
<terminated> ArraysTest [Java Application] D:\Users\Admi
原数组: [20, 15, 37, 9, 22]
sort排序后: [9, 15, 20, 22, 37]
37索引位置是: 4
```

图 10-5　例 10-4 的程序输出结果

10.3.3　日期时间类

编程开发时，通常需要对日期、时间等进行处理，Java SE API 中也提供了这些类。

1. Date 类

Date 类常用以下两个构造器。

(1) Date()：无参数，用来构造一个对象获取当前时间。

(2) Date(long Date)：有参数，用来构造一个对象获取指定时间点的毫秒值。

Date 类常用方法如下所述。

(1) public long getTime()：返回 GMT 起始时间以来的毫秒数。

(2) public String toString()：将 Date 对象转换为“星期　月份　日期　小时:分钟:秒钟　时区　年份”形式的字符串。

【例 10-5】 Date 类举例。

```
import java.util.Date;
public class TestDate {
    public static void main(String[] args){
        Date myDt=new Date();
        System.out.println("getTime()结果:"+myDt.getTime());
        System.out.println("toString()结果:"+myDt.toString());
    }
}
```

程序输出结果如图 10-6 所示。

```
Problems | @ Javadoc | Declaration | Console
<terminated> TestDate [Java Application] D:\Users\Admini
getTime()结果: 1466137378350
toString()结果: Fri Jun 17 12:22:58 CST 2016
```

图 10-6 例 10-5 的程序输出结果

2. Calendar 类

比起 Date 类，推荐使用的是功能更强大的 Calendar 类。在 Calendar 类中，可以提取指定的日历字段值，如年、月、日、时、分、秒等，并提供方法操作这些值。

1）创建

Calendar 是一个抽象类，不能实例化对象，但是可以使用静态的 getInstance()方法初始化日历对象，例如：

```
Calendar cal=Calendar.getInstance();
```

2）获取指定日历字段值

Calendar 类提供了 get(int field)方法来获取日历字段之，并把日历字段定义为常量。常用日历字段见表 10-5。

表 10-5 常用日历字段

字 段	说 明
YEAR	年
MONTH	月，1 月的值为 0
DATE	一个月中的某天，第一天值为 1
DAY_OF_MONTH	一个月中的某天
DAY_OF_WEEK	一个星期中的某天，第一天是星期天，为 1
HOUR_OF_DAY	一天 24 小时中的某个小时
MINUTE	一个小时中的某分钟
SECOND	1 分钟的某秒
MILLISECOND	1 秒钟的某毫秒
WEEK_OF_MONTH	当前月中的星期数，第一个星期的值为 1

【例 10-6】 Calendar 类举例。

```
import java.util.Calendar;
public class TestCalendar{
    public static void main(String[] args){
        Calendar cal=Calendar.getInstance();
```

```
        System.out.println("年"+cal.get(cal.YEAR));
        System.out.println("月"+cal.get(cal.MONTH)+1);
        System.out.println("日"+cal.get(cal.DAY_OF_MONTH));
        System.out.println("时"+cal.get(cal.HOUR_OF_DAY));
    }
}
```

程序输出结果如图 10-7 所示。

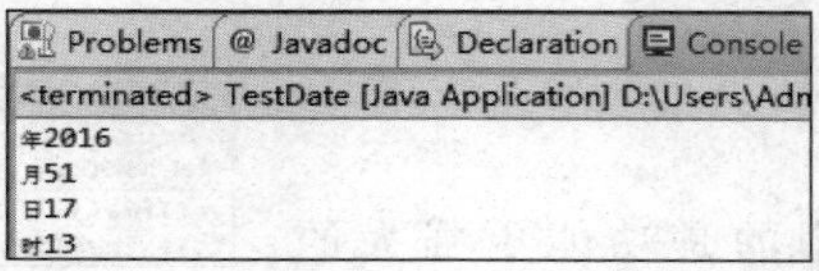

```
Problems  @ Javadoc  Declaration  Console
<terminated> TestDate [Java Application] D:\Users\Adn
年2016
月51
日17
时13
```

图 10-7　例 10-6 的程序输出结果

3）更改日历字段

Calendar 类不只可以得到日历字段值，还提供了方法修改这些值。Calender 类常用的修改日历字段的方法见表 10-6。

表 10-6　Calendar 类常用的修改日历字段的方法

方　法	类　型	描　述
set(int field, int value)	void	将给定值赋给指定字段
set(int year, int month, int date)	void	设置年、月、日
set(int year, int month, int date, int hourOfDay, int minute)	void	设置年、月、日、时、分
set(int year, int month, int date, int hourOfDay, int minute, int second)	void	设置年、月、日、时、分、秒
add(int field, int amount)	abstract void	为指定日历字段添加或减去指定的时间量

在上述代码下加上两句。

```
cal.add(Calendar.YEAR,1);
System.out.println("年"+cal.get(cal.YEAR));
```

运行结果如图 10-8 所示。

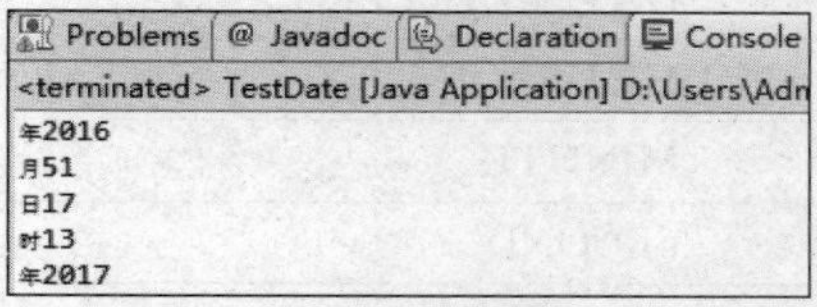

```
Problems  @ Javadoc  Declaration  Console
<terminated> TestDate [Java Application] D:\Users\Adn
年2016
月51
日17
时13
年2017
```

图 10-8　更改日历字段程序输出结果

4）Calendar 类和 Date 类对象之间的转换

Calendar 类的 getTime()方法可以获取与此实例对应的 Date 对象；也提供了 setTime(Date date)方法，将指定值设定到对应的 Date 对象上。

转换代码如下：

```
import java.util.Date;
import java.util.Calendar;
public class TestCalDate{
    public static void main(String[] args){
        Calendar cl1=Calendar.getInstance();     //Calendar 转 Date
```

```
        Date dt1=cl1.getTime();
        Date dt2=new Date();
        Calendar cl2=Calendar.getInstance();          //Date 转 Calendar
        cl2.setTime(dt2);
    }
}
```

国际化相关类.pdf

10.4 大数字操作

Java 语言中的大数字,是指无法用 Java 的整数类型存储的数字。为了处理这类数据,Java SE 提供了两个类：BigInteger 类和 BigDecimal 类。

10.4.1 BigInteger 类

BigInteger 类可以代表任意精度的整数,并提供常用的运算操作方法。

创建 BigInteger 对象的方法如下。

(1) public BigInteger(String val)：用指定的字符串创建 BigIngeger 对象。

(2) public static BigInteger valueof(long val)：把 long 型数值转换为 BigInteger 对象。

常用运算方法见表 10-7。

表 10-7　BigInteger 常用运算方法

BigInteger add(BigInteger val)	两大数字加运算(this+val)
BigInteger subtract(BigInteger val)	两大数字减运算(this−val)
BigInteger multiply(BigInteger val)	两大数字乘运算(this * val)
BigInteger divide(BigInteger val)	两大数字除运算(this / val)

【例 10-7】 BigInteger 类举例。

```
import java.math.BigInteger;
public class TestBigInteger {
    public static void main(String[] args){
        BigInteger bi1=new BigInteger("2222222222222222");
        BigInteger bi2=new BigInteger("123456789009876");
        System.out.println(bi1.add(bi2));
        System.out.println(bi1.subtract(bi2));
        System.out.println(bi1.multiply(bi2));
```

```
            System.out.println(bi1.divide(bi2));
        }
    }
```

程序输出结果如图 10-9 所示。

```
Problems  @ Javadoc  Declaration  Console
<terminated> TestFormat [Java Application] D:\Users\A
345679011232098
98765433212346
27434842002194639231824664472
1
```

图 10-9　例 10-7 的程序输出结果

10.4.2　BigDecimal 类

BigDecimal 类与 BigInteger 类类似，但是 BigDecimal 类代表的是任意精度的浮点数及其常用运算方法。

创建 BigDecimal 对象的方法如下。

（1）public BigDecimal(String val)：用指定的字符串创建 BigDecimal 对象。

（2）public static BigDecimalvalueof(double val)：将指定的 double 型数值转换为 BigDecimal 对象。

常用运算方法见表 10-8。

表 10-8　BigDecimal 常用运算方法

BigDecimal add(BigDecimal augend)	两个大浮点数加运算
BigDecimal subtract(BigDecimal subtrahend)	两个大浮点数减运算
BigDecimal multiply(BigDecimal multiplicand)	两个大浮点数乘运算
BigDecimal divide(BigDecimal divisor)	两个大浮点数除运算

BigDecimal 的使用方法与 BigInteger 相似，此处不再举代码示例。

10.5　应用实例

案例 1　计算两日期差

1. 案例要求

输入两个指定日期，均为 Date 类型的对象。计算这两个日期差几天。

2. 案例分析

将 Date 对象转换为 Calendar 对象，再进行计算。

3. 案例实现

```
import java.text.ParseException;
import java.text.SimpleDateFormat;
```

```
import java.util.Calendar;
import java.util.Date;

//实现函数
public class DateDiff {
/*
计算两个日期之间相差的天数
@param date1 第 1 个指定时间
@param date2 第 2 个指定时间
@return(date2-date1)的天数
@throws ParseException
 */
public static int daysBetween(Date date1,Date date2)throws ParseException{
    SimpleDateFormat sdf=new SimpleDateFormat("yyyy-MM-dd");
    date1=sdf.parse(sdf.format(date1));
    date2=sdf.parse(sdf.format(date2));
    Calendar cal=Calendar.getInstance();
    cal.setTime(date1);
    long time1=cal.getTimeInMillis();
    cal.setTime(date2);
    long time2=cal.getTimeInMillis();
    long between_days=(time2-time1)/(1000*3600*24);
    return Integer.parseInt(String.valueOf(between_days));
}
//调用代码
    public static void main(String[] args)throws ParseException  {
    DateDiff dd=new DateDiff();
        SimpleDateFormat sdf=new SimpleDateFormat("yyyy-MM-dd");
        Date d1=sdf.parse("2016-06-30");
        Date d2=sdf.parse("2008-04-24");
        System.out.println(dd.daysBetween(d1,d2));
    }
}
```

程序输出结果如图 10-10 所示。

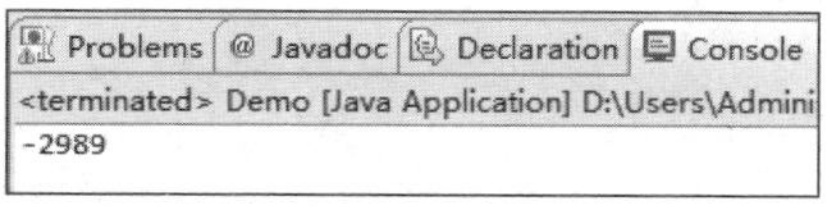

```
Problems  @ Javadoc  Declaration  Console
<terminated> Demo [Java Application] D:\Users\Admini
-2989
```

图 10-10　案例 1 的程序输出结果

案例 2　编写信号灯程序

1. 案例要求

编写程序,实现信号灯三色的转换。要求用户通过键盘实时传入当前灯色,并获得即将变换为什么灯色。

2. 案例分析

通过自定义 Enum 枚举类来实现三色信号灯，并编写 change()方法实现 3 种灯色的切换。

3. 案例实现

```
import java.util.Scanner;

enum  Light{
    GREEN("绿色"), YELLOW("黄色"), RED("红色");
    private String name;
    private Light(){    }
    private Light(String str){
        this.name=str;
    }
    public String GetLight(){
        return this.name;
    }
    public static Light getEnumByValue(String value){
        for(Light l : Light.values()){
            if(l.name.equals(value)){
                return l;
            }
        }
        return null;
    }
    public void change(){
        Light cc=this;
        switch  (cc){
          case  RED:
            cc=Light.GREEN;
            break ;
          case  YELLOW:
            cc=Light.RED;
            break ;
          case  GREEN:
            cc=Light.YELLOW;
            break ;
        }
        System.out.println("×秒后将变为 :"+cc.GetLight()+"灯");
    }
}
public class TrafficSignal {
public void test(){
        //键盘获取当前灯色
        Scanner sc=new Scanner(System.in);
        String str=sc.nextLine();
        System.out.println("现在是"+str+"灯");
        //根据当前灯色判断将变的颜色
```

```
        Light l=Light.getEnumByValue(str);
        l.change();
    }
}
```

当前为黄灯时，程序输出结果如图 10-11 所示。

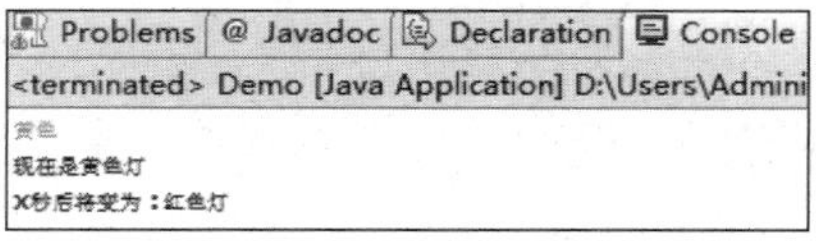

图 10-11　案例 2 黄灯时的程序输出结果

当前为绿灯时，程序输出结果如图 10-12 所示。

当前为红灯时，程序输出结果如图 10-13 所示。

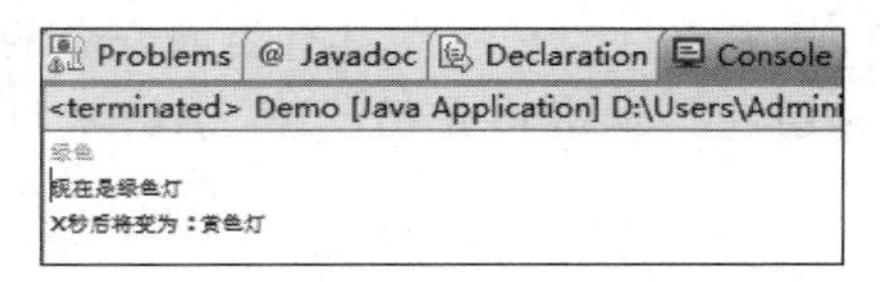

图 10-12　案例 2 绿灯时的程序输出结果

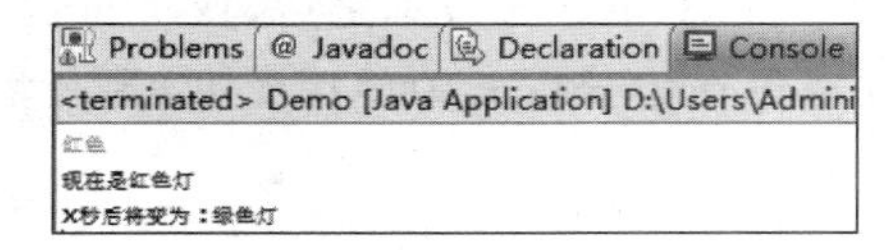

图 10-23　案例 2 红灯时的程序输出结果

本章小结

本章介绍了使用 API 文档的方法，并详细说明了 Java SE 中比较重要的包，包括 lang 包、util 包中的常用方法，Java 国际化类和方法，以及大数据操作的相关方法。

要提高 Java 开发效率和开发质量，应熟练地运用 Java 给出的较成熟的 API。Java API 的规模非常庞大，本章仅给出了一些重要的和常用的类及其提供的部分方法，读者可以根据需要在文档中查找其他类和方法。

习　题

编程题

1. 计算从今天起，100 天以后是哪一天，并格式化成“××××年××月××日”的形式显示。

提示：

(1) 调用 Calendar 类的 add()方法，计算 100 天后的日期。

(2) 调用 Calendar 类的 getTime()方法返回 Date 类型对象。

(3) 使用 FULL 格式的 DateFormat 对象，调用 format()方法格式化 Date 对象。

2. 利用 Random 类产生 8 个 10～100 之间的随机整数。

提示：[n，m](n，m 均为整数)之间的随机数计算公式为 n+(new Random()).nextInt(m−n+1)。

第11章

泛型与集合

前面的章节介绍了如何输入、输出数据，本章将学习如何在程序中合理、有效地组织数据，以便处理数据。合理地利用数据结构及操作各种数据结构是程序设计的一个重要方面。在数据结构课程中，学习过如何对链表、散列表等数据结构执行常用的插入、删除节点等操作。为了简化操作，在 JDK 1.2 版本之后，Java 提供了实现常见数据结构的类，统称为 Java 集合框架。在 JDK 1.5 版本之后，Java 推出了泛型，其主要目的是建立具有类型安全的数据结构，并通过在集合框架中使用泛型，提高集合的通用性。本章将介绍泛型，讲解常见的集合框架用法。

学习目标

- 掌握泛型的原理与使用方法。
- 掌握重要的集合接口及其实现类的用法。

11.1 泛　型

泛型是 Java SE 1.5 版本推出的一个新特性，它能够简化部分烦琐的编码方式，提高代码的安全性和重用率。本节重点介绍泛型的概念、语法、基本使用方法及使用的局限性。

11.1.1 概述

泛型(generics)是 Java JDK 1.5 版本推出的，其主要功能是解决数据类型的安全性问题，即通过它创建各种类型安全的类、接口和方法。其主要原理是：在类声明时，通过一个标识，表示类中某个属性的类型或某个方法的返回值及参数类型。

11.1.2 泛型定义

泛型即参数化类型，也就是将原来的具体的类型参数化。具体地说，就是在定义类、接口、方法、方法的参数或成员变量的时候，指定其操作对象的类型为通用类型(即任意数据类型)，而非具体的数据类型；在使用这些类、接口、方法、方法参数或成员变量的时候，再将通用类型转换成指定的数据类型。

没有泛型时，通常使用 Object 类型来进行多种类型数据的操作。当需要使用不同数据类型时，显式地对 Object 类进行数据的强制转换来实现操作。若类型转换错误，编译不报错，执行时出现 java.lang.ClassCastException 异常。使用泛型以后，编译时进行类型安全检查，并且所有的强制转换都是自动和隐式的，不仅避免了上述安全隐患，而且提高了代码重用率。

泛型定义语法如下：

```
Class MyExample<T>{}
```

在类名后面加一对尖括号，其中用一个任意字符来代表类型参数名。

注意：

类型参数名可以任选，但是按照一般惯例，建议使用单个大写字母来表示。在 Java SE API 中，常用的类型参数名如下所示。

(1) E：表示集合中的元素类型。

(2) K：表示键值对中键的类型。

(3) V：表示键值对中值的类型。

(4) T：表示其他所有的类型。

以下代码段比较了传统方法和运用泛型后得到的不同数据类型的方法。

【例 11-1】 用传统方式定义类。

```
class DataType1 {
    private Object myOb;                          //定义一个通用类型成员
    public DataType1(Object myOb){
        this.myOb=myOb;
    }
    public Object getOb(){
        return myOb;
    }
    public void showType(){
        System.out.println("当前变量类型是: "+myOb.getClass().getName());
    }
}
```

【例 11-2】 用泛型定义类。

```
class DataType2<T>{
    private T myOb;                               //定义一个通用类型成员
    public DataType2(T myOb){
        this.myOb=myOb;
    }
    public T getOb(){
        return myOb;
    }
    public void showType(){
        System.out.println("当前变量类型是: "+myOb.getClass().getName());
    }
}
```

调用：

```
public class GenDemo {
    public static void main(String[] args){
        //定义 DataType1 类的一个 Integer 版本
        DataType1 intOb1=new DataType1(new Integer(99));
        intOb1.showType();
        int i1=(Integer)intOb1.getOb();
        System.out.println("当前变量值="+i1);
        System.out.println("----------------------------------");

        //定义 DataType2 类的一个 Integer 版本
        DataType2<Integer>intOb2=new DataType2<Integer>(new Integer(99));
        intOb2.showType();
        int i2=intOb2.getOb();
        System.out.println("当前变量值="+i2);
        System.out.println("----------------------------------");

        System.out.println("#######我是#######华丽的#######分割线#######");

        //定义 DataType1 类的一个 String 版本
        DataType1 strOb1=new DataType1("传统定义");
        strOb1.showType();
        String s1=(String)strOb1.getOb();
        System.out.println("当前变量值="+s1);

        //定义 DataType2 类的一个 String 版本
        DataType2<String>strOb2=new DataType2<String>("用泛型定义!");
        strOb2.showType();
        String s2=strOb2.getOb();
        System.out.println("当前变量值="+s2);
    }
}
```

程序输出结果如图 11-1 所示。

```
当前变量类型是: java.lang.Integer
当前变量值= 99
----------------------------------
当前变量类型是: java.lang.Integer
当前变量值= 99
----------------------------------
#######我是#######华丽的#######分割线#######
当前变量类型是: java.lang.String
当前变量值= 传统定义
当前变量类型是: java.lang.String
当前变量值= 用泛型定义!
```

图 11-1　例 11-2 的程序输出结果

上述代码中，DataType1 使用了没有用泛型的传统定义方式，即将成员定义为 Object 类型，在输出时用形如 int i1=(Integer) intOb1.getOb();的语句将 Object 型数据显式地强制转换为目标类型。

DataType2 使用泛型 T 定义，创建时用指定的 Integer 或 String 等类型替换 T；最终使用时,无须显式地强制转换,直接用语句 int i2=intOb2.getOb();即可将数据自动转换为目标类型。

11.1.3 从泛型类派生子类

泛型类与普通类一样可以继承。与普通类不同,若父类为泛型类,子类需要把类型参数传递给父类。代码如下:

```
/*父类*/
    class SuperClass<T>{
        private T o;
        public SuperClass(T o){
            this.o=o;
        }
        public String toString(){
            return "T:"+o;
        }
    }
/* 泛型类的继承 */
    class SubClass <T>extends SuperClass<T>{
        public SubClass(T o){
            super(o);                       //子类将类型参数传递给父类
        }
    }
```

也可以将子类定义为特定于指定类型的,此时该子类不再是泛型类,而是普通类。代码如下:

```
class SpecialSubClass extends SuperClass<String>{
    public SpecialSubClass(String o){
        super(o);                           //仍然要将类型参数传递给父类
    }
}
```

11.1.4 实现泛型接口

定义泛型接口和定义泛型接口子类的语法与定义泛型和泛型子类的语法相似,该子类必须把类型参数传递给所实现的接口。示例如下:

```
interface MyInterface<T>{}
class MyImpInterface<T>implements MyInterface<T>{}
```

也可以把实现泛型接口的具体子类定义成特定类型的子类,该子类不再是泛型类接口。

```
class SpecialInterface implements MyInterface<Integer>{}
```

11.1.5 有界类型参数

虽然泛型的类型参数可以在实际使用时替换成任意类型，但是在一些特定情境下，需要对传递给类型参数的类型加以一定的限制。例如，需要对一个数值类型的数组进行元素求和计算，数组内的数据可以是 int、float 或 double 型，最好的办法就是创建一个泛型类，并且限定此数组不能是字符串或其他非数值类型，因此需要限定替换的类型参数。这种类型参数称为有界类型参数，语法如下：

```
class 类名<T extends 类型名>
```

在指定泛型类型参数时，通过 extends 为它指定一个上界，传递给该泛型类的所有实际类型必须是该类或其子类。

【例 11-3】 求数组元素和的泛型。

```
class MyStatistics<T extends Number>{
    private T[] arrs;
    public MyStatistics(T[] arrs){
        this.arrs=arrs;
    }
    public double count(){
      double sum=0;
      for(int i=0;i<arrs.length;i++){
          sum+=arrs[i].doubleValue();
      }
      return sum;
    }
}
```

使用时，只能用 Number 类的子类（int，float，double），代码如下：

```
public class Demo {
    public static void main(String[] args){
        MyStatistics <Integer>st=new MyStatistics <Integer>(new
                                   Integer[] {1, 2, 3, 4});
        System.out.println("sum="+st.count());
    }
}
```

一个类型参数可以有多个上界，用“&”分隔。多个上界中可以有多个接口，但只能有一个类。

```
class MultiExtds<T extends Number& & Comparable & Serializable >{}
```

11.1.6 泛型方法

一个方法也可以声明成泛型方法，语法如下：

```
访问控制符 [修饰符] <类型参数列表>返回值类型 方法名(参数列表)
```

要注意的是，泛型方法的类型参数只能在此方法内部使用。

例如，在某普通类 Test 类中定义一个求数组中间位置的元素值的泛型方法。

```
public static <T>T getMiddleValue(T[] arrs){
    return arrs[ arrs.length/2 ];
}
```

其中，<T>说明此方法是泛型的，第二个 T 指明该方法的返回值类型，第三个 T[]指明方法的参数类型。

在调用时，代码如下：

```
String[] MyArr={"head","middle","tail"};
String s=Test.<String>getMiddleValue(MyArr);
```

其中的<String>可以省略不写，编译器可以自动根据类型参数推断得出返回值类型。

11.1.7 类型参数的通配符

当使用泛型类或接口声明属性、局部变量、参数类型或返回值类型时，可以使用通配符来代替类型参数，如定义以某类型 List 为参数的某计算类。

```
public static void MyCal(MyList<? >ml){}
```

表示 ml 可以是任意类型参数的 MyList，则在使用时调用如下代码。

```
MyList<String>  ml1=new MyList<String>();
MyCal(ml1);
MyList<float>  ml2=new MyList<float>();
MyCal(ml2);
```

若需要限制 MyList 的参数类型，给通配符设置上、下界。

(1) 通配符上界语法：<? extends Number>，表示参数必须是 Number 类或其子类的实例。

(2) 通配符下届语法：<? super double>，表示参数必须是 double 类或其父类的实例。

11.1.8 泛型的局限

由于 Java 没有实现真正的泛型，编译时通过擦除机制对类型强制转换。这种擦除机制带来了泛型的一些局限性，如下所述。

(1) 不能使用基本类型的类型参数。

由于擦除后，需要用 Object 类来代替原来的参数类型，而基本类型无法被 Object 代替，因此不能使用基本类型的类型参数，但是可以使用基本类型的包装类。

（2）静态成员无法使用类型参数。

静态成员独立于任何对象，早在对象创建之前就已经存在，因此，编译器无法知道其具体使用的是哪个类型。

（3）不能使用泛型类异常。

Java 代码无法捕获，也无法抛出泛型类的异常。

（4）不能使用泛型数组。

也是擦除导致强制转换导致的。Java 语法不支持这种定义形式。

（5）不能实例化参数类型对象。

即不能直接使用泛型的参数类型构造对象，运行下述代码会报错。

```
public class TestT<T>{
    T t=new T();
}
```

以上是泛型的定义和使用方法。熟练地使用泛型，可以为开发人员提供更安全和高效的编码机制，但是增加了使用错误带来的风险，因此务必遵循语法，谨慎使用。

11.2 集　　合

Java 集合框架提供了在 Java 中使用数据结构的方法，是 Java SE 中最重要的一部分。学会集合框架，合理利用数据结构，才能写出高效、紧凑的代码，以满足复杂的业务需求。本节着重以代码举例的方式讲解集合框架中一些比较重要的集合类。

通过本节的学习，学生应该掌握常用集合类的特点和用法，以便根据不同的开发需要来选择最佳的集合类。

11.2.1 集合框架概述

Java 中的集合又称容器，主要作用是存储对象。

Java 作为面向对象语言，要以对象的形式描述事物。为了便于操作，还要能方便地存储对象。用数组只能存储数量固定的同一类型的对象，存在不灵活的弊端，因此 Java 引入了集合，作为一种容器，可以动态地将多个对象的引用放入容器，其中不仅可以存储数量不等的对象的引用，还可以存储有映射关系的关联数组。

集合框架主要由一组操作对象的接口组成，主要分为 Collection 和 Map 两大接口。这两大接口并不提供具体的实现，操作集合时，必须通过接口下的实现类。

本节主要介绍两大接口下 8 个主要的实现类，分别是 Vector、ArrayList、LinkedList、HashSet、LinkedHashSet、TreeSet、HashTable、Properties、HashMap、LinkedHashMap 及 TreeMap。图 11-2 所示为集合框架的继承关系图，虚线箭头表示实现，实线箭头表示继承。

除了上述接口和实现类外，本节还将介绍最常用的 Itereator 接口以及 Collections 工具类。

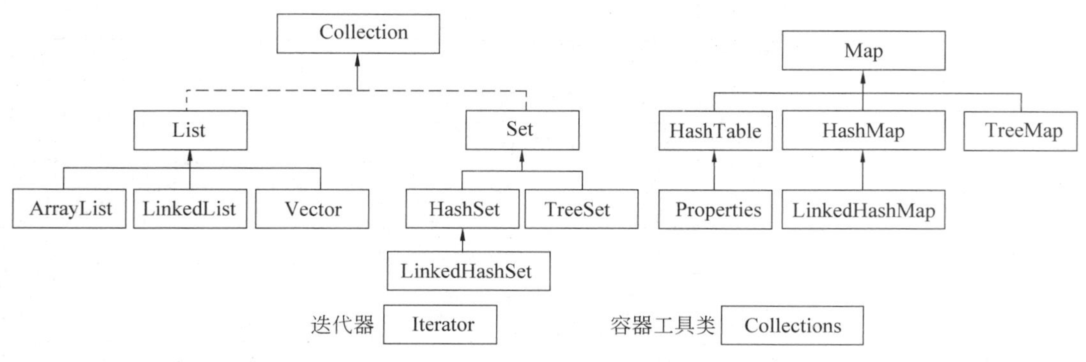

图 11-2　集合框架的继承关系图

11.2.2　Collection 接口

Collection 集合中存储一组元素对象,接口本身并不提供直接实现,具体的操作通过子接口实现,Set 接口和 List 接口、Queue 接口都是 Collection 的子接口;在 Collection 里定义的通用方法既可用于操作 Set 集合,也可用于操作 List 集合和 Queue 集合。Collection 接口继承树如图 11-3 所示。

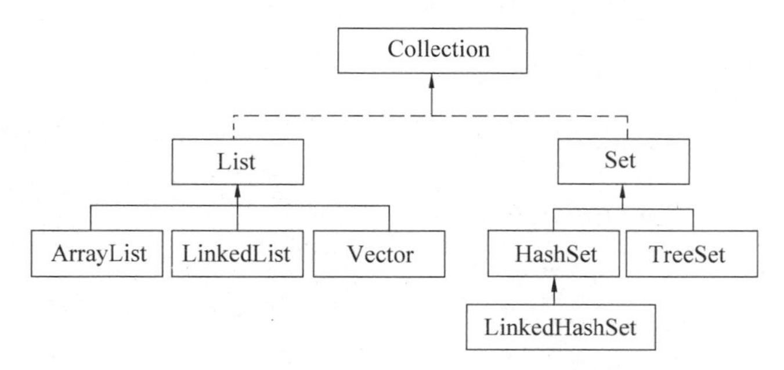

图 11-3　Collection 接口继承树

Collection 在 java.util 包下,Java API 中列出了 Collection 接口的通用方法,见表 11-1。

表 11-1　Collection 接口的通用方法

方　法	描　述
boolean add(E e)	Ensures that this collection contains the specified element(optional operation)
boolean addAll(Collection <? extends E> c)	Adds all of the elements in the specified collection to this collection (optional operation)
void clear()	Removes all of the elements from this collection(optional operation)
boolean contains(Object o)	Returns true if this collection contains the specified element
boolean containsAll(Collection <? > c)	Returns true if this collection contains all of the elements in the specified collection
boolean equals(Object o)	Compares the specified object with this collection for equality

续表

方　法	描　述
int hashCode()	Returns the hash code value for this collection
boolean isEmpty()	Returns true if this collection contains no elements
iterator<E> iterator()	Returns an iterator over the elements in this collection
boolean remove(Object o)	Removes a single instance of the specified element from this collection, if it is present(optional operation)
boolean removeAll (Collection <? > c)	Removes all of this collection's elements that are also contained in the specified collection(optional operation)
boolean retainAll(Collection <? > c)	Retains only the elements in this collection that are contained in the specified collection(optional operation)
int size()	Returns the number of elements in this collection
Object[] toArray()	Returns an array containing all of the elements in this collection
<T> T[] toArray(T[] a)	Returns an array containing all of the elements in this collection; the runtime type of the returned array is that of the specified array

注意：

这些方法需要通过子接口的类来实现。

【例 11-4】 Collection 接口方法的使用。

```
import java.util.ArrayList;
import java.util.Arrays;
import java.util.Collection;
import java.util.Date;
import java.util.Iterator;
public class TestCollection {
    public void test1(){
        Collection myColl=new ArrayList();
        //1.size():返回集合中元素个数
        System.out.println(myColl.size());
        System.out.println("--------------------------------");
        //2.add(Object obj):向集合添加一个元素
        myColl.add("This");
        myColl.add("is");
        myColl.add("test");
        myColl.add(1);
        myColl.add(new Date());
        System.out.println(myColl.size());
        System.out.println("--------------------------------");
        //3.contains(Object obj):用元素所在类的 equals 方法判断集合中是否包含指定的
        //obj 元素。包含,返回 true;否则返回 false
        boolean b1=myColl.contains("is");
        System.out.println(b1);
        System.out.println("--------------------------------");
        //4.addAll(Collection coll):传入集合类对象 coll 的所有元素
```

```
        Collection tmpColl=Arrays.asList(1,2,3);
        myColl.addAll(tmpColl);
        System.out.println(tmpColl.size());
        System.out.println("--------------------------------");
        //查看集合元素
        System.out.println(myColl);
        System.out.println("--------------------------------");
        //5.removeAll(Collection coll):删除当前集合中包含在 coll 中的元素
        myColl.removeAll(tmpColl);
        //6.toArray():将集合转化为数组
        Object[] ob=myColl.toArray();
        for(int i=0;i<ob.length; i++)
        {
            System.out.println(ob[i]);
        }
        System.out.println("--------------------------------");
        //7.isEmpty():判断集合是否为空
        System.out.println(myColl.isEmpty());
        System.out.println("--------------------------------");
        //8.clear():清空集合元素
        myColl.clear();
        System.out.println(myColl.isEmpty());

    }
}
```

以上代码是 Collection 接口通过子接口 ArrayList 实现的，方法功能如注释所示。其他方法不一一列举，读者可对照列表内容及代码中方法的用法进行试验。

注意：

若用 Contains()函数判断的元素属于自定义类的对象，要在自定义类中重写 equals()方法。

程序输出结果如图 11-4 所示。

```
Problems @ Javadoc Declaration Console
<terminated> Demo [Java Application] D:\Users\Administrator\AppDat
0
--------------------------------
5
--------------------------------
true
--------------------------------
3
--------------------------------
[This, is, test, 1, Fri Jun 03 14:49:25 CST 2016, 1, 2, 3]
--------------------------------
This
is
test
Fri Jun 03 14:49:25 CST 2016
--------------------------------
false
--------------------------------
true
```

图 11-4 例 11-4 的程序输出结果

11.2.3 Iterator 迭代器

Collection 提供的 Iterator 迭代器中主要有两个重要的方法 hasNext()和 Next()。其中，hasNext()方法用来查询是否存在下一个元素，Next()方法指向下一个元素。正确利用 Iterator 迭代器，可以遍历集合。

【例 11-5】 遍历代码如下：

```
public void test(){
    Collection myColl=new ArrayList();

    myColl.add(new String("This is test"));
    myColl.add(2);
    myColl.add(new Date());
    System.out.println(myColl.size());
    System.out.println("---------------------------------");

    //iterator():返回一个 iterator 接口实现类的对象,以实现集合的遍历
    Iterator itr=myColl.iterator();
    while(itr.hasNext()){
        System.out.println(itr.Next());
    }
    System.out.println("---------------------------------");
}
```

程序输出结果如图 11-5 所示。

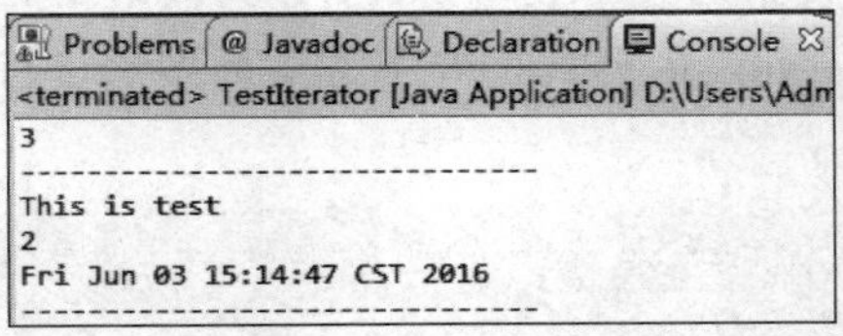

```
Problems  @ Javadoc  Declaration  Console
<terminated> TestIterator [Java Application] D:\Users\Adm
3
-------------------------------
This is test
2
Fri Jun 03 15:14:47 CST 2016
-------------------------------
```

图 11-5　例 11-5 的程序输出结果

11.2.4 Collection 子接口的 List 接口

List 接口主要用来存储有序的、可以重复的元素，又分为 3 个实现类：ArrayList、LinkedList 和 Vector。

为了存储有序元素，List 接口在 Collection 接口的基础上增加了一些方法，其主要特点是通过索引对集合的有序元素进行操作。新增方法如下。

1. 增加（插入）元素

（1）void add(int index，Object ele)：在指定的索引位置 index 处添加元素 ele。

（2）boolean addAll(int index，Collection eles)：在指定的索引位置 index 处添加集合 eles。

2. 删除元素

Object remove(int index)：删除指定索引位置的元素。

3. 修改元素

Object set(int index, Object ele):设置指定索引位置的元素为 ele。

4. 查询元素

(1) Object get(int index):获取指定索引位置的元素。

(2) int indexOf(Object obj):返回指定元素在集合中首次出现的位置。不存在,返回-1。

(3) int lastIndexOf(Object obj):返回指定元素在集合中最后出现的位置。不存在,返回-1。

(4) List sublist(int fromIndex, int toIndex):返回从 fromIndex 位置开始到 toIndex -1 位置结束的一个子 list。

上述新增方法可以用于 List 接口下的任意实现类。ArrayList 是 List 接口下最常用的实现类,其底层以数组结构实现。

【例 11-6】 ArrayList 举例。

```
import java.util.List;
import java.util.ArrayList;

public class TestList{
  public void testFunc(){
    List list=new ArrayList();
    list.add(1);
    list.add(2);
    list.add(4);
    list.add(2,3);                                  //在位置 2 处增加元素 3
    System.out.println(list);

    Object obj=list.get(1);                         //获取位置 1 处的元素
    System.out.println(obj);

    list.remove(1);                                 //删除位置 1 处的元素
    System.out.println(list.get(1));                //删除前面的元素,后面的元素依次向前

    list.set(0,"TTT");                              //设置位置 0 元素为 TTT
    System.out.println(list.get(0));

    System.out.println(list.indexOf("TTT"));//获取 TTT 元素的索引位置
    System.out.println(list.indexOf(6));     //不存在
    List list1=list.subList(0,2);                   //选取 list 中的一部分
    System.out.println(list1);
  }
}
```

程序输出结果如图 11-6 所示。

LinkedList 同样是 List 的实现类,其底层实际上是链表实现的。因此,元素的存储位置不一定是物理相邻的。LinkedList 的优势和链表相似,当需要频繁插入删除时,执行效率

```
Problems  @ Javadoc  Declaration  Console
<terminated> Demo [Java Application] D:\Users\Admini
[1, 2, 3, 4]
2
3
TTT
0
-1
[TTT, 3]
```

图 11-6　例 11-6 的程序输出结果

高于 ArrayList。

Vector 是 List 下一个古老的实现类，与 ArrayList 相比，Vector 是线程安全的，但是执行效率较低，不推荐使用。

11.2.5　Collection 子接口的 Set 接口

Set 接口与 List 接口的不同之处主要有以下两点。

(1) Set 接口主要用于存储无序的、不可重复的元素。主要有 3 个实现类：HashSet、LinkedHashSet 和 TreeSet。其中，HashSet 是最主要的实现类。

(2) Set 接口下的方法都是 Collection 中定义的通用方法，并无新增方法。

Set 的使用语法与 List 类似，代码举例如下：

```
import java.util.Set;
import java.util.HashSet;
public class TestSet{
  public void TestHashSet(){
    Set mySet=new HashSet();
    mySet.add(1);
    mySet.add(2);
    mySet.add("a");
    mySet.add("b");
    mySet.add("b");
    System.out.println(mySet);
  }
}
```

输出结果如下：

```
0
```

1. Set 的特点

(1) 无序性：从上述代码可以看出，除了 new 的对象是 Set，其他写法与 List 接口中的 ArrayList 没有大的区别，但是运行以上代码，发现它与 List 的不同在于存储数据的顺序并非与 add 相同，即添加进 Set 的数据在底层存储的位置是无序的。

注意：

无论运行上述代码多少次，其内部数据排列的顺序都是相同的，不会随机地改变，因此 Set 的这种无序性并非随机性。或者说，这种无序性是由于底层在存储时遵循的排列原则造成的。

(2) 不可重复性：Set有不可重复性，即一个Set中不能添加相同的元素。因此，尽管增加两次b元素，但是实际Set中只有一个b。

如何保证Set的这种不可重复性呢？若仅用Objcect.equals()方法来比较数据元素是否一致，则若Set中已有1000个数据，再加入1001个数据时，需要调用1000次equals()方法和前面1000个数据进行比较，效率大幅降低。因此，为了保证效率，Set中不能仅靠equals()方法判断元素是否相同。

那么，具体采用什么方法呢？这与Set的存储方法有关，如下所述。

2. Set的存储方法

Java为了保证Set的操作效率和不可重复性，存储数据时，不是像List一样连续存储，而是利用哈希算法，即hashCode()方法。

当向Set添加对象时，Set存储时，底层的操作步骤如下所述。

(1) 首先调用对象所在类的hashCode()方法，计算当前对象的Hash值。

(2) 该Hash值决定此对象在Set中的存储位置。

(3) 判断Set中此位置是否有对象。若当前位置无对象，执行(4)；若当前位置已有对象，执行(5)。

(4) 直接将此对象放到当前位置。

(5) 用equals()方法比较两个对象是否相同。若相同，新的对象不能添加进来；若不同，都存储。但是不推荐都存储，若出现这种情况，说明代码写得不好，应该重写，以保证相同对象的Hash值一定相同。

注意：

hashCode()方法要与equals()方法一致，即元素值相同的情况下，应该保证hashCode值相同。

那么，hashCode()方法怎样写才能够保证相同的元素值有相同的Hash值，不同元素不会有相同的Hash值呢？可以利用元素自身的值来创造一个不易重复的值。

【例11-7】 利用元素自身的值来创造一个不易重复的值。

```
public class MyPoint{
    private int x;
    private int y;
    public MyPoint(int x, int y)  {
     super();
     this.x=x;
     this.y=y;
    }
    @Override
    public int hashCode()  {
     final int prime=31;
     int result=1;
     result=prime * result+x;          //利用质数31和对象值构造result值
     result=prime * result+y;          //利用result值再次构建
     return result;
```

```
    }
    @Override
    public boolean equals(Object obj)    {
     if(this ==obj)return true;
     if(obj ==null)return false;
     if(getClass()!=obj.getClass())return false;
     Point other=(Point)obj;
     if(x !=other.x)return false;
     if(y !=other.y)return false;
     return true;
    }
    ...
}
```

上述代码列举了重写 hashCode()和 equals()方法，可供参考。还可以试着用其他方法构建哈希值，构建时要注意保持两个方法的一致性。

3. LinkedHashSet

LinkedHashSet 是 HashSet 的子类，其最大特点在于其底层以双向链表结构完成操作，使其能够维护数据添加的顺序，因此当遍历 LinkedHashSet 集合元素时，能够按照添加顺序遍历。

【例 11-8】 LinkedHashSet 举例。

```
public void TestLinkedHashSet(){
    Set mySet=new LinkedHashSet();
    mySet.add(1);
    mySet.add(2);
    mySet.add("a");
    mySet.add("b");
    Iterator it=mySet.iterator();
    while(it.hasNext()){
        System.out.println(it.next());
    }
}
```

程序输出结果如图 11-7 所示。

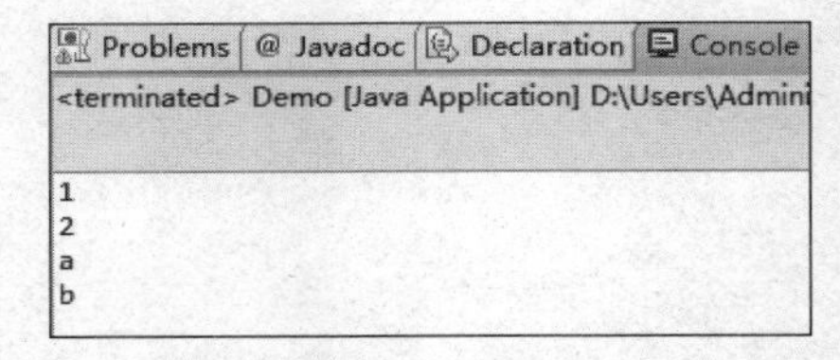

图 11-7　例 11-8 的程序输出结果

运行时，发现遍历显示的顺序与添加的顺序一致，这就是链表维护的顺序。注意，这里维护的只是添加顺序。但是 LinkedHashSet 是一个 Set 集合，因此它仍然根据元素的 hashCode 值来决定其存储位置，但它同时使用双向链表来维护元素的次序，使元素看起来是按照插入顺序保存的。

LinkedHashSet 的优势在于迭代访问集合中的全部元素时，性能较好，但是由于它要维护双向链表，因此插入时的性能略低于 HashSet。

4. TreeSet

向 TreeSet 添加元素时，底层首先调用 compareTo()方法进行比较。一旦 compareTo()返回 0 值，即 compareTo()中判断两个对象的某属性值相等，TreeSet 就认为两个对象相同，无法添加。

TreeSet 中只能存放同一种类型的元素。添加不同类型的元素时，编译报错 java.lang.Integer cannot be cast to java.lang.String。

报错代码示例如下：

```
public void testTreeSet(){
    Set mySet=new TreeSet();
    mySet.add(1);
    mySet.add(2);
    mySet.add("a");
            //编译报错，原因是前面添加 integer 型，这里添加 string 型，不属于同一个类
    mySet.add("b");
    System.out.println(mySet);
}
```

改成：

```
public void testTreeSet(){
    Set mySet=new TreeSet();
    mySet.add("1");
    mySet.add("2");
    mySet.add("a");                    //添加的都是 string 类元素，不报错
    mySet.add("b");
    System.out.println(mySet);
}
```

运行结果如图 11-8 所示。

```
Problems  @ Javadoc  Declaration  Console
<terminated> Demo [Java Application] D:\Users\Admin

[1, 2, a, b]
```

图 11-8　TreeSet 示例程序输出结果

TreeSet 可以按照添加进集合的元素的指定顺序遍历，例如 String、包装类等。默认按照从小到大的顺序遍历。举例代码如下：

```
public void testTreeSet(){
    Set mySet=new TreeSet();
    mySet.add("D");
```

```
        mySet.add("B");
        mySet.add("A");
        mySet.add("C");
        System.out.println(mySet);
    }
```

运行结果如下：

```
0
```

若在 TreeSet 中添加自定义类的对象，排序方式有两种：自然排序和定制排序。

(1) 自然排序：要求必须在自定义类中实现 java.lang.Comparable 接口，并在其中重写 compareTo(Object obj)方法，指明要按照哪个属性排序。重写方法代码如下：

```
public int compareTo(Object obj){
    //确定按照什么属性排序
    if(obj instanceof 类名){
        类名 对象名=(类名)obj;
        return this.属性名.compareTo(对象名.属性名);    //若基本类型,则可用减法
        //加个负号,即可从大到小排列
        //如 return -this.属性名.compareTo(对象名.属性名);
    }
    return 0;
}
```

上述代码只比较了对象的一个属性。当一个对象有多个属性值时，为了避免某属性值相等，元素即被认为相同的情况出现，在 compareTo()方法中应一一判断所有属性值，全部相同时才返回 0 值。

注意：

compareTo()方法应该与 hashCode()和 equals()方法保持一致。

(2) 定制排序：操作步骤如下所述。

① 创建一个 Comparator 接口的类对象。

② 重写 compare()方法，指明按照自定义类中的哪个属性排序。

③ 将此对象作为形参传递给 TreeSet 的构造器。

④ 在 TreeSet 中添加 compare 中比较的自定义类的元素。

代码示例如下：

```
public void testTreeSet(){
    Comparator myCom=new Comparator(){                     //步骤 1)
        public int compare(Object o1, Object o2){          //步骤 2)
            if(o1 instanceof 类名 && o2 instanceof 类名){
                类名 对象名 1=(类名)o1;
                类名 对象名 2=(类名)o2;
```

```
                return 对象名 1.属性名.compareTo(对象名 2.属性名);
            }
            return 0;
        }
    }
    TreeSet mySet=new TreeSet(myCom);                         //步骤 3)
    mySet.add(...);                                          //步骤 4)
}
```

注意：

compare()方法应该与 hashCode()和 equals()方法保持一致。若对象有多个属性，同样要比较所有属性，方法与 compareTo()相同。

以上就是 Set 接口的常用方法。其中，hashCode()的重写方法是难点，但只要理解了算法的原理，就不再困难。

11.2.6 Map 接口及实现类

Map 是与 Collection 并列的接口，用于保存键值对。这种数据通常表示为 Key-Value 的形式。

Key 相当于函数 $y=f(x)$中的 x；Value 相当于其中的 y。Key 和 Value 之间存在映射关系，即通过指定的 Key 值，总能唯一确定 Value 值。

Key 和 Value 可以是任意引用类型的数据，但是 Key 值不允许有重复值，因此要用 Set 来存放 Key 值。在使用中，通常选取 String 类作为 Map 的 Key。

Value 的值可以重复，可以认为是用 Collection 存放的。

一个 Key-Value 对称为一个 Entry，也是不可重复的，也用 Set 存放。

向 HashMap 添加元素时，调用 Key 所在类的 equals()方法，判断两个 Key 是否相同。若与已有元素相同，后进的元素覆盖已有的元素，即只能添加后添加的元素。

Key 和 Value 插入都要重写 equals()方法。

Map 继承结构如图 11-9 所示。

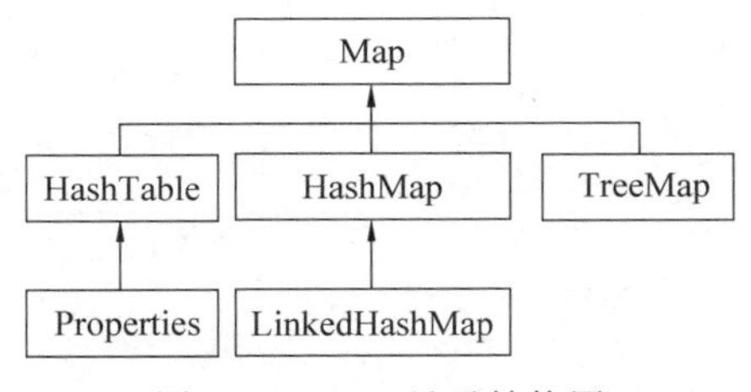

图 11-9　Map 继承结构图

Map 是与 Collection 并列的接口，主要有 4 个实现类：HashMap、LinkedHashMap、TreeMap 和 HashTable。

Map 中最常用的主要有添加、删除、查询及遍历的方法。

(1) 添加、删除操作。

① Object put(Object key,Object value):向 Map 添加一个元素。

② Object remove(Object key):按照指定 Key 删除 Entry。

③ void putAll(Map t):将 Map t 中的所有元素添加进当前 Map。

④ void clear():清空元素。

(2) 元素查询的操作。

① Object get(Object key):获取指定 Key 的 value 值。若无 Key,返回 null 值。

② boolean containsKey(Object key):是否包含指定 Key。

③ boolean containsValue(Object value):是否包含指定 Value。

④ int size():返回集合长度。

⑤ boolean isEmpty():查询是否为空。

⑥ boolean equals(Object obj):判断元素是否相等。Key 和 Value 的值都要判断。

(3) 用于遍历 Map 的方法,称为元视图操作法,主要有下述 3 个方法。

① Set keySet():遍历 Key 集。

② Collection values():遍历 Value 集。

③ Set entrySet():遍历 Key-Value 对,即遍历 Entry。

1. HashMap

HashMap 是一个最常用的 Map,根据 Key 的 HashCode 值存储数据,访问速度快。HashMap 中最多允许一个 Key 值等于 null,但允许多条 Value 值为 null,因此 HashSet 相当于一个特殊的 Value 值全为 null 的 HashMap。

Map 中最主要的实现类是 HashMap。下面以 HashMap 为例,用示例代码说明 Map 中的常用方法。

【例 11-9】 插入、删除、查询。

```
public void testMap1(){
    Map myMap=new HashMap();
    //添加元素
    myMap.put("A",111);
    myMap.put("B",222);
    myMap.put(333,"C");
    myMap.put(333,"D");
    myMap.put(null,null);
    System.out.println(myMap.size());
    System.out.println(myMap);
    myMap.remove("A");                    //删除元素
    System.out.println(myMap);
        Object value=myMap.get("B");      //获取指定 Key 的 Value 值
    System.out.println(value);
}
```

程序输出结果如图 11-10 所示。

【例 11-10】 遍历。

```
public void testMap2(){
    Map myMap=new HashMap();
```

```
Problems  @ Javadoc  Declaration  Console
<terminated> Demo [Java Application] D:\Users\Admini
4
{null=null, A=111, B=222, 333=D}
{null=null, B=222, 333=D}
222
```

图 11-10　例 11-9 的程序输出结果

```
        myMap.put("A",111);
        myMap.put("B",222);
        myMap.put(333,"C");
        myMap.put(333,"D");
        myMap.put(null,null);

        //遍历 Key 集
        System.out.println("遍历 Key 集:");
        Set kset=myMap.keySet();
        for(Object ob : kset){
            System.out.println(ob);
        }
        System.out.println("--------------");

        //遍历 Value 集
        System.out.println("遍历 Value 集:");
        Collection vcl=myMap.values();
        Iterator it=vcl.iterator();
        while(it.hasNext()){
            System.out.println(it.next());
        }
        System.out.println("--------------");

        //遍历 key-value 对
        //方法 1
        System.out.println("遍历 Entry 方法 1:");
        Set eset=myMap.entrySet();
        for(Object ob:eset){
            Map.Entry ce=(Map.Entry)ob;      //强制转换为 Map.Entry
            System.out.println(ce);
        }
        System.out.println("--------------");

        //方法 2
        System.out.println("遍历 Entry 方法 2:");
        for(Object ob:kset){
            System.out.println(ob+"-->"+myMap.get(ob));
        }
        System.out.println("--------------");
    }
}
```

程序输出结果如图 11-11 所示。

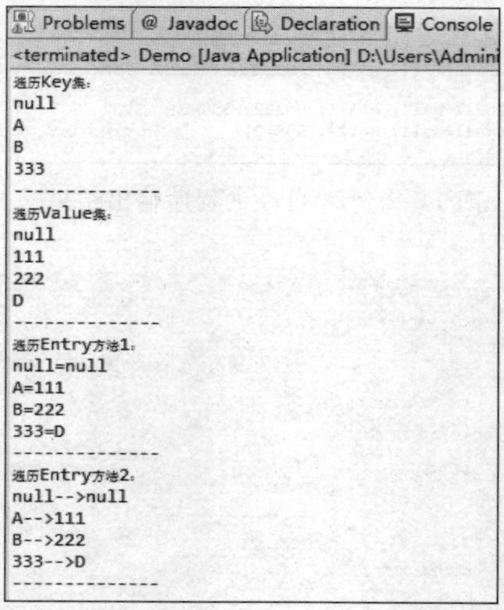

```
Problems  @ Javadoc  Declaration  Console
<terminated> Demo [Java Application] D:\Users\Admini
遍历Key集：
null
A
B
333
--------------
遍历Value集：
null
111
222
D
--------------
遍历Entry方法1：
null=null
A=111
B=222
333=D
--------------
遍历Entry方法2：
null-->null
A-->111
B-->222
333-->D
--------------
```

图 11-11　例 11-10 的程序输出结果

2. LinkedHashMap

LinkedHashMap 与 HashMap 的关系和 LinkedHashSet 与 HashSet 的关系相同，区别仅在于是否维护了元素添加进 Map 中的顺序。因此，LinkedHashMap 与 HashMap 用法相同，但是其实现类底层用链表维护，因此可以按照元素添加进集合的顺序进行遍历。遍历效率较高，插入、删除效率较低。

【例 11-11】 LinkedHashMap 举例。

```
public void testMap3(){
    Map myMap=new LinkedHashMap();
    myMap.put("A",111);
    myMap.put("B",222);
    myMap.put(333,"C");
    myMap.put(333,"D");
    myMap.put(null,null);

    System.out.println(myMap);
}
```

遍历结果与插入顺序相同，程序输出结果如图 11-12 所示。

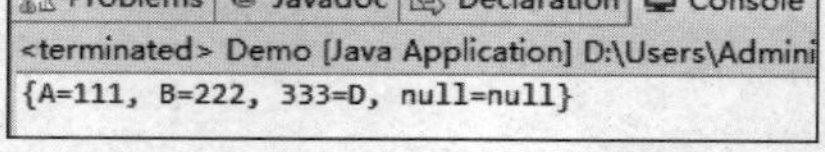

```
Problems  @ Javadoc  Declaration  Console
<terminated> Demo [Java Application] D:\Users\Admini
{A=111, B=222, 333=D, null=null}
```

图 11-12　例 11-11 的程序输出结果

3. TreeMap

当 TreeMap 中所有 Entry 的 Value 值都为 null 时，相当于一个 TreeSet，因此 TreeMap 的特点与 TreeSet 相同。

（1）按照添加元素的 Key 的指定属性排序。

(2) 要求 Key 必须是同一个类的对象。

(3) 针对 Key 有自然排序和定制排序两种方法,与 TreeSet 相同。

【例 11-12】 TreeMap 举例。

```
public void testMap4(){
    Map myMap=new TreeMap();
    myMap.put("D",444);
    myMap.put("A",111);
    myMap.put("C",333);
    myMap.put("B",222);
    System.out.println("遍历 Key 集:");
    Set kset=myMap.keySet();
    for(Object ob : kset){                    //遍历 Key 集
        System.out.println(ob);
    }
}
```

程序输出结果如图 11-13 所示。

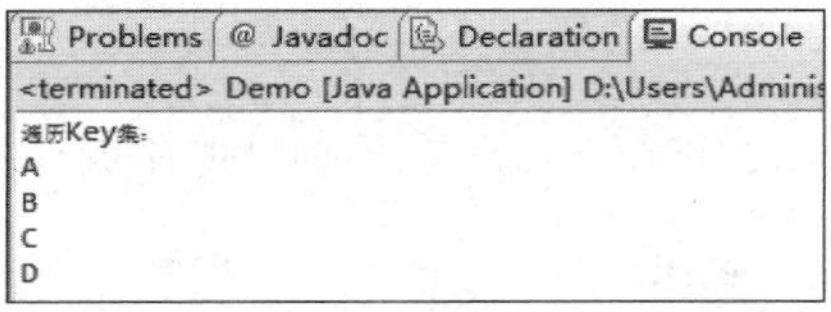

```
Problems  @ Javadoc  Declaration  Console
<terminated> Demo [Java Application] D:\Users\Adminis
遍历Key集:
A
B
C
D
```

图 11-13　例 11-12 的程序输出结果

TreeMap 的排序规则也与 TreeSet 一样:若 Key 为基本类型对象的引用,按照 Key 值从小到大排序;若 Key 值为自定义类型,重写 compareTo()或 Comparator()方法,实现按照 Key 值指定的属性自然排序或定制排序。重写方法与 TreeSet()类似,此处不再详述。

4. HashTable

HashTable 是一个线程安全的古老的 Map 实现类,不允许记录的 Key 和 Value 为 null 值,但由于效率较低,现在很少使用。这里只介绍 HashTable 的 Properties 子类。

Properties 子类在 Java 国际化时用到过,该对象用于处理属性文件,在文件里主要存放 Key 值和 Value 值。其中,Key 和 Value 都是字符串类型。

存取数据时,有下述方法。

(1) setProperty(String key,String value):存数据。

(2) getProperty(String key):根据 Key 值读取 Value 值。

11.2.7　Collections 工具类

Collections 是操作 Collection 及 Map 等集合,完成一些功能的工作类,其中提供了一系列静态方法对集合元素进行排序、查询和修改等操作,还提供了一些对集合对象的设置和控制方法。本节用代码的形式列举几种方法。

1. 排序

排序方法描述见表 11-2。

表 11-2　排序方法描述

方　法	描　述
reverse(List)	反转 List 中元素的顺序
shuffle(List)	对 List 集合元素随机排序
sort(List)；	根据元素的自然顺序，对指定 List 集合元素按升序排列
sort(List，Comparator)	根据指定的 Comparator 产生的顺序对 List 集合元素排序
swap(List，int，int)	将指定 List 集合中的 i 处元素和 j 处元素交换

【例 11-13】 Collections 用法举例。

```
public class TestCollections {
    public void test1(){
        List list=new ArrayList();
        list.add(1);
        list.add(2);
        list.add(3);
        list.add(4);
        System.out.println(list);
        Collections.reverse(list);      //反转 list
                System.out.println(list);
        Collections.shuffle(list);      //随机排列 list
        System.out.println(list);
        Collections.sort(list);         //升序排列
        System.out.println(list);
        Collections.swap(list,1,3);     //交换两个指定元素的位置
        System.out.println(list);
    }
}
```

程序输出结果如图 11-14 所示。

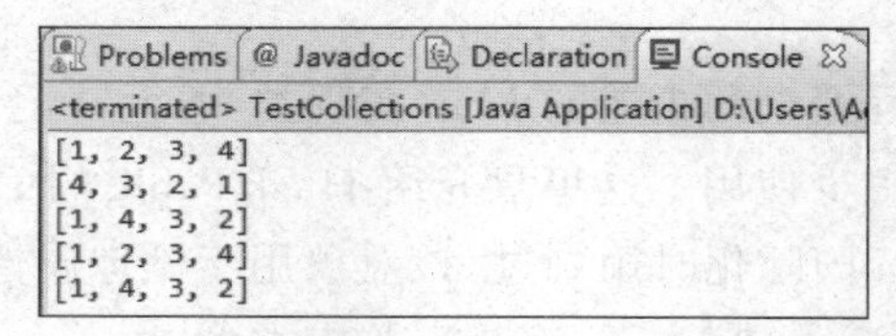

图 11-14　例 11-13 的程序输出结果

2. 查找和替换

查找和替换方法描述见表 11-3。

表 11-3　查找和替换方法描述

方　法	描　述
Object max(Collection)	根据元素的自然顺序，返回给定集合中的最大元素
Object max(Collection，Comparator)	根据 Comparator 指定的顺序，返回给定集合中的最大元素
Object min(Collection)	根据元素的自然顺序，返回给定集合中的最小元素
Object min(Collection，Comparator)	根据 Comparator 指定的顺序，返回给定集合中的最小元素

续表

方　　法	描　　述
int frequency(Collection,Object)	返回指定集合中指定元素的出现次数
void copy(List dest,List src)	将 src 中的内容复制到 dest 中
boolean replaceAll (List list, Object oldVal,Object newVal)	使用新值替换 List 对象的所有旧值

【例 11-14】 查找和替换用法举例。

```
public void test2(){
    List list=new ArrayList();
    list.add(1);
    list.add(2);
    list.add(3);
    list.add(4);
    list.add(3);
    System.out.println(list);
    Object obj=Collections.max(list);             //获取最大值
    System.out.println(obj);
    int count=Collections.frequency(list,3);  //元素在集合中出现的次数
    System.out.println(count);

    List list1=Arrays.asList(new Object[list.size()]);
                                                  //目标集合长度必须要与源集合一致
    Collections.copy(list1, list);                //复制
    System.out.println(list1);
}
```

程序输出结果如图 11-15 所示。

上述代码没有列出所有方法,可以通过阅读列表中的方法说明,配合试验,来理解各种方法的用法。

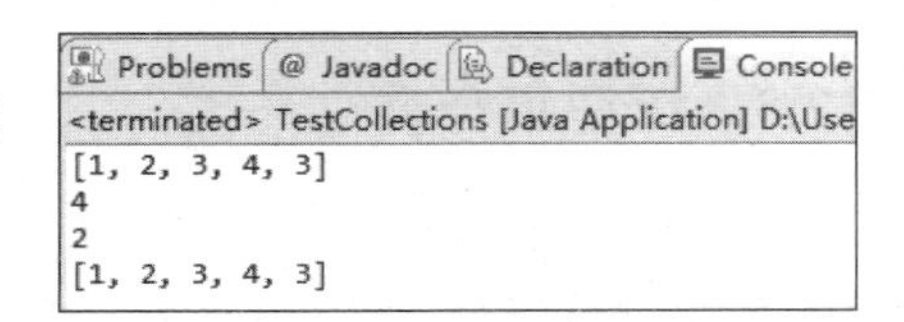

图 11-15　例 11-14 的程序输出结果

3. 同步控制

为了解决多线程并发访问集合时的线程安全问题,Collections 类中提供了多个同步控制方法,见表 11-4。

表 11-4　Collections 类中提供的同步控制方法

方　　法	描　　述
static <T> Collection<T> synchronizedCollection(Collection<T> c)	Returns a synchronized(thread-safe) collection backed by the specified collection
static <T> List<T> synchronizedList(List<T> list)	Returns a synchronized(thread-safe) list backed by the specified list
static <K,V> Map<K,V> synchronizedMap(Map<K,V> m)	Returns a synchronized(thread-safe) map backed by the specified map
static <T> Set<T> synchronizedSet(Set<T> s)	Returns a synchronized(thread-safe) set backed by the specified set

续表

方　法	描　述
static <K,V> SortedMap<K,V> synchronizedSortedMap (SortedMap < K, V>m)	Returns a synchronized(thread-safe) sorted map backed by the specified sorted map
static <T> SortedSet<T> synchronizedSortedSet(SortedSet<T> s)	Returns a synchronized(thread-safe) sorted set backed by the specified sorted set

使用方法的代码如下：

```
public void test3(){
    List list=new ArrayList();
    list.add(1);
    list.add(2);
    //此种方法保证 list2 的线程安全性
    List list2=Collections.synchronizedList(list);
    System.out.println(list2);
}
```

上述代码采用 synchronizedList()方法，前面介绍的 HashTable 或 vector 同样可以保护线程安全，但是效率较低。synchronized×××()的一系列方法效率更高，推荐使用。

4. Enumeration

Enumeration 是 Iterator 迭代器的古老版本，此处不详述。

上面列出了 Collections 工具类中对集合操作的一些常用方法，除上述方法之外，Collections 里面还有很多其他方法，如果有对集合操作的需要，可以在 Java API 中到 Collections 类中查找。

11.2.8　泛型集合类

11.1 节介绍了泛型，通常用<T>来表示。其中，T 可以用任意类型代替。从 Java 1.5 开始，集合支持泛型，即开发者在声明和创建集合类时，可以使用<>来指定集合元素的类型。

以 List 集合为例，代码如下：

```
List<T>myList=new ArrayList<T>();
```

若所需 List 集合为 String 类型，写法如下：

```
List<String>list=new AraytList<String>();      //替换 T,定义 String 类型的泛型集合
```

若需要 List 集合元素都为自定义类型，写法如下：

```
List<Student>list=new ArayList<Student >();  //定义 Student 类型的泛型集合
```

以 Map 为例，当所需 Map 集合中 Entry 为 String－>String 型时，代码如下：

```
Map<String ,String>myMap=new HashMap<String, String>();
```

泛型集合类只是指定了元素类型,并不影响使用集合的方法。各种方法的使用与前述内容相同。

11.3 应用实例

案例 用 List 管理 Student 对象

1. 案例要求

创建一个 Student 类,包含 private 成员变量 name、sno 和 birthday。其中,birthday 为 Calendar 类的对象;为每一个属性定义 get()、set()方法;重写 toString()方法输出 name、sno 和 birthday。

创建 Student 类的 3 个对象,并把这些对象放入 TreeSet 集合(TreeSet 需使用泛型定义),按 sno、name 和 birthday 3 个元素依次对集合中的元素排序,并遍历输出。

2. 案例分析

首先自定义 Student 类,并且根据题目的要求自定义 get()、set()方法,并重写 toString()方法。

除此之外,根据 TreeSet 的特性,即题目的排序要求,重写 equals()、hashCode()、compareTo()(或 compare())方法。

排序有以下两种方式。

(1) 使 Student 继承 Comparable 接口,并按 name 排序。

(2) 创建 TreeSet 时传入 Comparator 对象,按出生日期的先后排序。

下面以第一种方法为例编写代码。请读者参照前述内容,采用第二种方法编写代码。

3. 案例实现

```
//Student 类
import java.util.Calendar;
public class Student implements Comparable{
private String name;
private int sno;
private Calendar bday;
public Student(String name,int sno,Calendar bday){
    this.name=name;
    this.sno=sno;
    this.bday=bday;
}
public void setname(String name){
    this.name=name;
}
public void setno(int sno){
    this.sno=sno;
}
```

```
public void setbday(Calendar bday){
    this.bday=bday;
}
public String getname(){
    return name;
}
public int getno(){
    return sno;
}
public Calendar getbday(){
    return bday;
}
@Override
public String toString(){
    return this.name.toString()+" "+Integer.toString(sno)+" "+bday.get
    (Calendar.YEAR)+"-"+bday.get(Calendar.MONTH)+"-"+bday.get(Calendar.
    DATE);
}
 @Override
 public int hashCode(){
  final int prime=31;
  int result=1;
  result=prime * result+this.sno;       //利用质数和对象值构造 result 值
  result=prime * result+this.name.hashCode();
                                        //利用 result 值再次构建
  result=prime * result+this.bday.hashCode();
  return result;
 }
 @Override
    public int compareTo(Object o){      //实现 Comparable 接口的抽象方法,定义排序规则
        int result=0;
        Student p=(Student)o;
        result=this.sno-p.sno;
        if(result==0){
            result=this.name.compareTo(p.name);
            if(result==0){
                result=this.bday.compareTo(p.bday);
            }
        }
        return result;                   //升序排列,反之降序
    }
    @Override
    public boolean equals(Object o){    //equals
          boolean flag=false;
          Student p=(Student)o;
          if(o instanceof Student){
              if((this.sno ==p.sno)&&(this.name.equals(p.name))&&(this.bday.
              compareTo(p.bday)==0))
                  flag=true;
            }
            return flag;
```

```
        }
    }
    public class Demo {
        public static void main(String[] args) {
            Calendar bday=Calendar.getInstance();
                bday.set(1988,04,01);
            Student st=new Student("张三",02,bday);

                Calendar bday1=Calendar.getInstance();
            bday1.set(1988,05,20);
            Student st1=new Student("李四",01,bday1);
            Calendar bday2=Calendar.getInstance();
            bday2.set(1988,04,20);
            Student st2=new Student("李四",01,bday2);
            TreeSet<Student> StudentSet=new TreeSet<Student>();
            StudentSet.add(st);
            StudentSet.add(st1);
            StudentSet.add(st2);
            System.out.println(StudentSet);
        }
    }
```

程序输出结果如图 11-16 所示。

```
Problems | @ Javadoc | Declaration | Console
<terminated> Demo [Java Application] D:\Users\Administra
[李四1 1988-4-20, 李四1 1988-5-20, 张三2 1988-4-1]
```

图 11-16　案例的程序输出结果

本章小结

本章主要介绍泛型和集合框架的基本语法、工作原理和常用方法。使用泛型,可以帮助开发者建立安全的类型,避免显式的强制转换;集合框架帮助开发者合理运用数据结构开发高效、紧凑的代码,满足不同的业务需要。集合中最重要的两个接口是 Collection 接口和 Map 接口,其下分别有几个实现类。通过这些实现类,可以执行集合的操作。Java 还提供了 Collections 工具类,其中提供了一些操作集合的方法。这两个部分的知识都是 Java 高级开发的重要基础,应熟练掌握。

习　题

一、简答题

1. 简述 Collection 和 Collections 的区别。

2. 对于 Set 里的元素,用什么方法来区分是否重复?

3. List、Set 和 Map 是否继承自 Collection 接口？

4. 两个对象值相同（x.equals(y) == true），但可以有不同的 hashCode。这句话对不对？

5. 简述 ArrayList、Vector 和 LinkedList 的存储性能和特性。

二、编程题

1. 定义一个 Book 类，该类包含 private 成员变量 id（编号，长度 8 位，不可重复）、name（书名，String 类型）和 editor（作者名，String 类型）；为每一个属性定义 get()和 set()方法；重写 toString()方法，输出 id、name 和 editor。

创建该类的 5 个对象，并把这些对象放入 TreeSet 集合，再分别按以下两种方式对集合中的元素排序，并遍历输出：

(1) 自然排序：使 Book 继承 Comparable 接口，并按 id 排序。

(2) 定制排序：创建 TreeSet 时传入 Comparator 对象，按 name 的先后排序。

2. 定义一个销售员类，成员变量有销售人员的姓名和月销售额；创建 6 个对象，录入 Map 中，并按销售额显示后 3 名销售人员的姓名。

第12章

图形用户界面 GUI

图形界面(graphic user interface,GUI)是用图形的方式,借助菜单、按钮等标准界面元素和鼠标操作,帮助用户方便地向计算机系统发出指令、启动操作,并将系统的运行结果同样以图形方式显示给用户的技术。图形用户界面与字符界面相比,操作简单,画面生动,深受广大用户欢迎,成为目前几乎所有应用软件的既成标准。本章主要讲述 Java 的图形界面技术,包括窗口、组件和菜单设计、布局管理器等。

学习目标

- 了解常用的 Java 开发工具。
- 了解图形用户界面 java.awt 包和 javax.swing 包。
- 学会使用窗口、面板和容器组件。
- 掌握标签、按钮、文本框等基本组件的使用方法。
- 掌握流、边框、网格、网格包和卡片等常用布局管理器及其基本用法。
- 掌握事件、事件处理机制和事件监听。
- 学会使用各类菜单组件及其他组件。
- 学会编写完整的 GUI 应用程序。

12.1 图形用户界面概述

对使用过 Windows 操作系统的人来说,图形用户界面 GUI 的程序再熟悉不过了。GUI 应用程序以其形象直观、界面友好而风靡世界。在 Java 语言中,图形界面编程离不开标签、按钮、文本框等组件,这些组件主要通过 java.awt 包中的重量级类和 javax.swing 包中的轻量级类实现。

12.1.1 AWT 包

AWT 即抽象窗口工具集(abstract window tools),用于图形用户界面的开发。Sun 公司在其早期发布的版本 JDK 1.0 中就提供了 AWT 包,在其后的多个版本中逐步改进。AWT 是 Java 语言进行 GUI 程序设计的基础。

1. AWT 的功能

(1) 丰富的图形界面组件。

(2) 强大的事件处理模型图形和图像工具,包括形状、颜色、字体。

(3) 布局管理器,可以进行灵活的窗口布局和设定窗口的尺寸和屏幕分辨率。

（4）无关数据传送类，可以通过本地平台的剪贴板来执行剪切和粘贴操作。

（5）打印和无鼠标操作。

java.awt 是 Java 基本包中最大的一个，其中定义了所有 GUI 组件类，以及其他用于构造图形界面的类。例如，基本组件类有 Label、Button、TextField 等，容器类有 Frame、Panel 等，以及字体类 Font、绘图类 Graphics 和图像类 Image 等。此外，AWT 包还有组件的根类 Component，以及容器的根类 Container。表 12-1 列出了 AWT 中的主要软件包。

表 12-1　AWT 中的主要软件包

AWT 软件包名	描　述
java.awt	基本组件实用工具
java.awt.color	颜色和颜色空间
java.awt.datatransfer	支持剪贴板和数据传输
java.awt.event	事件类型和监听器
java.awt.font	字体软件包
java.awt.image	图像处理工具包
java.awt.print	支持打印工具包

2. AWT 组件的类层次关系

Component 组件是所有 AWT 组件的基类。它提供了基本的显示和事件处理特征，Container 类和其他基本组件均从 Component 中派生出来。图 12-1 所示为 AWT 组件的类层次结构图。

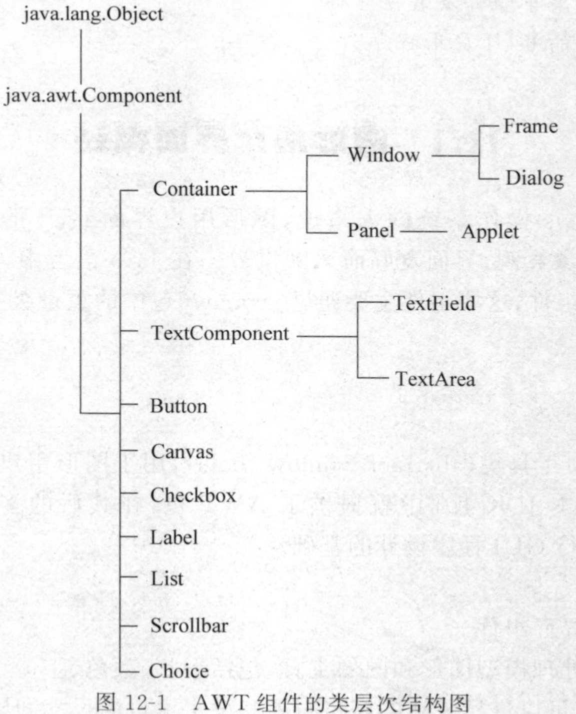

图 12-1　AWT 组件的类层次结构图

12.1.2 Swing 包

Swing 包是 Java 基础类库(JFC)的一部分。Swing 包提供了从按钮到可分拆面板和表格的所有组件。新版 Java 中仍然支持 AWT 组件，但几乎所有的 AWT 组件都对应新的、功能更强的 Swing 组件。所以现在开发 GUI 程序时，一般建议使用 Swing 组件。本章使用 Swing 组件。

Swing 组件是 Java 语言提供的第二代 GUI 设计工具包，它以 AWT 为基础，在 AWT 内容的基础上新增或改进了一些 GUI 组件，使得 GUI 程序功能更加强大，设计更容易、更方便。

1. Swing 与 AWT 的异同

(1) Swing 组件与 AWT 组件最大的不同是：Swing 组件在实现时不包含任何本地代码，因此 Swing 组件可以不受硬件平台的限制。

(2) Swing 组件比 AWT 组件拥有更多的功能。

(3) Swing 库是 AWT 库的扩展，提供比 AWT 更多的特性和工具，用于建立更复杂的图形用户界面。表 12-2 列出了 Swing 中的主要软件包。

表 12-2 Swing 中的主要软件包

Swing 软件包名	描 述
javax.swing	最常用的包，包含了各种 Swing 组件的类
javax.swing.colorchooser	针对 Swing 调色板组件(JColorChooser)设计的类
javax.swing.event	处理由 Swing 组件产生的事件
javax.swing.table	针对 Swing 组件表格(JTable)所设计的类
javax.swing.text	包含与 Swing 文字组件相关的类
javax.swing.tree	针对 Swing 树状元素(JTree)所设计的类

2. Swing 组件的类层次关系

Swing 包含大部分与 AWT 对应的组件。多数 Swing 组件以字母 J 开头，例如 JComponent、JFrame、JLabel、JButton、JTextField 等。Swing 组件的用法与 AWT 组件基本相同，大多数 AWT 组件只要在其类名前加 J，即转换成 Swing 组件。图 12-2 所示为 Swing 组件的类层次结构图。

12.1.3 Component 类

组件类 Component 是所有组件类的根类。本章使用的组件都直接或间接继承 Component 类。Component 类是大多数组件的根类，而 Component 类直接继承 Object 类。Component 类是一个抽象类，所以不能直接使用，它为子类提供了很多方法。下面简单介绍 Component 类提供的主要方法。

(1) public Color getForeground()：返回组件的前景颜色。若组件没有设置前景颜色，返回其父组件的前景颜色。

(2) public void setForeground(Color c)：设置组件的前景颜色。若参数 c 的值为 null，将前景颜色设为其父组件的前景颜色。

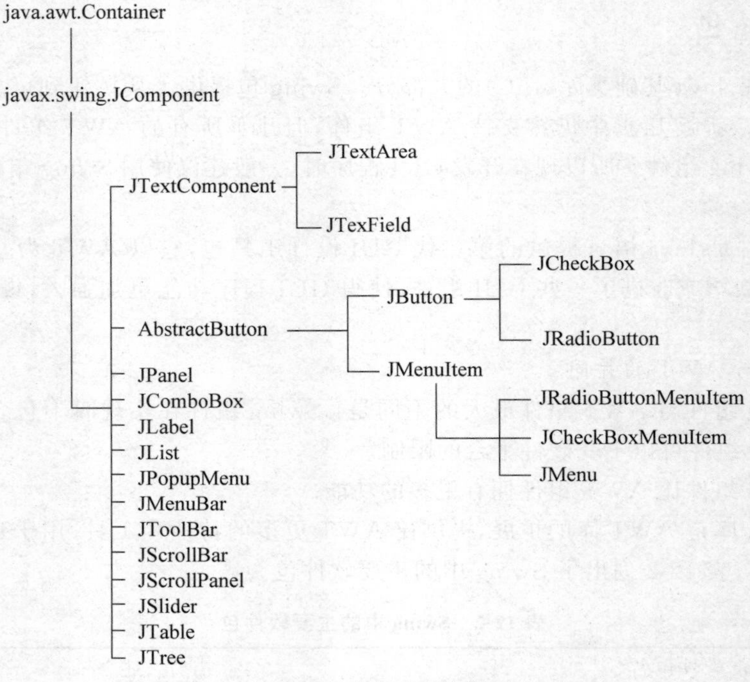

图 12-2　Swing 组件的类层次结构图

(3) public Color getBackground()：返回组件的背景颜色。若组件没有设置背景颜色，返回其父组件(包含该组件的组件)的背景颜色。

(4) public void setBackground(Color c)：设置组件的背景颜色。若参数 c 的值为 null，将背景颜色设为其父组件的背景颜色。

(5) public Rectangle getBounds()：返回组件外框矩形的范围。这个范围定义了组件的宽、高和相对其容器的坐标位置。

(6) public void setBounds(int x, int y, int width, int height)：设置组件的 x 坐标、y 坐标、宽度和高度。

(7) public Cursor getCursor()：返回组件的鼠标光标对象。如果该组件没有设置鼠标光标，返回其父组件的鼠标光标。

(8) public void setCursor(Cursor cursor)：设置组件的鼠标光标。例如，将 Button 的光标改为手指，将 Panel 的光标改为放大镜等，当鼠标光标移动到这些对象上时，会产生相应的变化。若参数为 null，则设成和父组件的光标一样。

(9) public Font getFont()：返回组件的字体。若组件没有设置字体，返回其父组件的字体。

(10) public void setFont(Font font)：设置组件的字体。若参数 f 的值为 null，采用其父组件的字体。

(11) public Graphics getGraphics()：所有可视组件都有属于自己的 Graphics 对象可供画图。此方法返回该组件的 Graphics 对象。但要注意，若此组件还没有显示在屏幕上，返回 null。

(12) public Point getLocation():返回组件坐标。

(13) public int getX():返回组件原点的当前 x 坐标。组件原点在组件左上角。

(14) public int getY():返回组件原点的当前 y 坐标。

上述这 3 个方法用于返回组件矩形外框左上角的坐标,该坐标是相对于其父组件而言的。getX()和 getY()的作用与 getLocation().x 和 getLocation().y 或 getBounds().x 和 getBounds().y 一样,但推荐使用 getX()和 getY(),因为这两个方法无须内存分配。

(15) public void setLocation(int x, int y):设置组件坐标。其中,x、y 是放置组件的父级坐标。

(16) public int getWidth():返回该组件的宽度。

(17) public int getHeight():返回该组件的高度。

(18) public Dimension getSize():返回组件的宽度和高度(精确到整数)。

(19) public void setSize(int width, int height):设置改变组件的高度与宽度。

(20) public boolean isEnabled():检查组件当前状态。可用状态,返回 true,否则返回 false。组件的可用状态指组件可以接收用户输入及产生事件的状态,如 Windows 中变灰的按键就是非可用状态。

(21) public void setEnabled(boolean b):更改组件的状态为可用或不可用。

(22) public boolean isVisible():检查当组件的父组件可见时,此组件是否可见。是,则返回 true;否则返回 false。除了顶层窗口(如 Frame)外,组件默认初始为可见。

(23) public void setVisible(boolean b):根据参数 b 的值改变窗口状态为可见或隐藏。

(24) void add(PopupMenu popup):向组件添加弹出菜单。

12.2 容器组件

本章主要介绍使用 Swing 组件,所以使用较多的容器类有 JFrame、JPanel 和 JDialog 等。不管使用哪种容器类,都直接或间接继承 Container 类。Container 类的常用方法如下所述。

(1) Component add(Component comp):将指定组件追加到容器尾部。

(2) void remove(Component comp):从容器中移除指定组件。

(3) void paint(Graphics g):绘制容器。

(4) void setLayout(LayoutManager mgr):设置容器的布局管理器。

这些方法适用于 Container 类的所有子类,如 JFrame、JPanel 和 JDialog 等。

12.2.1 JFrame 窗口

JFrame 是带有标题栏和边界的窗口,允许调整大小。另外,用户可以为窗口附加一个菜单栏。在程序设计过程中,当程序窗口需要图表化,或者需要包含菜单栏时,可以选择使用窗口组件。

JFrame 构造一个窗口后,可以用 add()方法来给窗口添加面板 JPanel、基本组件,也可以设置菜单。JFrame 窗口是界面底层容器。窗口的默认布局管理器属性是 BorderLayout。可以用 setLayout()方法改变布局管理器属性。

1. JFrame 的构造方法

(1) JFrame()：创建无标题窗口。

(2) JFrame(String s)：创建标题名是字符串 s 的窗口。

例如：

```
JFrame f=new JFrame("Hello");  //创建一个标题是 hello 的窗口
```

2. JFrame 的常用方法

(1) void setTitle(String title)：设置窗口标题文本。

(2) void setSize()：设置窗口的大小。

(3) void setLayout(LayoutManager manager)：设置窗口的布局。

(4) void setJMenuBar(JMenuBar menubar)：设置窗口的菜单栏。

(5) void setVisible(boolean b)：设置窗口的可见性。

(6) void setLocation(x,y)：设置窗口在屏幕的位置。

(7) void setDefaultCloseOperation(int operation)：设置单击窗口右上角关闭按钮所执行的操作。参数是整型的静态常量字段，只能选下面 4 项之一。

① HIDE_ON_CLOSE：隐藏本窗口(默认操作)。

② DO_NOTHING_ON_CLOSE：不执行任何操作。

③ DISPOSE_ON_CLOSE：关闭并释放本窗口占用的资源。

④ EXIT_ON_CLOSE：退出，结束整个应用程序。

(8) void add(Object a)：将组件添加到窗口中。

(9) void dispose()：关闭窗口，并回收用于创建窗口的任何资源。

【例 12-1】 JFrame 的应用实例。在 JFrame 上添加基本组件标签、文本框、按钮等。

```
import javax.swing.*;
import java.awt.event.*;
class JFrameDemo extends JFrame implements ActionListener{
    JLabel l_class=new JLabel("请输入您的班级");
    JLabel l_number=new JLabel("请输入您的学号");
    JLabel l_name=new JLabel("请输入您的姓名");
    JTextField t_class=new JTextField(10);   //创建文本框
    JTextField t_number=new JTextField(10);
    JTextField t_name=new JTextField(10);
    JButton buttonPress=new JButton("确定");
    JPanel pan=new JPanel();
    public JFrameDemo(){
        this.setTitle("欢迎新同学");
        this.setBounds(100, 200, 250, 180);
        this.setDefaultCloseOperation(EXIT_ON_CLOSE);
        init();
        this.setVisible(true);
    }
    public void init(){
        pan.add(l_class);                          //将基本组件添加到面板
```

```
        pan.add(t_class);  pan.add(l_number);  pan.add(t_number);  pan.add(l_name);
        pan.add(t_name);  pan.add(buttonPress);
        buttonPress.addActionListener(this);
                                              //"确定"按钮添加动作事件监听
        this.add(pan);
    }
    public void actionPerformed(ActionEvent e){
                                              //动作事件要实现的方法
        JOptionPane.showMessageDialog(null,"您好,"+t_class.getText()+"的"+t_
        number.getText()+"号"+t_name.getText()+"同学,欢迎您的到来!");
                                              //显示消息对话框,显示输入的内容
    }
}
public class Example1 {
    public static void main(String[] args){
        new JFrameDemo();
    }
}
```

程序运行的初始结果如图 12-3 所示。单击"确定"按钮,触发动作事件 ActionEvent,弹出消息框,显示输入的信息,如图 12-4 所示。

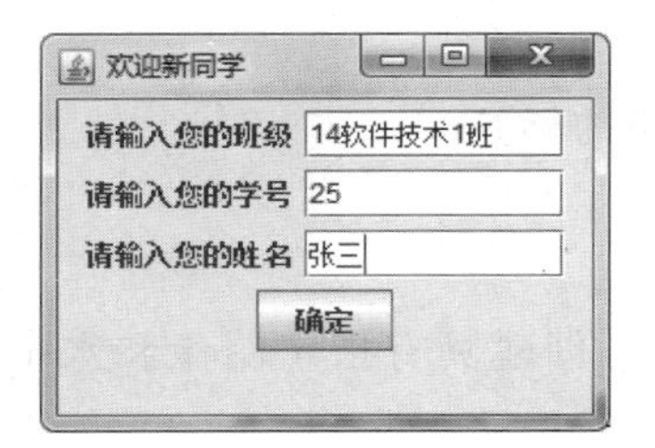

图 12-3　JFrame 窗口中添加基本组件

图 12-4　"消息"对话框中显示输入的内容

12.2.2　JPanel 面板

JFrame 是顶层容器,在实际编程过程中,一般很少将 JTextField、JButton 等组件直接放在顶层容器中布局,大多数的时候都是布局管理器结合中间层容器对组件进行布局设置。

JPanel 面板是一个不含标题栏、菜单栏以及边框的中间层容器,其本身不能独立存在,需要将其放在顶层容器中,比如 JFrame、JApplet 和 JDialog 上面。所以在使用 JPanel 面板的时候,一般先将 JTextField、JButton 等组件添加到面板,再将面板添加到 JFrame、JApplet 和 JDialog。

JPanel 面板的构造方法如下。

(1) JPanel():创建默认布局为 FlowLayout 具有双缓冲的新面板。

(2) JPanel(LayoutManager layout):创建具有指定布局管理器的新缓冲面板。

例如:

```
JFrame frame=new JFrame("窗口");
JPanel pan=new JPanel();
```

```
JTextField t_name=new JTextField(10);
JButton btn=new JButton("确定");
pan.add(t_name);   pan.add(btn);   frame.add(pan);
```

注意：

除了 JPanel 外，还有 JTabbedPane（选项卡窗格）、JScrollPane（滚动窗格）、JSplitPane（拆分窗格）等中间层容器。这些中间层容器都不能独立存在，必须放在顶层容器上才能发挥作用。

12.3 基本组件

本节以学生基本信息录入界面的设计为例，讲述 Swing 中基本组件的使用。

12.3.1 JLabel 标签

JLable 组件称为标签，是一个静态组件，也是标准组件中最简单的一个组件。每个标签用一个标签类的对象表示，可以显示一行静态文本或图标。一个标签允许同时显示文字和图标。标签只起信息说明的作用，不接受用户的输入，也无事件响应。

1. JLabel 的构造方法

(1) JLabel()：创建无图像，并且其标题为空字符串的标签。

(2) JLabel(String text)：创建具有指定文本的标签。

(3) JLabel(Icon image)：创建具有指定图像的标签。

(4) JLabel(Icon image, int horizontalAlignment)：创建具有指定图像和水平对齐方式的标签。

(5) JLabel(String text, Icon icon, int horizontalAlignment)：创建具有指定文本、图像和水平对齐方式的标签。

(6) JLabel(String text, int horizontalAlignment)：创建具有指定文本和水平对齐方式的标签。

标签的水平对齐参数取自静态常量 LEFT、CENTER 或 RIGHT 等。JLabel 类拥有这些常量，在使用时将 JLabel 作为前缀调用，如 JLabel.LEFT。

2. JLabel 的常用方法

(1) Icon getIcon()：返回该标签显示的图形图像(字形、图标)。

(2) void setIcon(Icon icon)：定义此组件将要显示的图标。

(3) String getText()：返回该标签显示的文本字符串。

(4) void setText(String text)：定义此组件将要显示的单行文本。

(5) void setHorizontalTextPosition(int textPosition)：设置标签的文本相对其图像的水平位置。

(6) void setVerticalTextPosition(int textPosition)：设置标签的文本相对其图像的垂直位置。

例如：

```
JLabel l_name=new JLabel();
l_name.setText("姓名");
JLabel l_password=new JLabel("密码");
```

标签还可以显示图标。图标一般以 ImageIcon 对象的形式出现，例如：

```
Icon icon=new ImageIcon("man.jpg");
JLabel l_sex=new JLabel("男");
l_sex.setIcon(icon);
```

注意：

凡是能显示文字的组件，一般都有 setText()方法和 getText()方法，如 JButton、JTextField 等。能显示图标的组件，一般都有 setIcon()方法和 getIcon()方法，如 JLabel 和 JButton 等。

12.3.2 JButton 按钮

JButton 按钮组件是一个具有按下、抬起两种状态的组件。用户可以指定按下按钮（单击事件）时执行的操作（事件响应）。按钮上通常有一行文字（标签）或一个图标，用于表明它的功能。

1. JButton 的构造方法

(1) JButton()：创建不带有设置文本或图标的按钮。

(2) JButton(Icon icon)：创建一个带图标的按钮。

(3) JButton(String text)：创建一个带文本的按钮。

(4) JButton(String text, Icon icon)：创建一个带初始文本和图标的按钮。

2. JButton 的常用方法

(1) public void setText(String text)：重新设置当前按钮的名字。

(2) public String getText()：获取当前按钮的名字。

(3) public void setIcon(Icon icon)：重新设置当前按钮的图标。

(4) public Icon getIcon()：获取当前按钮的图标。

(5) public void setHorizontalTextPosition(int textPosition)：设置按钮名字相对于按钮上图标的水平位置。textPosition 的有效值有 AbstractButton.LEFT、AbstractButton.RIGHT 和 AbstractButton.CENTER。

(6) public void addActionListener(ActionListener listener)：添加动作事件监听器，以便按钮响应动作事件。这是按钮使用频率最高的方法。

例如：

```
Icon icon=new ImageIcon("save.jpg");
JButton btn_open=new JButton("打开");
JButton btn_save=new JButton("保存",icon);              //带图标按钮
btn_open.addActionListener(new ActionListener());    //添加动作事件监听
```

12.3.3 JTextField 文本框与 JPasswordField 密码框

1. JTextField

JTextField 称为文本框。它定义了一个单行条形文本区，可以输出任何基于文本的信息，也可以接收用户的输入。

JTextField 的构造方法如下。

(1) JTextField()：构造一个新的文本框。

(2) JTextField(int columns)：构造一个具有指定列数的新的空文本框。

(3) JTextField(String text)：构造一个用指定文本初始化的新文本框。

(4) JTextField(String text, int columns)：构造一个用指定文本和列初始化的新文本框。

JTextField 的常用方法如下。

(1) String getText()：返回此文本组件表示的文本。

(2) void setText(String t)：将此文本组件显示的文本设置为指定文本。

(3) boolean isEditable()：指示此文本组件是否可编辑。

(4) void setEditable(boolean b)：设置判断此文本组件是否可编辑的标志。

(5) void setColumns(int columns)：设置文本框的列数。

(6) public void setHorizontalAlignment(int alignment)：设置文本的水平对齐方式。alignment 的有效值有 JTextField.LEFT、JTextField.CENTER 和 JTextField.RIGHT。

2. JPasswordField

JPasswordField 是密码框，功能跟 JTextField 类似，区别在于 JTextField 直接回显输入的文本，而 JPasswordField 只回显特殊符号(比如●)，以达到保密的目的。在默认情况下，JPasswordField 禁用中文输入法。

JPasswordField 的构造方法如下。

(1) JPasswordField()：构造一个新密码框。

(2) JPasswordField(int columns)：构造一个具有指定列数的新的空密码框。

(3) JPasswordField(String text)：构造一个利用指定文本初始化的新密码框。

(4) JPasswordField(String text, int columns)：构造一个利用指定文本和列初始化的密码框。

JPasswordField 的常用方法如下。

(1) void setEchoChar(char c)：设置此密码框的回显字符。

(2) char[] getPassword()：获取密码框字符。

例如：

```
JTextField t_name=new JTextField(10);
t_name.setText("你好");
JPasswordField p_password=new JPasswordField(10);
```

12.3.4 JRadioButton 单选按钮与 ButtonGroup 按钮组

JRadioButton 组件称为单选按钮，它提供“选中/ON”和“未选中/OFF”两种状态。用户单击某单选按钮，将改变其原有状态。

单选按钮很少单个使用，通常是一组同时使用，要求每次只能选定其中一个。选定任意一个单选按钮，都会把前面选中的单选按钮的状态清除。要保证一组单选按钮中有唯一的选择，需要 ButtonGroup(按钮组)对象。

1. JRadioButton

JRadioButton 的构造方法如下。

(1) JRadioButton()：创建一个初始化为未选择的单选按钮，其文本未设定。

(2) JRadioButton(String text)：创建一个具有指定文本的状态为未选择的单选按钮。

(3) JRadioButton(String text, boolean selected)：创建一个具有指定文本和选择状态的单选按钮。

(4) JRadioButton(Icon icon)：创建一个初始化为未选择的单选按钮，它具有指定的图像，但无文本。

(5) JRadioButton(Icon icon, boolean selected)：创建一个具有指定图像和选择状态的单选按钮，但无文本。

(6) JRadioButton(String text, Icon icon)：创建一个具有指定的文本和图像，并且初始化为未选择的单选按钮。

(7) JRadioButton(String text, Icon icon, boolean selected)：创建一个具有指定的文本、图像和选择状态的单选按钮。

2. ButtonGroup

ButtonGroup 的构造方法如下。

ButtonGroup()：构造按钮组对象。

ButtonGroup 的常用方法如下。

(1) void add(AbstractButton b)：将按钮添加到组。

(2) void remove(AbstractButton b)：从按钮组中移除按钮。

(3) int getButtonCount()：返回按钮组的按钮个数。

注意：

单选按钮与 ButtonGroup 对象配合使用，可创建一组按钮，一次只能选择其中的一个(创建一个 ButtonGroup 对象，并用其 add()方法将 JRadioButton 对象包含在此组中)。

例如：

```
ButtonGroup bg_sex=new ButtonGroup();
JRadioButton r_man=new JRadioButton("男");
JRadioButton r_woman=new JRadioButton("女");
JPanel pan=new JPanel();
bg_sex.add(r_man);
bg_sex.add(r_woman);
pan.add(r_man);
pan.add(r_woman);
```

注意:

单选按钮要添加到按钮组 ButtonGroup 中,也要添加到容器面板组件中。

12.3.5 JCheckBox 复选框

在 Java 中,JCheckBox 组件与 JRadioButton 组件相似;但 JCheckBox 是复选框,JRadioButton 是单选按钮,图形不同,复选框为方形图标,选项按钮为圆形图标。

1. JCheckBox 的构造方法

(1) JCheckBox():创建一个没有文本、没有图标,并且最初未被选定的复选框。

(2) JCheckBox(String text):创建一个带文本的,最初未被选定的复选框。

(3) JCheckBox(String text, boolean selected):创建一个带文本的复选框,并指定其最初是否处于选定状态。

(4) JCheckBox(Icon icon):创建有一个图标,最初未被选定的复选框。

(5) JCheckBox(Icon icon, boolean selected):创建一个带图标的复选框,并指定其最初是否处于选定状态。

(6) JCheckBox(String text, Icon icon):创建带有指定文本和图标的,最初未选定的复选框。

(7) JCheckBox(String text, Icon icon, boolean selected):创建一个带文本和图标的复选框,并指定其最初是否处于选定状态。

2. JCheckBox 的常用方法

(1) void setIcon(Icon defaultIcon):设置复选框上的默认图标。

(2) void setSelectedIcon(icon selectedIcon):设置复选框选中状态下的图标。

(3) boolean isSelected():如果复选框被选中,返回值 true;否则返回 false。

例如:

```
JCheckBox c_movement=new JCheckBox("运动");
JCheckBox c_Internet=new JCheckBox("上网");
JCheckBox c_read=new JCheckBox("看书");
```

12.3.6 JComboBox 下拉组合框

JComboBox 下拉组合框是按钮或可编辑字段与下拉列表组合而成的组件。可以在下拉列表中选择值,下拉列表在用户请求时显示。如果使组合框处于可编辑状态,可在组合框中输入数据。

1. JComboBox 的构造方法

(1) JComboBox():创建一个没有选项的下拉组合框。

(2) JComboBox(Object[] items):创建一个以数组元素为选项的下拉组合框。

2. JComboBox 的常用方法

(1) void addItem(Object anObject):为下拉组合框添加选项。

(2) int getSelectedIndex():返回当前所选项的索引,起始值为 0。

(3) Object getSelectedItem():返回当前所选项。

(4) boolean isEditable():如果下拉组合框可编辑,返回 true。

(5) void removeAllItems():从下拉组合框中移除所有项。

(6) void removeItem(Object anObject):从下拉组合框中移除项。

(7) void removeItemAt(int anIndex):移除 anIndex 处的项。

(8) void setEditable(boolean aFlag):确定组合框字段是否可编辑。

例如:

```
String s[]={"计算机软件技术","物流管理","商务英语","经济外贸"};
JComboBox cb_prefession=new JComboBox(s);
cb_prefession.addItem("信息管理");
```

12.3.7 JList 列表框

JList 称为列表组件,它将所有选项放入列表框。如果将 JList 放入滚动面板(JScrollPane),出现滚动菜单效果。利用 JList 提供的成员方法,可以指定显示在列表框中的选项个数,多余的选项通过列表上下滚动来显现。

JList 组件与 JComboBox 组件的最大区别是:JComboBox 组件一次只能选择一项,而 JList 组件一次可以选择一项或多项。选择多项时,可以是连续区间选择(按住 Shift 键选择),也可以是不连续的选择(按住 Ctrl 键选择)。

1. JList 的构造方法

(1) JList():使用空的模式构造列表框。

(2) JList(Object[] listData):使用指定的数组构造列表框。

(3) JList(Vector listData):使用包含元素的向量构造列表框。

2. JList 的常用方法

(1) int getSelectedIndex():返回选中的选项索引,如果选中多个,返回最小一个索引。

(2) int[] getSelectedIndices():返回选中的选项索引。这些索引组成一个数组,按升序排列。

(3) boolean isSelectionEmpty():判断是否为空选择。

(4) void setListData(Object[] listData):设置列表框选项为给定的数组元素。

(5) void setVisibleRowCount(int x):设置列表框的可见选项行数。

例如:

```
String str[]={"北京","上海","广东","新疆"};
JList ls_home=new JList(str);
```

12.3.8 JTextArea 文本区

JTextArea 称为文本域。它与 JTextField 文本框的主要区别是:文本框只能输入/输出一行文本,而文本域可以输入/输出多行文本。

1. JTextArea 的构造方法

(1) JTextArea():构造一个新的文本区。

（2）JTextArea(int rows，int columns)：构造具有指定行数和列数的新的空文本区。

（3）JTextArea(String text)：构造显示指定文本的新的文本区。

（4）JTextArea(String text，int rows，int columns)：构造具有指定文本、行数和列数的新的文本区。

2. JTextArea 的常用方法

（1）void append(String str)：将给定文本追加到文档结尾。

（2）int getColumns()：返回文本区中的列数。

（3）voidsetColumns(int columns)：设置此文本区中的列数。

（4）int getRows()：返回文本区中的行数。

（5）void setRows(int rows)：设置此文本区的行数。

（6）void insert(String str，int pos)：将指定文本插入指定位置。

例如：

```
JTextArea ta_message=new JTextArea(6,15);        //创建 5 行 16 列的文本区
```

基本组件综合实例.doc

12.4 布　　局

布局是指组件在容器中的排列方式，主要有下述几种。

（1）FlowLayout：流布局。

（2）BorderLayout：边界布局。

（3）GridLayout：网格布局。

（4）GridBagLayout：网格包布局。

（5）CardLayout：卡片布局。

（6）null：空布局(不使用布局)。

注意：

对于一些复杂的情况，需要使用容器的嵌套，各容器可使用不同的布局。当容器的尺寸改变时，布局管理器自动调整组件的排列。

12.4.1 FlowLayout 流布局

FlowLayout 布局管理器用于对组件逐行定位，每完成一行，一个新行便又开始。与其他布局管理器不同，FlowLayout 布局管理器不限制它所管理的组件的大小，允许它们有自己的最佳大小。FlowLayout 是 JPanel 面板的默认布局管理器。

FlowLayout 布局管理器允许将组件左对齐或右对齐。如果想在组件之间创建一个更大的最小间隔，可以规定一个界限。当用户对由 FlowLayout 布局管理的区域进行缩放时，布局发生变化，如图 12-5 所示。

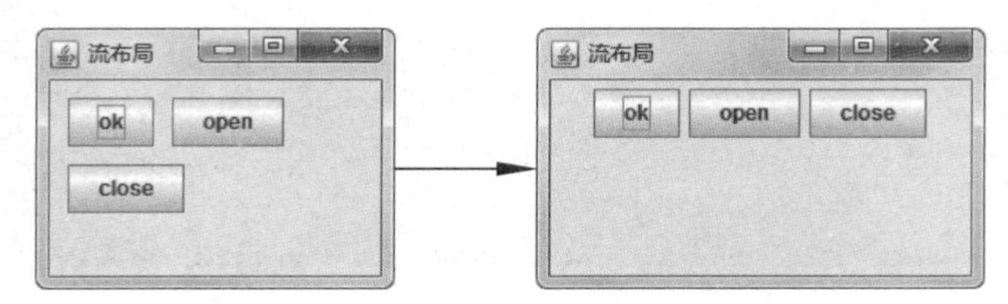

图 12-5　FlowLayout 布局

FlowLayout 的构造方法如下所述。

(1) FlowLayout()：构造一个新的流布局管理器，居中对齐。默认的水平和垂直间隙是 5 个单位。

(2) FlowLayout(int align)：构造一个新指定对齐方式的流布局管理器。默认的水平和垂直间隙是 5 个单位。其中，align（对齐方式）的值必须是 FlowLayout.LEFT、FlowLayout.RIGHT 或 FlowLayout.CENTER。

(3) FlowLayout(int align, int hgap, int vgap)：创建一个新的流布局管理器，具有指定的对齐方式，以及指定的水平和垂直间隙。

容器使用 setLayout()方法创建 FlowLayout 布局对象，并安装它们。

例如：

```
JFrame f=new JFrame();
FlowLayout layout=new  FlowLayout(FlowLayout.LEFT, 10, 10);
f.setLayout(layout);
```

【例 12-2】 FlowLayout 应用实例。用容器的 setLayout()方法来创建 FlowLayout 布局对象，并安装它们，程序运行结果如图 12-5 的左图所示。

```
import java.awt.*;
import javax.swing.*;
class FlowLayoutDemo extends JFrame{
    JButton btn_ok=new JButton("ok");
    JButton btn_open=new JButton("open");
    JButton btn_close=new JButton("close");
    JPanel pan=new JPanel();
    public FlowLayoutDemo(){
        this.setTitle("流布局");
        this.setBounds(500,500, 200,150);
        this.setDefaultCloseOperation(TEXT_CURSOR);
        init();
        this.setVisible(true);
    }
    public void init(){
        pan.add(btn_ok);   pan.add(btn_open);   pan.add(btn_close);
        FlowLayout layout=new FlowLayout(FlowLayout.LEFT,10,10);
                                              //创建流布局对象
```

```
        pan.setLayout(layout);          //面板应用流布局
        this.add(pan);
    }
}
public class Example2 {
    public static void main(String[] args){
        new FlowLayoutDemo();
    }
}
```

12.4.2 BorderLayout 边框布局

BorderLayout 布局管理器为放置组件提供一个更复杂的方案。BorderLayout 布局管理器包括 5 个明显的区域：东、南、西、北、中。它是用于 JFrame、JApplet、JDialog 和 JWindow 的默认布局管理器。

北占据容器的上方，东占据容器的右侧，等等。中间是在东、南、西、北都填满后剩下的最大区域。当窗口垂直延伸时，东、西、中区域延伸；当窗口水平延伸时，南、北、中区域延伸，如图 12-6 所示。

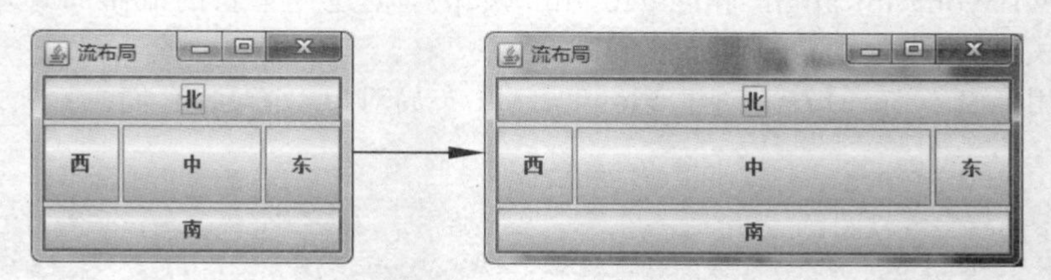

图 12-6　BorderLayout 布局

注意：

当窗口缩放时，按钮相应的位置不变化，但其大小改变。BorderLayout 给予南、北组件最佳高度，并强迫它们与容器一样宽；但对于东、西组件，给予最佳宽度，而高度受到限制。当加入的组件超过 5 个时，必须使用容器的嵌套或其他布局。

BorderLayout 的构造方法如下。

(1) BorderLayout()：构造一个组件之间没有间距的新边框布局。

(2) BorderLayout(int hgap, int vgap)：用指定的组件之间的水平间距构造一个边框布局。

在布局管理器中，组件必须被添加到指定的区域。区域名称拼写要正确，东、南、西、北、中 5 个区域分别使用 BorderLayout 的静态常量 EAST、SOUTH、WEST、NORTH 和 CENTER 表示。例如，在使用 BorderLayout 布局的容器中，在中心区域添加按钮组件，使用 add(button,BorderLayout.CENTER)，拼写与大写很关键。

【例 12-3】 BorderLayout 应用实例。容器使用 setLayout()方法创建 BorderLayout 布局对象并安装它们，使用 add()方法将 5 个按钮组件添加到容器的各个区域。程序的运行结果如图 12-6 所示。

```
import java.awt.*;
import javax.swing.*;
class BorderLayoutDemo extends JFrame{
    JButton btn_east=new JButton("东");
    JButton btn_south=new JButton("南");
    JButton btn_west=new JButton("西");
    JButton btn_north=new JButton("北");
    JButton btn_center=new JButton("中");
    JPanel pan=new JPanel();
    public BorderLayoutDemo(){
        this.setTitle("流布局");
        this.setBounds(500,500, 200,150);
        this.setDefaultCloseOperation(TEXT_CURSOR);
        init();
        this.setVisible(true);
    }
    public void init(){
        BorderLayout layout=new BorderLayout(2,3);   //创建边框布局
        pan.setLayout(layout);                       //面板设置边框布局
        pan.add(btn_east,layout.EAST);               //添加按钮到面板的东区域
        pan.add(btn_south,layout.SOUTH);             //添加按钮到面板的南区域
        pan.add(btn_west,layout.WEST);               //添加按钮到面板的西区域
        pan.add(btn_north,layout.NORTH);             //添加按钮到面板的北区域
        pan.add(btn_center,layout.CENTER);           //添加按钮到面板的中间区域
        this.add(pan);
    }
}
public class Example3 {
    public static void main(String[] args){
        new BorderLayoutDemo();
    }
}
```

12.4.3 GridLayout 网格布局

GridLayout 布局管理器为放置组件提供了灵活性。它用许多行和列来创建管理程序，于是组件填充到由管理程序规定的单元中。比如，由语句 new GridLayout(3,2)创建的 3 行 2 列 GridLayout 布局能产生如图 12-7 所示的 6 个单元格。

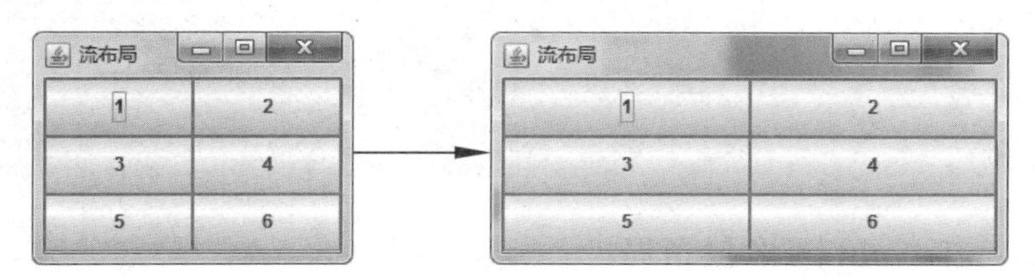

图 12-7 GridLayout 布局

GridLayout 的构造方法如下。

(1) GridLayout()：创建具有默认值的网格布局，即每个组件占据 1 行 1 列。

(2) GridLayout(int rows，int cols)：创建具有指定行数和列数的网格布局。

(3) GridLayout(int rows，int cols，int hgap，int vgap)：创建具有指定行数和列数、水平间隙和垂直间隙的网格布局。

GridLayout 布局管理器总是忽略组件的最佳大小。所有单元的宽度是相同的，是根据单元数对可用宽度平分而定的。同样地，所有单元的高度也是相同的，是根据行数对可用高度平分而定的。

将组件添加到网格中的命令决定它们占有的单元。单元的行数从左到右填充，就像文本一样；列数从上到下由行填充。

【例 12-4】 GridLayout 应用实例。容器使用 setLayout()方法创建 GridLayout 布局对象并安装它们，使用 add()方法将 6 个按钮组件添加到容器的各个单元格。程序的运行结果如图 12-7 中的左图所示。

```
import java.awt.*;
import javax.swing.*;
class GridLayoutDemo extends JFrame{
    JButton btn_1=new JButton("1");JButton btn_2=new JButton("2");
    JButton btn_3=new JButton("3");JButton btn_4=new JButton("4");
    JButton btn_5=new JButton("5");JButton btn_6=new JButton("6");
    JPanel pan=new JPanel();
    public GridLayoutDemo(){
        this.setTitle("流布局");
        this.setBounds(500,500, 200,150);
        this.setDefaultCloseOperation(TEXT_CURSOR);
        init();        this.setVisible(true);
    }
    public void init(){
        GridLayout layout=new GridLayout(3,2);     //创建网格布局
        pan.setLayout(layout);                      //面板设置网格布局
        pan.add(btn_1);    pan.add(btn_2);    pan.add(btn_3);
        pan.add(btn_4);    pan.add(btn_5);    pan.add(btn_6);
        this.add(pan);
    }
}
public class Example4 {
    public static void main(String[] args){
        new GridLayoutDemo();
    }
}
```

12.4.4 GridBagLayout 网格包布局

最复杂的布局管理器是 GridBagLayout。它与 GridLayout 相似，也是将组件排在格子里，但是 GridBagLayout 在网格的基础上提供更复杂的布局。它允许单个组件在一个单元中不填满整个单元，而只占用最佳大小；也允许单个组件扩展成不止一个单元，并且可以用

任意顺序加入组件。

GridBagLayout 的常用方法如下。

(1) GridBagLayout():创建网格包布局管理器。

(2) void setConstraints(Component comp, GridBagConstraints constraints)。

为了使用 GridBagLayout,必须构造一个 GridBagConstraints 对象,用于指定如何用 GridBagLayout 放置组件。GridBagConstraints 对象包含一些重要的字段,用于指定组件的放置方式。这些字段的含义如下所述。

1. gridx、gridy 字段

这两个字段用于指定组件左上角的坐标。该坐标不以像素为单位,而是以网格的列数为单位,gridx=1,gridy=2,表示组件以第2行第3列的网格为其左上角;如果不是特别指定这两个参数的值,组件被默认地安排在前一个组件的右下角。设置此布局中指定组件的约束条件。

2. gridwidth、gridheight 字段

这两个字段分别用于指定组件的长度占据多少列网格,宽度占据多少行网格;如果使用常量 GridBagConstraints.REMAINDER 定义这两个属性,组件将占用该行该列的所有剩余未被占据的空间。

3. fill 字段

当组件的显示区域大于组件的所需大小时,用于确定是否(以及如何)调整组件。该字段有4种字段值。

(1) GridBagConstraints.NONE(不伸缩)。

(2) GridBagConstraints.HORIZONTAL(水平伸缩)。

(3) GridBagConstraints.VERTICAL(垂直伸缩)。

(4) GridBagConstraints. BOTH(水平和垂直同时伸缩)。

4. weightx 和 weighty 字段

加权字段 weightx 和 weighty 用来设定如何分配剩余空间的比例。GridBagLayout 内的每个区域都必须设置加权字段,即 weightx 和 weighty。如果容器的水平方向上尚有多余空间,一列能否扩展将取决于该列中所有组件的最大 weightx。该值为0,则列宽不扩展;若大于0,则列宽扩展。值越大,列宽扩展的比例越大,其扩展值占据整个容器扩展数值的比例将由容器中所有行的 weightx 值共同决定。垂直方向和水平方向上同理。

5. insets 字段

insets 字段是 java.awt.insets 类的对象,它包含4个整型量 bottom、top、left 和 right,分别说明下、上、左和右的间距。这些间距可以充当容器的边框或空白。在 GridBagLayout 对象中的 insets 参数用来表明组件与分配给它的区域间四边的最小距离。这些间距可以在创建 insets 对象时用构造函数的实际参数指定,代码如下:

```
insets=new insets(1,2,3,4)          //top=1,left=2,bottom=3,right=4
```

使用 GridBagLayout 的一般步骤如下:

(1) 画出组件布局草图。

(2) 确定每个组件应占据的网格。

（3）分别在 x 和 y 方向上为网格标上序号。

（4）设置组件的 gridx、gridy、gridwidth、gridheight。

（5）根据填充和对齐要求设置 fill 值和 anchor 值。

（6）将默认大小的组件的 weightx 和 weighty 值设为 0，其余的设为 100。

（7）看是否需要设置填塞值 insets 和 ipadx、ipady。

（8）编写代码，运行程序，观察结果。必要时，进行修改。

12.4.5 CardLayout 卡片布局

CardLayout 布局管理器相当于一个盒子，里面放置一系列按次序叠放的卡片（组件），每次只能看到其中的一张。用 add 方法可将卡添加到 CardLayout 布局中。CardLayout 布局管理器的 show()方法将响应请求转换到一个新卡中。

1. CardLayout 的构造方法

（1）CardLayout()：创建一个间隙大小为 0 的新卡片布局。

（2）CardLayout(int hgap, int vgap)：创建一个具有指定水平和垂直间隙的新卡片布局。

2. CardLayout 的常用方法

（1）void first(Container parent)：翻转到容器的第一张卡片。

（2）void last(Container parent)：翻转到容器的最后一张卡片。

（3）void next(Container parent)：翻转到指定容器的下一张卡片。

（4）void show(Container parent, String name)：翻转到已添加到此布局（使用 addLayoutComponent）的具有指定 name 的组件。

12.4.6 null 空布局

除了以上介绍的各种布局管理器外，Java 允许程序员不使用布局管理器，而是直接指定各个组件的坐标。这种布局称为空布局，通过使用 setBounds()指定组件的位置。

setBounds(int x, int y, int width, int height)：移动组件并调整其大小。

CardLayout 的应用实例.doc

NULL 布局应用实例.doc

12.5 事件处理

图形用户界面通过事件处理机制响应用户和程序的交互。产生事件的组件称为事件源。如当用户单击某个按钮时，产生动作事件，该按钮就是事件源。要处理产生的事件，需要在特定的方法中编写处理事件的程序。这样，当产生某种事件时，调用处理这种事件的方法，实现用户与程序的交互，这就是图形用户界面事件处理的基本原理。

在Java语言中,触发按钮、菜单功能的,可以用鼠标事件(MouseEvent)和键盘事件(KeyEvent)处理,更多的是使用动作事件(ActionEvent)。这些都是常用的事件。

图形用户界面(GUI)的设计步骤如下:

(1) 建立用户界面。

(2) 设计一个顶层容器对象,如JFrame。

(3) 确定布局,增加组件。

(4) 改变组件颜色、字体。

(5) 增加事件处理。

(6) 编写事件监听器类(内含事件处理方法)。

(7) 在事件源上注册事件监听器对象。

(8) 显示用户界面。

12.5.1 事件处理机制

在面向对象程序设计中,事件与对象密切相关。哪些对象引发哪些事件?发生事件后是否要响应和处理?如何处理?这些都是涉及事件处理机制的问题。

1. 事件处理机制的几个重要概念

1) 事件

事件是用户在界面上的一个操作(通常使用各种输入设备,如鼠标、键盘等来完成)。

当一个事件发生时,该事件用一个事件对象来表示。事件对象有对应的事件类。不同的事件类描述不同类型的用户动作,例如ActionEvent(动作事件)、ItemEvent(选项事件)、TextEvent(文本事件)和ComponentEvent(组件事件)等。事件类包含在java.awt.event和javax.swing.event包中。

2) 事件源

产生事件的组件称为事件源。在一个按钮上单击时,该按钮就是事件源,产生一个ActionEvent类型的事件。

3) 事件监听器

事件监听器包含事件处理器,并负责检查事件是否发生。若发生,激活事件处理器进行处理的类称为事件监听器类,其实例就是事件监听器对象。事件监听器类必须实现事件监听器接口(XxxListener),或继承事件监听器适配器类(XxxAdapter)。

事件监听器接口定义了处理事件必须实现的方法。事件监听器适配器类是对事件监听器接口的简单实现,目的是减少编程的工作量。

事件监听器接口和事件监听器适配器类都包含在java.awt.event和javax.swing.event包中。常见的事件监听器接口有ActionListener、ComponentListener和MouseListener等,常见的事件监听器适配器类有ComponentAdapter、MouseAdapter等。

4) 事件处理器(事件处理方法)

事件处理器是一个接收事件对象并进行相应处理的方法。事件处理器包含在一个类中,该类的对象负责检查事件是否发生。若发生,激活事件处理器进行处理。例如,ActionEvent动作事件的处理器是actionPerformed(ActionEvent e)。

5）注册事件监听器

为了让事件监听器检查某个组件（事件源）是否发生了某些事件，并且在发生时激活事件处理器进行相应的处理，必须在事件源上注册事件监听器。通过使用事件源组件的以下方法来完成。

```
事件源.addXxxListener(事件监听器对象)
```

其中，Xxx 对应相应的事件类。

例如，添加动作事件：事件源.addActionListener(事件监听器对象)。

2. 事件处理方式

事件处理方式有几种方法：利用监听器接口实现事件处理、利用监听器类实现事件处理、利用内部类实现事件处理和利用匿名内部类实现事件处理。

1）利用监听器接口实现事件处理

同一个类中实现一个事件的接口。定义该接口的方法，实现特定的功能。一般形式如下：

```
public class 事件发生类名 implements 事件监听器接口{
    ...
    public 事件发生类名(){
    ...
    组件.addXXXListener(this);              //注册到监听器对象,this 表示当前对象
    ...   }
    public void 监听器接口说明的方法 1(){
        ...   }
   public void 监听器接口说明的方法 n(){
        ...   }
}
```

2）利用监听器类实现事件处理

通过扩展一个监听器接口，定义监听器类，然后将要求发生动作的组件再注册到此监听器类的对象中。一般形式如下：

```
public class 自定义监听类名 extends 事件适配器(或 implements 事件监听器){
                                                          //定义监听器类
    public void 监听器接口说明的方法 1(){
        ...    }
        ...
    public void 监听器接口说明的方法 n(){
        ...   }
}
public class 事件发生类名{                                  //定义事件发生的类
    ...
    public 事件发生类名(){
    ...
    组件.addXXXListener(new 自定义监听类名());    //注册组件到监听器对象
    ...   }
}
```

3）利用内部类实现事件处理

这种方法是将独立的监听器类定义成事件发生类的内部类，形式如下：

```
public class 事件发生类名{                              //定义事件发生的类
   ...
   public 事件发生类名(){
   ...
   组件.addXXXListener(new 自定义监听类名());        //注册组件到监听器对象
   ...     }
   ...
   class 自定义监听类名 extends 事件适配器(或 implements 事件监听器){
                                                         //定义内部监听器类
       ...
       public void 监听器接口说明的方法 1(){
       ...       }
       ...
     public void 监听器接口说明的方法 n(){
       ...       }
   }                                                     //结束内部类
}
```

4）利用匿名内部类实现事件处理

这种方法是在添加时间监听时，在产生的事件中定义事件发生类的内部类，形式如下：

```
组件对象.addXXXListener(new 事件监听器(){               //定义匿名内部类
   public void 监听器接口说明的方法 1(){
       ... }
       ...
   public void 监听器接口说明的方法 n(){
       ... }
});                                                      //结束匿名类定义
```

12.5.2 事件、接口、适配器与事件处理方法对应表

常用的事件类、监听接口、监听适配器及方法，以及触发事件的用户操作等见表 12-3。

表 12-3 常用的事件类、监听接口、监听适配器及方法以及触发事件的用户操作

事件类	监听接口、监听适配器	方法以及触发事件的用户操作
ActionEvent(动作事件)	ActionListener 无	actionPerformed(ActionEvent e)：单击按钮、菜单，按钮上按空格键，菜单上按 Enter 键，单击单选按钮，通过复选框和下拉组合框做出选择等
ItemEvent(选项事件)	ItemListener 无	itemStateChanged(ItemEvent e)：改变单选按钮、复选框、下拉组合框等选择
TextEvent(文本事件)	TextListener 无	textValueChanged(TextEvent e)：改变 java.awt 包中文本组件 TextField 和 TextArea 的内容

续表

事 件 类	监听接口、监听适配器	方法以及触发事件的用户操作
ComponenEvent（组件事件）	ComponentListener ComponentAdapter	componentHidden(ComponentEvent e)：隐藏组件 componentMoved(ComponentEvent e)：移动组件 componentResized(ComponentEvent e)：改变组件大小 componentShown(ComponentEvent e)：显示组件
FocusEvent（焦点事件）	FocusListener FocusAdapter	focusGained(FocusEvent e)：组件获得键盘焦点 focusLost(FocusEvent e)：组件失去键盘焦点
ContainerEvent（容器事件）	ContainerListener ContainerAdapter	componentAdded(ContainerEvent e)：添加组件到容器 componentRemoved(ContainerEvent e)：移除容器组件
WindowEvent（窗口事件）	WindowListener WindowAdapter	windowOpened(WindowEvent e)：打开窗口 windowActivated(WindowEvent e)：激活窗口 windowClosed(WindowEvent e)：关闭窗口后 windowClosing(WindowEvent e)：正在关闭窗口 windowDeactivated(WindowEvent e)：停用窗口 windowDeiconified(WindowEvent e)：取消最小化窗口 windowIconified(WindowEvent e)：最小化后窗口
	WindowStateListener	void windowStateChanged(WindowEvent)：窗口状态改变调用
KeyEvent（键盘事件）	KeyListener KeyAdapter	keyPressed(KeyEvent e)：按下键盘按键 keyReleased(KeyEvent e)：释放按键 keyTyped(KeyEvent e)：敲击按键
MouseEvent（鼠标事件）	MouseListener MouseAdapter	mouseClicked(MouseEvent e)：单击(按下并释放)鼠标 mouseEntered(MouseEvent e)：鼠标指针进入组件 mouseExited(MouseEvent e)：鼠标指针离开组件 mousePressed(MouseEvent e)：按下鼠标 mouseReleased(MouseEvent e)：释放鼠标
ListSelectionEvent（列表选择事件）	ListSelectionListener 无	valueChanged(ListSelectionEvent e)：更改列表选项

12.5.3 常见的事件处理

1. 动作事件处理

动作事件处理是最简单和最常用的事件处理。当用户单击按钮或在文本框中按回车键，或选择菜单项，或使用列表等组件时，都可以采用动作事件来处理这些组件引发的动作。动作事件处理涉及接口 ActionListener 与动作事件类 ActionEvent。通过接口 ActionListener，可以实现对组件发生动作事件 ActionEvent 对象的监听与处理。ActionListener 的主要方法见表 12-4。

表 12-4 ActionListener 的主要方法

方 法	功 能
public void actionPerformed(ActionEvent)	动作发生时被调用

【例 12-5】 设计一个程序，实现由文本框和文本区组成的简易聊天室界面。该程序允

许用户发送聊天内容,也可以关闭聊天室,运行结果如图 12-8 所示。

```
import javax.swing.*;
import java.awt.*;
import java.awt.event.*;
class SimpleChatRoomDemo extends JFrame implements ActionListener{
    JButton btn_close=new JButton("关闭");
    JButton btn_send=new JButton("发送");
    JTextArea text_edit=new JTextArea();
    JTextArea text_show=new JTextArea();
    JScrollPane scrollpane_edit=new JScrollPane(text_edit);
                                              //将文本区设置到滚动条
    JScrollPane scrollpane_show=new JScrollPane(text_show);
    JPanel panel1=new JPanel();
    JPanel panel2=new JPanel();
  public SimpleChatRoomDemo(){
    this.setBounds(100,100,350,250);
    this.setTitle("动作事件处理-简单聊天室");
    this.setLayout(new BorderLayout());
    this.setDefaultCloseOperation(EXIT_ON_CLOSE);
    init();    this.setVisible(true);
  }
  public void init(){
      panel1.setLayout(new BorderLayout());
      panel1.add(scrollpane_show,BorderLayout.CENTER);
      panel1.add(scrollpane_edit,BorderLayout.SOUTH);
      panel2.add(btn_close);      panel2.add(btn_send);
      btn_close.addActionListener(this);       //添加动作事件监听
      btn_send.addActionListener(this);
      this.add(panel1,BorderLayout.CENTER);
      this.add(panel2,BorderLayout.SOUTH);
  }
  public void actionPerformed(ActionEvent e){ //动作事件处理方法
      if(e.getSource()==btn_close){           //判断是否选择 btn_close 按钮
          System.exit(0);                     //退出系统
      }
      if(e.getSource()==btn_send){
          text_show.setText(text_show.getText()+"\r\n"+text_edit.getText());
          //设置 text_show 的文本
          text_edit.setText(null);            //清空 text_edit 的文本
      }
  }
}
public class Example5 {
    public static void main(String[] args){
     new SimpleChatRoomDemo();    }
}
```

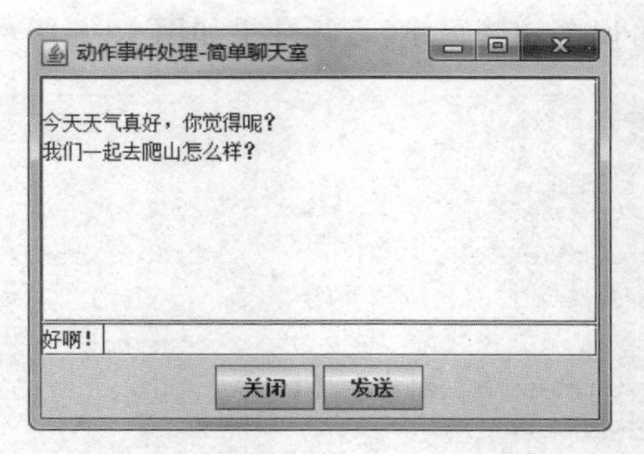

图 12-8　例 12-5 的运行结果

2. 鼠标事件处理

鼠标是一种最常用的输入工具。用户可以用鼠标绘制图形，利用鼠标实现特殊的控制，例如游戏操作的控制等。Java 语言中主要提供了 3 种不同类型的鼠标事件：鼠标键事件、鼠标移动事件和鼠标轮滚动事件。

鼠标键事件多用于鼠标的单击处理；鼠标移动事件用于鼠标移动的处理；鼠标轮滚动事件是从 JDK 1.4 后引入的鼠标事件，用于鼠标轮的动作处理。这 3 种类型的鼠标事件一般以容器组件作为事件源，它们各有监听器。这里只介绍鼠标键事件。

鼠标键事件处理是一种最常见的鼠标事件处理方式，涉及监听器接口 MouseListener 和鼠标事件 MouseEvent。这种事件处理的具体步骤是：组件通过方法 addMouseListener 注册到 MouseListener 中。允许监听器对象在程序运行过程中监听组件是否有鼠标键事件 MouseEvent 对象发生。

实现 MouseListener 接口的所有方法，提供事件发生的具体处理办法，见表 12-5。

表 12-5　MouseListener 接口的方法及功能

方　法	功　能
void mousePressed(MouseEvent)	鼠标按下调用
void mouseReleased(MouseEvent)	鼠标释放调用
void mouseEntered(MouseEvent)	鼠标指针进入调用
void mouseExited(MouseEvent)	鼠标指针离开调用
void mouseClicked(MouseEvent)	鼠标单击调用

【例 12-6】 设计一个程序，实现鼠标在不同的状态，标签显示不同的内容和不同的背景颜色。

```
import java.awt.*;
import java.awt.event.*;
import javax.swing.*;
class MouseDemo extends JFrame implements MouseListener {
    JButton btn=new JButton("按钮");
    JLabel label=new JLabel("起始状态,还没有鼠标事件", JLabel.CENTER);
    JPanel panel=new JPanel();
    public MouseDemo(){
```

```
        this.setBounds(100,100,200,100);
        this.setTitle("鼠标事件处理");
        this.setDefaultCloseOperation(EXIT_ON_CLOSE);
        init();
        this.setVisible(true);
    }
    public void init(){
        panel.setLayout(new BorderLayout());
        panel.add(label,BorderLayout.CENTER);
        panel.add(btn,BorderLayout.SOUTH);
        btn.addMouseListener(this);
        this.add(panel);
    }
    public void mousePressed(MouseEvent e){      //鼠标按下调用
        label.setText("你已经压下鼠标按钮");
        label.setForeground(Color.blue);         //标签的前景色设置为蓝色
    }
    public void mouseReleased(MouseEvent e){     //鼠标释放调用
        label.setText("你已经放开鼠标按钮");
        label.setFcreground(Color.red);
    }
    public void mouseEntered(MouseEvent e){      //鼠标指针进入按钮调用
        label.setText("鼠标指针进入按钮");
        label.setForeground(Color.yellow);
    }
    public void mouseExited(MouseEvent e){       //鼠标指针离开按钮调用
        label.setText("鼠标指针离开按钮");
        label.setForeground(Color.green);
    }
    public void mouseClicked(MouseEvent e){      //单击鼠标调用
        label.setText("你已经按下按钮");
        label.setForeground(Color.orange);
    }
}
public class Example6 {
    public static void main(String[] args){
        new MouseDemo();
    }
}
```

程序运行结果如图 12-9～图 12-12 所示。鼠标在按钮上执行不同的操作，窗口标签显示不同的内容。

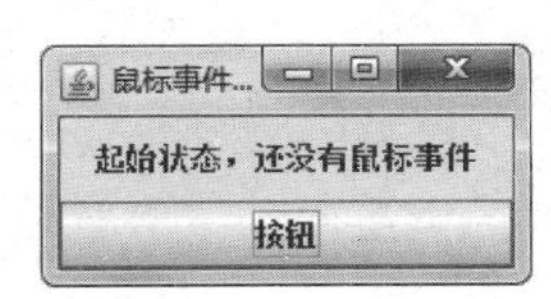

图 12-9　起始状态

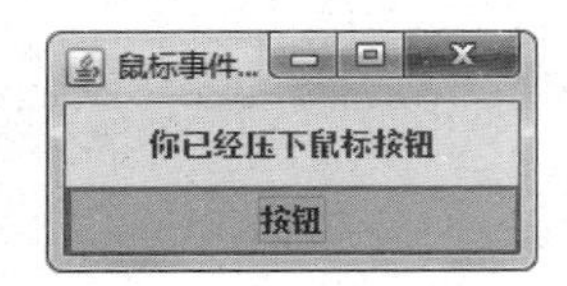

图 12-10　鼠标按下按钮状态

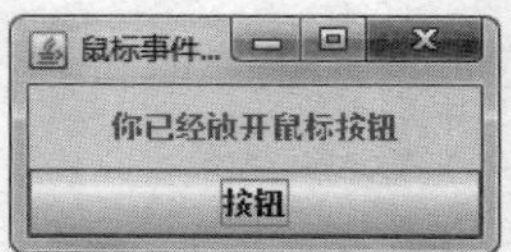

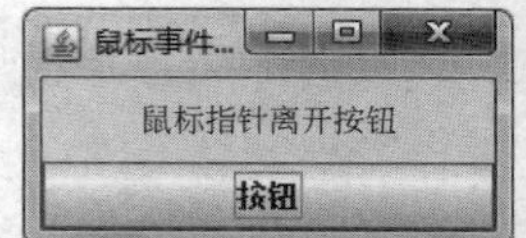

图 12-11　鼠标放开按钮状态　　　图 12-12　鼠标指针离开按钮状态

3. 窗口事件处理

窗口事件是一种低级的事件处理，处理窗口的打开、关闭、最小化、最大化，以及窗口的激活、无效、恢复、获得焦点等事件。具体来说，窗口事件处理有 3 种类型：窗口基本事件处理、窗口状态事件处理以及窗口焦点事件处理，通过窗口事件类 WindowEvent 和监听器接口 WindowListener 或 WindowStateListener 或 WindowFocusListener 来实现。这里只介绍 WindowStateListener，见表 12-6。

表 12-6　WindowStateListener 的方法及功能

方　法	功　能
void windowStateChanged(WindowEvent)	窗口状态改变调用

【例 12-7】 设计一个程序，实现当单击窗口右上角的控制按钮时，输出窗口各个状态之间的变化。

```
import javax.swing.*;
import java.awt.*;
import java.awt.event.*;
class WindowDemo extends JFrame implements WindowStateListener{
    public WindowDemo(){
      this.setTitle("窗口事件");
      this.setBounds(500, 500, 300, 100);
      init();
      this.setVisible(true);
      this.setDefaultCloseOperation(EXIT_ON_CLOSE);
    }
    public void init(){
      this.addWindowStateListener(this);  //窗口添加 WindowStateListener 事件监听
    }
    public void windowStateChanged(WindowEvent e){
      int oldState=e.getOldState();
      int newState=e.getNewState();
      String from=null;
      String to;
      switch(oldState){
        case JFrame.NORMAL: from="正常化";break;
        case JFrame.MAXIMIZED_BOTH:  from="最大化";  break;
        case JFrame.ICONIFIED:  from="最小化";  break;
      }
      switch(newState){
        case JFrame.NORMAL: to="正常化";break;
```

```
            case JFrame.MAXIMIZED_BOTH: to="最大化";break;
            default: to="最小化";
        }
        System.out.println(from+"---->"+to);
    }
}
public class Example7 {
    public static void main(String[] args){
        new WindowDemo();
    }
}
```

程序运行结果如图 12-13 所示。单击右上角的控制按钮,触发窗口事件,实现最小化、最大化、关闭等状态,将这些变化输出显示,如图 12-14 所示。

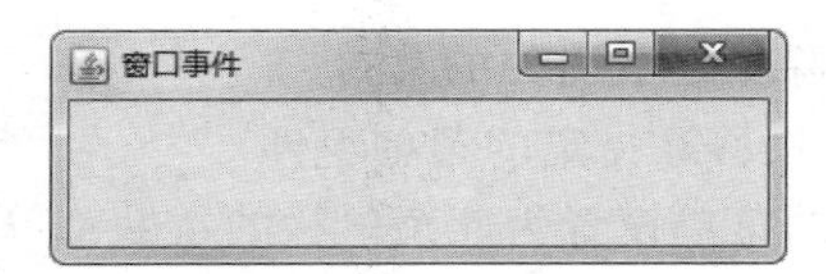

图 12-13　例 12-7 的程序运行结果

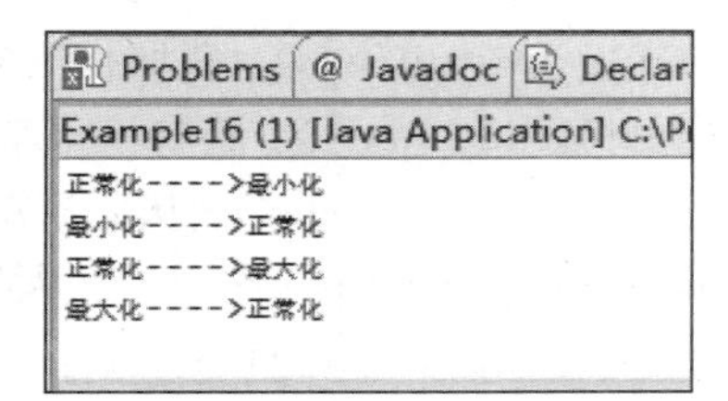

图 12-14　窗口状态的变化

12.6 菜单组件

菜单与其他组件有一个重要的不同:不能将菜单添加到一般的容器中,而且不能使用布局管理器对它们布局,只能将菜单加到一个菜单容器中。可以通过使用 setMenuBar()方法将菜单放到一个窗口中,启动菜单"树"之后,将菜单加到菜单栏,并将菜单或菜单项加到菜单中。另外,还有弹出式菜单,它是一个例外,可以浮动窗口形式出现,因此不需要布局。

设计并实现菜单的步骤如下:

(1) 创建菜单栏 JMenuBar。

(2) 创建不同的菜单 JMenu 加入空的菜单栏。

(3) 为每个菜单创建其所包含的菜单项 JMenuItem,并把菜单项加到菜单中。

(4) 将整个建成的菜单栏加到某个容器中。

(5) 将各个菜单项注册给实现了动作事件的监听接口 ActionListener 的监听者。

(6) 为监听者定义 actionPerformed(ActionEvent e)方法。在方法中可以使用 e.getActionCommand()来判断用户单击哪个菜单子项,并完成该子项定义的操作。

12.6.1 JMenuBar 菜单栏

一个菜单栏组件是一个水平菜单。它只能加入一个窗口,并成为所有菜单树的根。在某个时刻,一个窗口可以显示一个菜单栏。然而,可以根据程序的状态修改菜单栏,以便在不同的时刻显示不同的菜单。

1. JMenuBar 的构造方法

JMenuBar():创建新的菜单栏。

JMenuBar 是添加到容器的组件,并且只能通过 JFrame 这个根窗口来添加。JMenuBar 不能直接添加到窗口中,用 JFrame.setJMenuBar(菜单栏对象)来添加。

例如:

```
JFrame f=new JFrame("菜单栏");
JMenuBar mb=new JMenuBar();
f.setMenuBar(mb);
```

2. JMenuBar()的常用方法

(1) void add(JMenu m):将指定的菜单添加到菜单栏。

(2) Menu getHelpMenu():获取该菜单栏中的帮助菜单。

(3) Menu getMenu(int i):获取指定的菜单。

(4) int getMenuCount():获取该菜单栏中的菜单数。

(5) void remove(int index):从此菜单栏移除指定索引处的菜单。

(6) void remove(Component m):从此菜单栏移除指定的菜单组件。

(7) void setHelpMenu(JMenu m):将指定的菜单设置为此菜单栏的帮助菜单。

12.6.2 JMenu 菜单

JMenu 菜单提供了一个基本的下拉式菜单。它可以加入一个菜单栏或者另一个菜单。

1. JMenu 的构造方法

(1) JMenu():构造具有空标签的新菜单。

(2) JMenu(String label):构造具有标签 label 的新菜单。

(3) JMenu(String label, boolean b):构造具有标签 label 的新菜单,指示该菜单是否可以分离。

2. JMenu 的常用方法

(1) void add(JMenuItem mi):将指定的菜单项添加到此菜单。

(2) void add(String label):将带有指定标签的项添加到此菜单。

(3) void addSeparator():将一个分隔线或连字符添加到菜单的当前位置。

(4) JMenuItem getItem(int index):获取此菜单的指定索引处的项。

(5) int getItemCount():获取此菜单中的项数,包括分隔符。

(6) void insert(JMenuItem menuitem, int index):将菜单项插入此菜单的指定位置。

(7) void insert(String label, int index):将带有指定标签的菜单项插入此菜单的指定位置。

(8) void insertSeparator(int index):在指定的位置插入分隔符。

(9) void remove(int index):从此菜单移除指定索引处的菜单项。

(10) void remove(JMenuItem item):从此菜单移除指定的菜单项。

(11) void removeAll():从此菜单移除所有项。

(12) void addSeparator():在菜单中添加分隔符。

(13) void setMnemonic(int mnemonic)：在菜单中设置键盘助记符。

mnemonic 是一个助记符，必须对应键盘上的一个键，并且使用 java.awt.event.KeyEvent 中定义的 VK_×××(VK_0～VK_9、VK_A～VK_F 等)键代码之一指定。助记符不区分大小写，所以具有相应键代码的键事件将造成按钮被激活，不管是否按下 Shift 修饰符。如果在按钮的标签字符串中发现由助记符定义的字符，则第一个出现的助记符将是带下画线的，以便向用户指示该助记符。

例如：

```
JMenu file=new JMenu("文件");
file.setMnemonic(KeyEvent.VK_F);
```

设置“文件”菜单的助记符是 F 键。按 Alt+F 组合键，便可激活“文件”菜单。

【例 12-8】 编写程序：做一个简易记事本，创建窗口，并在窗口上方添加菜单栏；在菜单栏中添加菜单，并给菜单设置键盘助记符。

```
import javax.swing.*;
import java.awt.BorderLayout;
import java.awt.event.*;
class JMenuDemo1 extends JFrame{
    JMenuBar mb=new JMenuBar();                              //创建菜单栏
    JMenu file=new JMenu("文件(F)");                         //创建菜单
    JMenu edit=new JMenu("编辑(E)");
    JMenu format=new JMenu("格式(O)");
    JMenu view=new JMenu("查看(V)");
    JMenu help=new JMenu("帮助(H)");
    JTextArea textarea=new JTextArea();
    JScrollPane scrollpane=new JScrollPane(textarea); //创建滚动条
    public JMenuDemo1(){
        this.setTitle("菜单栏");
        this.setBounds(500, 500, 500, 300);
        this.setDefaultCloseOperation(EXIT_ON_CLOSE);
        init();
        this.setVisible(true);
    }
    private void init(){                                     //将 init 方法设置为私有方法
        file.setMnemonic(KeyEvent.VK_F);                     //设置菜单的键盘助记符 F 键
        edit.setMnemonic(KeyEvent.VK_E);
        format.setMnemonic(KeyEvent.VK_O);
        view.setMnemonic(KeyEvent.VK_V);
        help.setMnemonic(KeyEvent.VK_H);
        mb.add(file);                                        //将菜单添加到菜单栏
        mb.add(edit);mb.add(format);
        mb.add(view);mb.add(help);
        this.add(scrollpane,BorderLayout.CENTER);
        this.setJMenuBar(mb);
```

```
        }
    }
    public class Example8 {
        public static void main(String[] args) {
            new JMenuDemo1();
        }
    }
```

程序运行结果如图 12-15 所示。在菜单栏中添加“文件”“编辑”“格式”“查看”“帮助”菜单。

图 12-15　为记事本添加菜单栏和菜单

12.6.3　JMenuItem 菜单项

菜单项组件是菜单树的文本“叶”节点。它们通常被加入到菜单中，构成一个完整的菜单。

1. JMenuItem 的构造方法

(1) JMenuItem()：构造不带文本或图标的新菜单项。

(2) JMenuItem(String text)：构造具有指定文本的新菜单项。

(3) JMenuItem(Icon icon)：构造带有指定图标的新菜单项。

(4) JMenuItem(String text Icon icon)：构造带有指定文本和图标的新菜单项。

2. JMenuItem 的常用方法

(1) void addActionListener(ActionListener l)：添加指定的操作监听器，以便从此菜单项接收操作事件。

(2) String getText()：获取此菜单项的文本。

(3) void setText(String text)：将此菜单项的标签设置为指定文本。

(4) boolean isEnabled()：检查是否启用了此菜单项。

(5) void setEnabled(boolean b)：设置启用或禁用菜单项。

(6) void removeActionListener(ActionListener l)：移除指定的操作监听器，使其不再从此菜单项中接收操作事件。

(7) void setAccelerator(KeyStroke keyStroke)：设置菜单快捷键(组合键)，通常指明

用 Ctrl 键来组合一个按键。

例如，定义使用 Ctrl+C 组合键实现“复制”菜单的功能。

```
JMenuItem copy=new JMenuItem("复制");
copy.setAccelerator(KeyStroke.getKeyStroke(KeyEvent.VK_C,ActionEvent.CTRL_
MASK,true));
```

上述语句中，KeyStroke 类的 getKeyStroke()方法有 3 个参数，第一个参数表示××键，第二个参数表示 Ctrl 键，第三个参数 true 表示在按键释放的情况下执行。

【例 12-9】 在例 12-8 中程序的基础上增加菜单项，并且设置菜单项的快捷键。程序运行结果如图 12-16 所示。

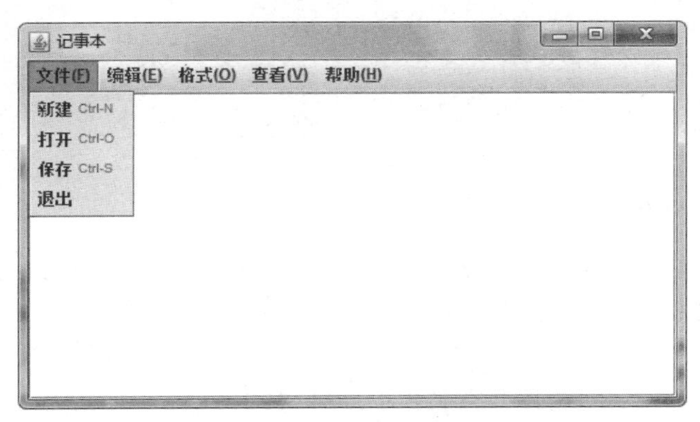

图 12-16 为记事本添加菜单项

```
import javax.swing.*;
import java.awt.BorderLayout;
import java.awt.event.*;
class JMenuDemo2 extends JMenuDemo1{    //继承例 12-5 的 JMenuDemo1
    JMenuItem newFile=new JMenuItem("新建");         //创建菜单项
    JMenuItem open=new JMenuItem("打开");
    JMenuItem save=new JMenuItem("保存");
    JMenuItem exit=new JMenuItem("退出");
    JMenuItem cut=new JMenuItem("剪切");
    JMenuItem copy=new JMenuItem("复制");
    JMenuItem paste=new JMenuItem("粘贴");
    public JMenuDemo2(){
        init();
    }
    private void init(){
        newFile.setAccelerator(KeyStroke.getKeyStroke(KeyEvent.VK_N,
        KeyEvent.CTRL_DOWN_MASK, true));
        //设置菜单项的快捷键为 Ctrl+N
        open.setAccelerator(KeyStroke.getKeyStroke(KeyEvent.VK_O, KeyEvent.
        CTRL_DOWN_MASK, true));
        save.setAccelerator(KeyStroke.getKeyStroke(KeyEvent.VK_S, KeyEvent.
        CTRL_DOWN_MASK, true));
```

```
        cut.setAccelerator(KeyStroke.getKeyStroke(KeyEvent.VK_X, KeyEvent.CTRL_
        DOWN_MASK, true));
        copy.setAccelerator(KeyStroke.getKeyStroke(KeyEvent.VK_C, KeyEvent.
        CTRL_DOWN_MASK, true));
        paste.setAccelerator(KeyStroke.getKeyStroke(KeyEvent.VK_V, KeyEvent.
        CTRL_DOWN_MASK, true));
        file.add(newFile);                  //添加菜单项“新建”到“文件”菜单
        file.add(open);    file.add(save);    file.add(exit);
        edit.add(cut);    edit.add(copy);    edit.add(paste);
    }
}
public class Example9 {
    public static void main(String[] args){
        new JMenuDemo2();
    }
}
```

12.6.4 JPopupMenu 弹出菜单

弹出式菜单(也叫快捷菜单)提供了一种独立的菜单,它可以在任何组件上显示,右击鼠标时将其激活。可以将菜单项和菜单加入弹出式菜单。

1. JPopupMenu 的构造方法

(1) JPopupMenu():创建具有空名称的新弹出式菜单。

(2) JPopupMenu(String label):创建具有指定名称的新弹出式菜单。

2. JPopupMenu 的常用方法

(1) JMenuItem add(JMenuItem menuItem):将指定菜单项添加到此菜单的末尾。

(2) void insert(Component component, int index):将指定组件插入菜单的给定位置。

(3) void show(Component origin, int x, int y):在相对于初始组件的 x、y 位置显示弹出式菜单。

【例 12-10】 在例 12-9 程序的基础上增加快捷菜单,程序运行结果如图 12-17 所示。

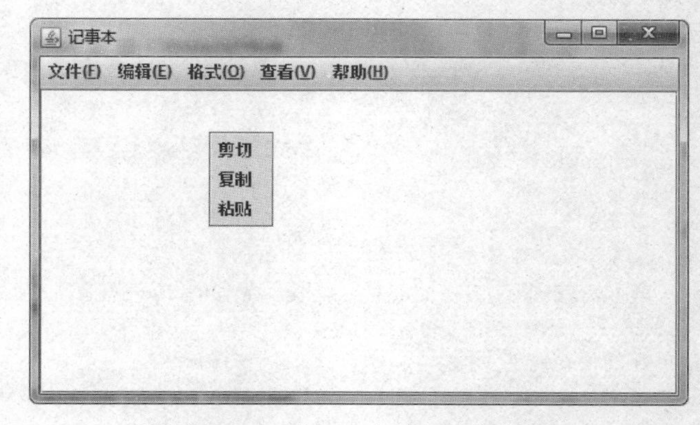

图 12-17 为记事本添加快捷菜单

```
import javax.swing.*;
import java.awt.BorderLayout;
import java.awt.event.*;
class JMenuDemo3 extends JMenuDemo2 implements MouseListener{
//继续例 12-9 的 JMenuDemo2
    JMenuItem popupmenucut=new JMenuItem("剪切");        //创建快捷菜单项
    JMenuItem popupmenucopy=new JMenuItem("复制");
    JMenuItem popupmenupaste=new JMenuItem("粘贴");
    JPopupMenu popupmenu=new JPopupMenu();               //创建快捷菜单
    public JMenuDemo3(){
        init();
    }
    private void init(){
        popupmenu.add(popupmenucut);                    //添加快捷菜单项到 popupmenu
        popupmenu.add(popupmenucopy);
        popupmenu.add(popupmenupaste);
        this.add(scrollpane,BorderLayout.CENTER);
        this.setJMenuBar(mb);
        textarea.addMouseListener(this);                 //文本区添加鼠标事件监听
    }
    public void mousePressed(MouseEvent e){}             //鼠标按下调用
    public void mouseReleased(MouseEvent e){
        if(e.isPopupTrigger()){
                popupmenu.show(textarea, e.getX(), e.getY());
                                                //按下鼠标,在当前坐标显示快捷菜单
        }
    }
    public void mouseClicked(MouseEvent e){}             //鼠标其他方法不用处理
    public void mouseEntered(MouseEvent e){}
    public void mouseExited(MouseEvent e){}
}
public class Example10 {
    public static void main(String[] args){
     new JMenuDemo3();     }
}
```

注意：

弹出式菜单必须加入容器或组件中，在上例中，弹出式菜单被加入窗口。

(1) e.isPopupTrigger()：返回此鼠标事件是否为该平台的弹出菜单触发事件 。

(2) e.getX()、e.getY()：确定鼠标单击的坐标位置。弹出式菜单应该显示在这个组件或容器中鼠标单击的位置。

12.6.5 JCheckBoxMenuItem 复选菜单

复选菜单项是一个可操作的菜单项，可以在菜单上有选项(“开”或“关”)。

1. JCheckBoxMenuItem 的构造方法

(1) JCheckBoxMenuItem()：创建一个带空标签的复选框菜单项。

（2）JCheckBoxMenuItem(String label)：创建一个具有指定标签的复选框菜单项。

（3）JCheckBoxMenuItem(String label，boolean state)：创建一个具有指定标签和状态的复选框菜单项。

2. JCheckBoxMenuItem 的常用方法

（1）void addItemListener(ItemListener l)：添加指定的项监听器，以接收来自此复选框菜单项的项事件。

（2）boolean getState()：确定此复选框菜单项的状态是 on 还是 off。

（3）void removeItemListener(ItemListener l)：移除指定的项监听器，以便它不再接收来自此复选框菜单项的项事件。

（4）void setState(boolean b)：将此复选框菜单项设置为指定的状态。

【例 12-11】 在例 12-10 程序的基础上增加复选菜单，程序运行结果如图 12-18 所示。

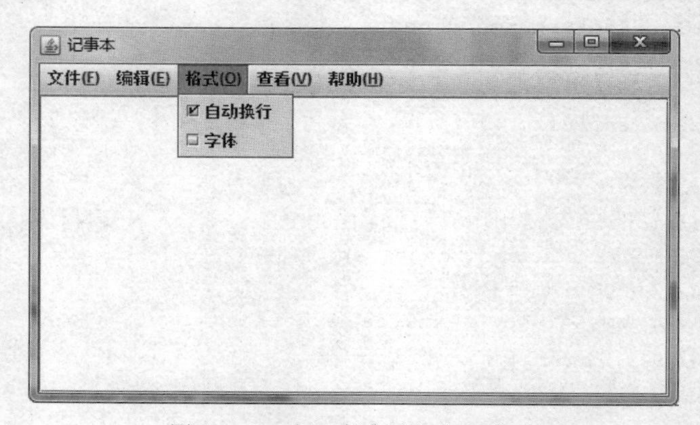

图 12-18 为记事本添加复选菜单

```
import javax.swing.*;
import java.awt.event.*;
class JMenuDemo4 extends JMenuDemo3  { //继续例 12-10 的 JMenuDemo3
    JCheckBoxMenuItem newLine=new JCheckBoxMenuItem("自动换行",true);
    //创建复选菜单项
    JCheckBoxMenuItem font=new JCheckBoxMenuItem("字体");
    public JMenuDemo4(){
        init();
    }
    private void init(){
        format.add(newLine);              //添加复选菜单项
        format.add(font);
    }
}
public class Example11 {
    public static void main(String[] args){
       new JMenuDemo4();
    }
}
```

12.7 其他组件

12.7.1 JToolBar 工具栏

JToolBar 用来实现放置各种常用功能或控制组件的工具栏，该功能在各类软件中都可以很轻易地看到。一般在设计软件时，会将所有功能依类放置在菜单中(JMenu)。但当功能数量相当多时，可能造成一个简单的操作就必须繁复地寻找菜单中相关的功能，造成用户负担。若能将常用的功能以工具栏方式呈现在菜单下，让用户很快得到想要的功能，不仅可增加用户使用软件的意愿，也可加快运行效率。这就是使用 ToolBar 的好处。

JToolBar 的构造方法如下。

(1) JToolBar()：建立一个新的工具栏，位置为默认的水平方向。

(2) JToolBar(int orientation)：建立一个指定方向(JToolBar.VERTICAL 或 JToolBar.HORIZONTAL)的工具栏。

(3) JToolBar(String name)：建立一个指定名称的工具栏。

(4) JToolBar(String name,int orientation)：建立一个指定名称和方向的工具栏。

【例 12-12】 在例 12-11 的菜单窗口中添加 JToolBar 工具栏。这里所有的菜单栏和工具栏都没有编写事件处理，因此不能引发事件，后面将要介绍的“简单记事本”实例将完成事件处理。程序运行结果如图 12-19 所示。

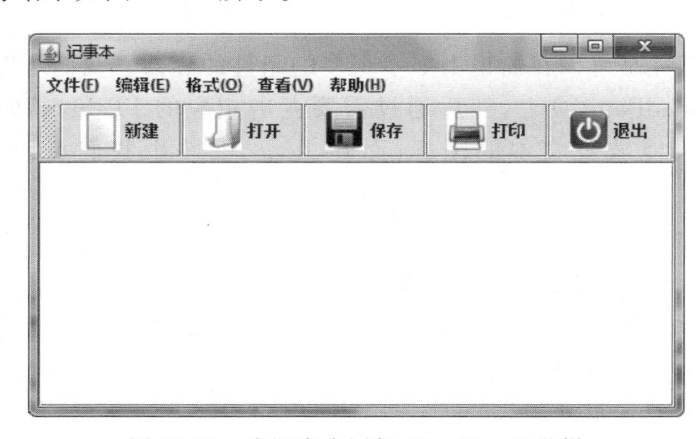

图 12-19　为记事本添加 JToolBar 工具栏

```
import javax.swing.*;
import java.awt.*;
import java.awt.event.*;
class JToolBarDemo extends JMenuDemo4{          //继承例 12-11 的 JMenuDemo4
    private static final long serialVersionUID=1L;
    JToolBar toolbar=new JToolBar();            //创建工具栏
    ImageIcon icon_filenew=new ImageIcon("images/filenew.jpg");
                                                //工具栏图片
    ImageIcon icon_fileopen=new ImageIcon("images/fileopen.jpg");
    ImageIcon icon_filesave=new ImageIcon("images/filesave.jpg");
```

```
    ImageIcon icon_fileprint=new ImageIcon("images/fileprint.jpg");
    ImageIcon icon_exit=new ImageIcon("images/exit.jpg");
    JButton btn_filenew=new JButton("新建", icon_filenew);
                                                //工具栏按钮
    JButton btn_fileopen=new JButton("打开", icon_fileopen);
    JButton btn_filesave=new JButton("保存", icon_filesave);
    JButton btn_fileprint=new JButton("打印", icon_fileprint);
    JButton btn_exit=new JButton("退出", icon_exit);
    public JToolBarDemo(){
        init();     }
    private void init(){
        toolbar.setLayout(new GridLayout(1,5));
        toolbar.add(btn_filenew);       toolbar.add(btn_fileopen);
        toolbar.add(btn_filesave);      toolbar.add(btn_fileprint);
        toolbar.add(btn_exit);
        this.add(toolbar,BorderLayout.NORTH);
    }
}
public class Example12 {
    public static void main(String[] args){
        new JToolBarDemo();     }
}
```

12.7.2 JTabbedPane 选项卡

JTabbedPane 组件是可以在窗口上显示很多的组件的容器。我们可以将不同类别的组件放到不同的 JTabbedPane 页上，然后通过需要点击相应的 JTabbedPane 页。在传统的 JTabbedPane 页上只能放置文本的图标，而在 Java SE 6 中我们可以直接将组件放到 JTabbedPane 上。

1. JTabbedPane 的构造方法

(1) JTabbedPane()：创建一个空的选项卡对象。

(2) JTabbedPane(int tabPlacement)：创建一个空的选项卡对象，并指定摆放位置，如 TOP、BOTTOM、LEFT、RIGHT。

2. JTabbedPane 的常用方法

(1) Component add(Component component, int index)：在指定的选项卡索引位置添加一个 component，默认的选项卡标题为组件名称。insertTab 的覆盖方法。

(2) void add(Component component,Object constraints)：将一个 component 添加到选项卡窗格中。如果 constraints 为 String 或 Icon，则它将用于选项卡标题，否则组件名称将用作选项卡标题。insertTab 的覆盖方法。

【例 12-13】 利用 JTabbedPane 组件设置选项卡，程序运行结果如图 12-20 所示。

```
import javax.swing.*;
import java.awt.*;
class JTabbedPaneDemo extends JFrame{
    JTabbedPane tab=new JTabbedPane();          //创建空的选项卡
    JPanel panel_select=new JPanel();           //创建面板
```

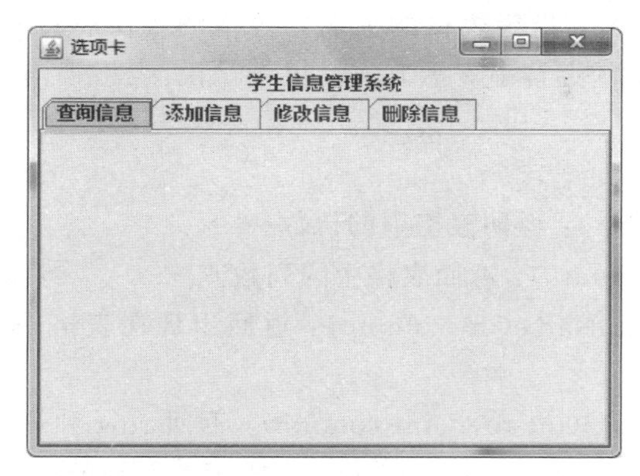

图 12-20　在窗口中添加 JTabbedPane 组件

```
    JPanel panel_insert=new JPanel();
    JPanel panel_update=new JPanel();
    JPanel panel_delete=new JPanel();
    JLabel label=new JLabel("学生信息管理系统",JLabel.CENTER);
    public JTabbedPaneDemo(){
        this.setTitle("选项卡");
        this.setBounds(500, 500, 400, 300);
        this.setDefaultCloseOperation(EXIT_ON_CLOSE);
        init();         this.setVisible(true);     }
    public void init(){
        tab.add(panel_select,"查询信息");        //将 panel_select 添加到选项卡
        tab.add(panel_insert,"添加信息");
        tab.add(panel_update,"修改信息");
        tab.add(panel_delete,"删除信息");
        this.add(label,BorderLayout.NORTH);
        this.add(tab,BorderLayout.CENTER);     }
}
public class Example13 {
    public static void main(String[] args){
        new JTabbedPaneDemo();     }
}
```

12.7.3　JTable 数据表格

JTable 表格的主要功能是把数据以二维表格的形式显示出来。

1. JTable 的构造方法

(1) JTable()：建立一个新的表格，并使用系统默认的模式。

(2) JTable (int numRows, int numColumns)：建立一个具有 numRows 行 numColumns 列的空表格，使用的是 DefaultTableModel。

(3) JTable(TableModel dm)：建立一个表格，有默认的字段模式以及选择模式，并设置数据模式。

(4) JTable(Object[][] rowData, Object[] columnNames)：构造表格，用来显示二维数组 rowData 中的值，其列名称为 columnNames。

参数 columnNames 用来指定表格的列名。表格的视图将以行和列的形式显示数组 rowData 每个单元中对象的字符串表示方式。也就是说，表格视图对应 rowData 单元中对象的字符串表示。

2. JTable 的常用方法

(1) int getRowCount()：返回表格中的行数。

(2) int getColumnCount()：返回表格中的列数。

(3) String getColumnName(int column)：返回出现在表格中 column 列位置处的列名称。

(4) Object getValueAt(int row, int column)：返回 row 和 column 位置的单元格值。

(5) void setRowHeight(int rowHeight)：将所有单元格的高度设置为 rowHeight（以像素为单位）。

(6) void setValueAt(Object aValue, int row, int column)：设置表模型中 row 和 column 位置的单元格值为 aValue。

【例 12-14】 利用 JTable 建立一个简单的表格，在表格中显示数据。

```
import javax.swing.*;
import java.awt.event.*;
class JTabelDemo extends JFrame{
    Object a[][]={
     {"张三", new Integer(66), new Integer(32), new Integer(98), new Boolean
(false)},
     {"李四", new Integer(82), new Integer(69), new Integer(128), new Boolean
(true)},
     };
    //创建二维对象数组,元素是将要放到表格中的记录
    Object names[]={"姓名","语文","数学","总分","及格"};
    //创建一维对象数组,元素是表格的列名
    JTable table=new JTable(a,names);
    //构造一个 JTable,显示二维数组 a 的值,列名为 names
    JScrollPane scrollPane=new JScrollPane(table);
    //创建指定 tabel 的滚动条
    public JTabelDemo(){
        this.setTitle("表格");
        this.setDefaultCloseOperation(EXIT_ON_CLOSE);
        this.setBounds(500, 500, 400, 200);
        init();        this.setVisible(true);
    }
    public void init(){
        this.add(scrollPane);            //添加滚动条到窗口
    }
}
public class Example14 {
    public static void main(String[] args){
        new JTabelDemo();
    }
}
```

表格由两部分组成，分别是行标题(column header)与行对象(column object)。利用 JTable 提供的 getTableHeader()方法取得行标题。本例将 JTable 放在 JScrollPane 中，以便将 column header 与 column object 完整地显示出来，因为 JScrollPane 会自动取得 column header。程序运动结果如图 12-21 所示。

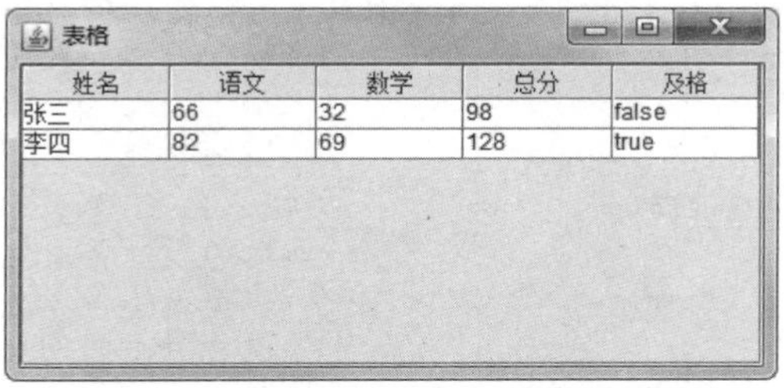

表格

姓名	语文	数学	总分	及格
张三	66	32	98	false
李四	82	69	128	true

图 12-21　显示数据的表格

【例 12-15】 利用 JTable 建立一个简单的表格，输入商品名称、单价、销售量，如图 12-22 所示。在最后一个单元格中计算销售总额，如图 12-23 所示。

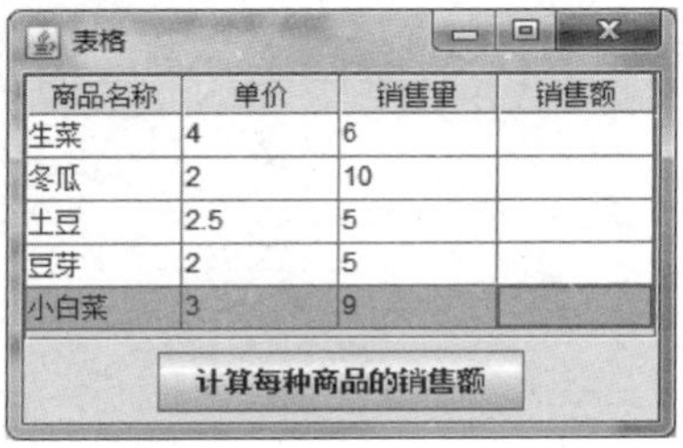

表格

商品名称	单价	销售量	销售额
生菜	4	6	
冬瓜	2	10	
土豆	2.5	5	
豆芽	2	5	
小白菜	3	9	

计算每种商品的销售额

图 12-22　在表格中输入数据

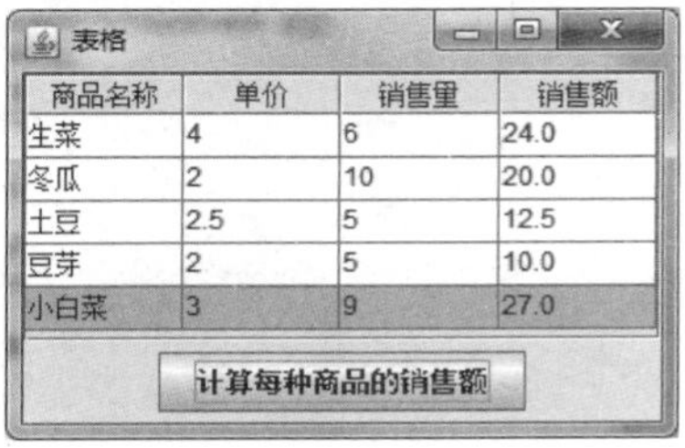

表格

商品名称	单价	销售量	销售额
生菜	4	6	24.0
冬瓜	2	10	20.0
土豆	2.5	5	12.5
豆芽	2	5	10.0
小白菜	3	9	27.0

计算每种商品的销售额

图 12-23　计算得到的销售额

```
import javax.swing.*;
import java.awt.*;
import java.awt.event.*;
class JTabelDemo1 extends JFrame implements ActionListener{
    Object a[][]=new Object[5][4];
    String names[]={"商品名称","单价","销售量","销售额"};
    JTable table=new JTable(a,names);
    //构造一个 JTable,显示二维数组 a 的值,列名为 names
    JScrollPane scrollpane=new JScrollPane(table);
    JButton btn=new JButton("计算每种商品的销售额");
    JPanel panel=new JPanel();
    public JTabelDemo1(){
        this.setTitle("表格");
        this.setDefaultCloseOperation(EXIT_ON_CLOSE);
        this.setBounds(500, 500, 300, 200);
        init();this.setVisible(true);
    }
    public void init(){
        panel.add(btn);
        table.setRowHeight(20);                 //设置表格行高为 20
```

```
        this.add(scrollpane,BorderLayout.CENTER);
        this.add(panel,BorderLayout.SOUTH);
        btn.addActionListener(this);
    }
    public void actionPerformed(ActionEvent e){
        if(e.getSource()==btn){
            int rows=table.getRowCount();     //获取表格使用的行数(输入几行就几行)
            for(int i=0;i<rows;i++){
                double sum=1;
                for(int j=1;j<=2;j++){
                    try{
                        sum=sum * Double.parseDouble(a[i][j].toString());
                                                   //算出每行的总价
                    }   catch(Exception e1){ }
                }
                a[i][3]=""+sum;                    //将 sum 赋值到每行的最后一列
                table.repaint();
            }
        }
    }
}
public class Example15 {
    public static void main(String[] args){
        new JTabelDemo1();
    }
}
```

在表格单元中输入的数据都被认为是 Object 对象。通过表格视图编辑表格单元中的数据,可以修改二维数组 rowData 中对应的数据。在表格视图中输入或修改数据后,需按回车键,或用鼠标单击单元格,确定输入或修改的结果。当表格需要刷新显示时,调用 repaint()方法。

12.7.4 JTree 树

JTree 类的实例称为树组件,它由很多节点构成。树组件的外观比按钮复杂得多,要想构造一个树组件,必须事先创建出称为节点的对象。任何实现 MutableTreeNode 接口的类创建的对象都可以成为树上的节点,树中最基本的对象就是节点,它表示在给定层次结构中的数据项。树以垂直的方式显示数据,每行显示一个节点。树中只有一个根节点,所有其他节点从这里引出。除根节点外,其他节点分为两类:一类是带子节点的分支节点;另一类是不带子节点的叶节点。每个节点关联一个描述该节点的文本标签和图像图标。文本标签是节点中对象的字符串表示方式,图像图标指明该节点是否为叶节点。

树组件的节点可以存储对象。javax.swing.tree 包提供的 DefaultMutableTreeNode 类是实现了 MutableTreeNode 接口的类,可以使用这个类创建树上的节点。

1. DefaultMutableTreeNode 类的构造方法

(1) DefaultMutableTreeNode():创建没有父节点和子节点的树节点。该树节点允许有子节点。

(2) DefaultMutableTreeNode(Object userObject)：创建没有父节点和子节点，但允许有子节点的树节点，并使用指定的用户对象对它初始化。

(3) DefaultMutableTreeNode(Object userObject, boolean allowsChildren)：创建没有父节点和子节点的树节点，使用指定的用户对象对它初始化，仅在指定时才允许有子节点。

2. DefaultMutableTreeNode 类的常用方法

(1) void add(MutableTreeNode newChild)：将 newChild 添加到此节点的子数组的结尾，使其成为此节点的子节点。

(2) boolean getAllowsChildren()：如果允许此节点拥有子节点，返回 true。

(3) TreeNode getChildAt(int index)：返回此节点的子节点数组中指定索引处的子节点。

(4) int getChildCount()：返回此节点的子节点数。

(5) TreeNode getFirstChild()：返回此节点的第一个子节点。

(6) DefaultMutableTreeNode getFirstLeaf()：查找并返回此节点后代的第一个叶节点，即此节点或其第一个子节点的第一个叶节点。

(7) TreeNode getLastChild()：返回此节点的最后一个子节点。

(8) DefaultMutableTreeNode getLastLeaf()：查找并返回此节点后代的最后一个叶节点，即此节点或其最后一个子节点的最后一个叶节点。

(9) int getLeafCount()：返回此节点后代的叶节点总数。

(10) TreeNode getRoot()：返回包含此节点的树的根。

(11) Object getUserObject()：返回此节点的用户对象。

(12) boolean isLeaf()：如果此节点没有子节点，返回 true。

(13) boolean isRoot()：如果此节点是树的根，返回 true。

3. JTree 的构造方法

用 DefaultMutableTreeNode 类创建若干节点，并规定它们之间的父子关系后，使用 JTree 类的构造方法创建树。

JTree(TreeNode root)：返回一个树，指定的 TreeNode 作为其根。它显示根节点。

4. JTree 的常用方法

(1) void addTreeSelectionListener(TreeSelectionListener listener)：注册树的 TreeSelectionEvent 事件监听器。当用鼠标单击树上的节点时，系统将自动用 TreeSelectionEvent 创建一个事件对象，通知树的监听器。每当选择值发生更改时。监听器自动调用 TreeSelectionListener 接口中的方法 void valueChanged(TreeSelectionEvent e)。

(2) Object getLastSelectedPathComponent()：返回当前选择的第一个节点中的最后一个路径组件。

【例 12-16】 利用 JTree 绘制树，用 DefaultTableModel 类绘制树节点。程序运行结果如图 12-24 所示。

```
import javax.swing.*;
import java.awt.event.*;
import javax.swing.event.*;
```

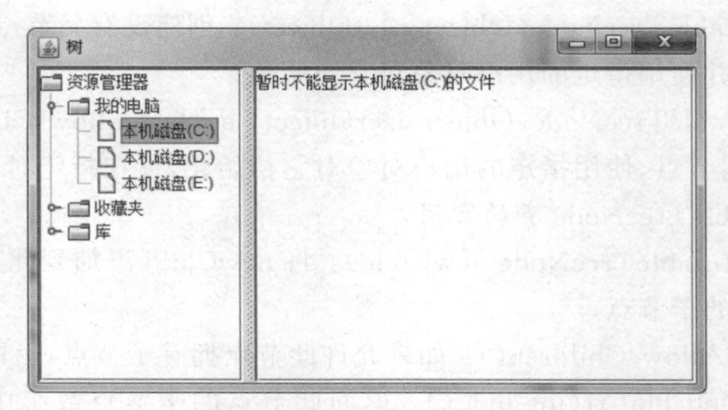

图 12-24　树和树节点

```
import javax.swing.tree.*;
class JTreeDemo extends JFrame implements TreeSelectionListener{
    DefaultMutableTreeNode root=new DefaultMutableTreeNode("资源管理器");
    //DefaultMutableTreeNode 是树数据结构中的通用节点,创建根节点 root
    DefaultMutableTreeNode node1=new DefaultMutableTreeNode("我的电脑");
    //创建节点 node1
    DefaultMutableTreeNode node2=new DefaultMutableTreeNode("收藏夹");
    DefaultMutableTreeNode node3=new DefaultMutableTreeNode("库");
    DefaultMutableTreeNode node11=new DefaultMutableTreeNode("本机磁盘(C:)");
    DefaultMutableTreeNode node12=new DefaultMutableTreeNode("本机磁盘(D:)");
    DefaultMutableTreeNode node13=new DefaultMutableTreeNode("本机磁盘(E:)");
    DefaultMutableTreeNode node21=new DefaultMutableTreeNode("下载");
    DefaultMutableTreeNode node22=new DefaultMutableTreeNode("桌面");
    DefaultMutableTreeNode node31=new DefaultMutableTreeNode("视频");
    DefaultMutableTreeNode node32=new DefaultMutableTreeNode("图片");
    DefaultMutableTreeNode node33=new DefaultMutableTreeNode("文档");
    JTree tree=new JTree(root);          //创建树对象,指定 roots 作为根节点
    JScrollPane scrolltree=new JScrollPane(tree);
                                         //树进入滚动条
    JTextArea textarea=new JTextArea();
    JScrollPane scrollarea=new JScrollPane(textarea);
    JSplitPane splitpane = new JSplitPane (JSplitPane.HORIZONTAL_SPLIT,
scrolltree, scrollarea);
    //创建分隔窗口,添加树和文本区
    public JTreeDemo(){
        this.setTitle("树");
        this.setDefaultCloseOperation(EXIT_ON_CLOSE);
        this.setBounds(500, 500, 500,400);
        init();        this.setVisible(true);
    }
    public void init(){
        node1.add(node11);               //将 node11 节点添加到 node1 节点
        node1.add(node12);node1.add(node13);
        node2.add(node21);node2.add(node22);
        node3.add(node31);node3.add(node32);node3.add(node33);
        root.add(node1);                 //将 node1 节点添加到 root 根节点
```

```
        root.add(node2);root.add(node3);
        splitpane.setDividerLocation(150);   //设置分隔条的位置
        this.add(splitpane);
        tree.addTreeSelectionListener(this);   //树添加 TreeSelectionListener 监听
    }
    public void valueChanged(TreeSelectionEvent e){
        DefaultMutableTreeNode node=(DefaultMutableTreeNode)tree.
getLastSelectedPathComponent();
        //获取当前选择的第一个节点中的最后一个路径组件
        if(node.isLeaf()){                    //如果 node 节点没有子节点,返回 true
            String s=(String)node.getUserObject();
                                              //返回 node 节点
            textarea.setText("暂时不能显示"+s+"的文件");
        }   else textarea.setText(null);
    }
}
public class Example16 {
    public static void main(String[] args){
        new JTreeDemo();
    }
}
```

JColorChooser 颜色选择器.doc

JSlider 滑动条.doc

JProgressBar 进度条.doc

JSplitPane 分隔窗格.doc

12.8 应用实例

案例 1 简易计算器

1. 案例要求

设置一个完整的计算器,具备基本的操作功能。

2. 案例分析

计算器一共有 3 个区域。第一区域放置一个文本框,用于显示用户选择的数字和运算得到的结果。第二区域放置 9 个按钮,显示数字 0～9 ,用户可以单击数字进行操作。第三区域放置计算器的各种运算符,用户可以在此区域中选择所要执行的运算。设计完各个按钮后,需要将所有运算符按钮添加动作事件监听,产生动作事件,实现计算功能。

3. 案例实现

源代码见二维码。

程序运行结果如图 12-25 所示。

简易计算器源代码.pdf

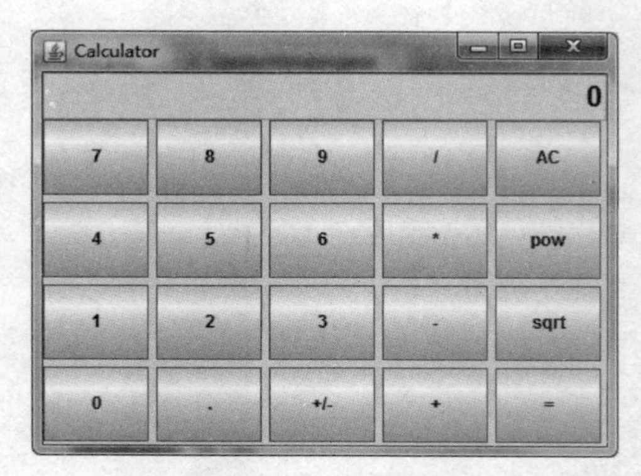

图 12-25　简易计算器

案例 2　简易记事本

1. 案例要求

简易记事本可以执行新建、打开、保存、退出、复制、剪贴和粘贴操作。

2. 案例分析

编写简易记事本，需要 3 个类。第一个类是主界面窗口类 NoteBookFrame，它继承了例 12-15 中的 JToolBarDemo 类，设置主界面需要的基本组件、菜单栏、快捷菜单栏和工具栏，并给主要的菜单项，比如“新建”“打开”“保持”“退出”“剪贴”“复制”和“粘贴”等添加动作监听，触发动作事件，实现相应的功能。第二个类是文件操作类 FileOperation，主要实现文件的新建、打开、保存等功能。此类对象在主界面窗口类 NoteBookFrame 调用。第三个类是主类 Example18，创建主界面窗口类 NoteBookFrame 对象，从而创建简易记事本。

3. 案例实现

例 12-12 编写了主窗口的大部分代码。程序运行界面及运行结果如图 12-26 和图 12-27 所示。

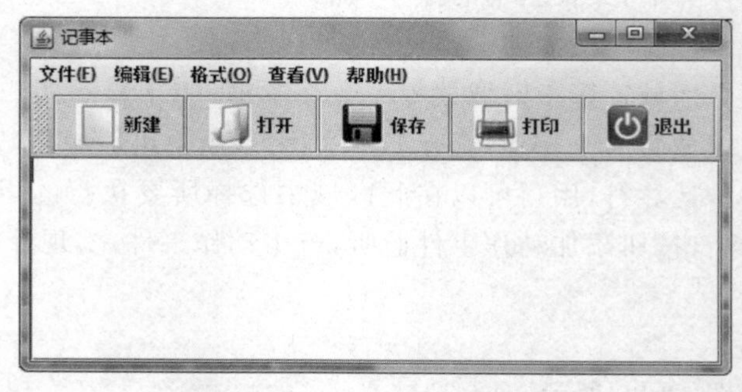

图 12-26　简易记事本

图 12-27　打开文件对话框

源代码见二维码。

简易记事本主界面窗口源代码.pdf

简易记事本文件操作类源代码.pdf

本章小结

本章主要讲述 Java 的图形界面技术，即用 java.awt 包和 javax.swing 包来创建图形界面的方法，主要包括以下几个方面。

(1) AWT 组件和 Swing 组件，主要了解重量级和轻量级组件的异同及其层次结构。

(2) 容器组件，主要掌握常用的几种容器：JFrame 窗口、JPanel 面板等；学习它们的构造方法、主要方法及用处。

(3) 基本组件，主要掌握 Swing 包中基本组件的方法和使用。基本组件主要包括 JLabel 标签、JButton 按钮、TextField 文本框、JPasswordField 密码框、JRadioButton 单选按钮、JCheckBox 复选框、JComboBox 下拉组合框、JList 列表框和 JTextArea 文本区。

(4) 布局管理器，学习利用流布局、边界布局、网格布局、卡片布局、NULL 布局等来安排界面上的多个组件。

(5) 事件处理：掌握事件处理机制、事件常用的监听器和监听方法以及常用的事件处理。

(6) 菜单：学习 JMenuBar 菜单栏、JMenu 菜单、JMenuItem 菜单项、JPopupMenu 弹出

菜单和 JCheckBoxMenuItem 复选菜单 的方法和使用，以及如何创建标准菜单系统。

(7) 其他组件：学习 JColorChooser 颜色选择器、JSlider 滑动条、JProgressBar 进度条、JToolBar 工具条、JTabbedPane 选项卡、JSplitPane 分隔窗格、JTable 数据表格和 JTree 树组件的方法和使用。

习　　题

1. 实现一个注册界面，自己添加组件。
2. 分别用边界式布局、网格式布局和 NULL 布局实现上题。
3. 实现一个标准菜单系统。

第13章

多 线 程

利用对象，可以将一个程序分割成相互独立的区域。通常需要将一个程序转换成多个独立运行的子任务。每个子任务都称为一个线程(thread)。每个线程都独立运行，而且都有自己的专用CPU。一些基础机制为此自动分割CPU时间。

学习目标

- 了解线程的基本概念。
- 掌握Java线程的两种实现方式及其区别。
- 了解测试线程是否处于活动状态的方法。
- 了解如何操作线程名称。
- 了解等待线程终止join()方法。
- 掌握线程休眠的知识。
- 了解线程的中断操作。
- 掌握线程同步的作用。
- 掌握同步代码块及同步方法的作用。
- 了解死锁的产生。
- 了解生产者及消费者问题。

13.1 线程简介

13.1.1 什么是线程

线程，有时称为轻量级进程(light weight process，LWP)，是程序执行流的最小单元。一个标准的线程由线程ID、当前指令指针(PC)、寄存器集合和堆栈组成。另外，线程是进程中的一个实体，是被系统独立调度和分派的基本单位。线程自己不拥有系统资源，只拥有一点儿在运行中必不可少的资源，但它可以与同属一个进程的其他线程共享进程所拥有的全部资源。一个线程可以创建和撤销另一个线程，同一进程中的多个线程之间可以并发执行。由于线程之间相互制约，致使线程在运行中呈现出间断性。线程也有就绪、阻塞和运行3种基本状态。就绪状态是指线程具备运行的所有条件，逻辑上可以运行，在等待处理机；运行状态是指线程占有处理机，正在运行；阻塞状态是指线程在等待一个事件(如某个信号量)，逻辑上不可执行。每一个程序都至少有一个线程，若程序只有一个线程，那就是程序本身。

进程是程序的一次动态执行过程，它经历了从代码加载、执行到执行完毕的完整过程，这也是进程本身从产生、发展到最终消亡的过程。进程是资源分配的基本单位，所有与该进程有关的资源，都被记录在进程控制块 PCB 中，以表示该进程拥有这些资源或正在使用它们。与进程相对应，线程与资源分配无关，它属于某一个进程，并与进程内的其他线程一起共享进程的资源。通常在一个进程中可以包含若干个线程，它们可以利用进程所拥有的资源。另外，进程也是抢占处理机的调度单位，它拥有一个完整的虚拟地址空间。当进程发生调度时，不同的进程拥有不同的虚拟地址空间，而同一进程内的不同线程共享同一地址空间。在单个程序中同时运行多个线程完成不同的工作，称为多线程。进程和线程一样，都是实现并发的一个基本单位。

13.1.2 每个 Java 程序都使用线程

每个 Java 程序都至少有一个线程——主线程。当一个 Java 程序启动时，JVM 创建主线程，并在该线程中调用程序的 main 方法。

JVM 还创建了其他线程，用户通常都看不到它们。例如，与垃圾收集、对象终止和其他 JVM 内务处理任务相关的线程。其他工具也创建线程，如 AWT（abstract windowing toolkit，抽象窗口工具箱）或 Swing UI 工具箱、Servlet 容器、应用程序服务器和 RMI（remote method invocation，远程方法调用）。

13.1.3 为什么使用线程

在 Java 程序中使用线程有许多原因。如果使用 Swing、Servlet、RMI 或 Enterprise Java Beans（EJB）技术，用户也许没有意识到已经在使用线程了。

使用线程的，是因为它们可以使 UI 响应更快，可以利用多处理器系统，能够简化建模，可以执行异步或后台处理等。

1. 响应更快的 UI

事件驱动的 UI 工具箱（如 AWT 和 Swing）有一个事件线程，它处理 UI 事件，如击键或鼠标点击。

AWT 和 Swing 程序把事件监听器与 UI 对象连接。当特定事件（如单击某个按钮）发生时，这些监听器得到通知。事件监听器是在 AWT 事件线程中调用的。

如果事件监听器要执行持续很久的任务，如检查一个大文档中的拼写，事件线程将忙于运行拼写检查器，所以在完成事件监听器之前，不能处理额外的 UI 事件。这使程序看来似乎停滞了，让用户不知所措。

要避免使 UI 延迟响应，事件监听器应该把较长的任务放到另一个线程中。这样，AWT 线程在任务的执行过程中就可以继续处理 UI 事件（包括取消正在执行的长时间运行任务的请求）。

2. 利用多处理器系统

多处理器（MP）系统比过去更加普及。以前只能在大型数据中心和科学计算设施中才能找到它们。现在许多低端服务器系统，甚至是一些台式机系统，都有多个处理器。

现代操作系统，包括 Linux、Solaris 和 Windows NT/2000，都可以利用多台处理器并调度线程在任何可用的处理器上执行。

调度的基本单位通常是线程；如果某个程序只有一个活动的线程，它一次只能在一台处理器上运行。如果某个程序有多个活动线程，就可以同时调度多个线程。在精心设计的程序中，使用多个线程可以提高程序的吞吐量和性能。

3. 简化建模

在某些情况下，使用线程可以使程序编写和维护起来更简单。考虑一个仿真应用程序，要在其中模拟多个实体之间的交互作用。给每个实体一个线程，可以使许多仿真和对应用程序的建模大大简化。

另一个适合使用单独线程来简化程序的示例是在一个应用程序有多个独立的事件驱动组件的时候。例如，一个应用程序可能有这样一个组件，该组件在某个事件之后用秒数倒计时，并更新屏幕显示。与其让一个主循环定期检查时间并更新显示，不如让一个线程什么也不做，一直休眠，直到某一段时间后，更新屏幕上的计数器。这样更简单，而且不容易出错，主线程根本无需担心计时器。

4. 异步或后台处理

服务器应用程序从远程来源(如套接字)获取输入。当读取套接字时，如果当前没有可用数据，对 SocketInputStream.read()的调用将阻塞，直到有可用数据为止。

如果单线程程序要读取套接字，而套接字另一端的实体并未发送任何数据，该程序只会永远等待，不执行其他处理。相反，程序可以轮询套接字，查看是否有可用数据。通常不会采用这种做法，因为会影响性能。

但是，如果创建了一个线程来读取套接字，当该线程等待套接字中的输入时，主线程可以执行其他任务。甚至可以创建多个线程，同时读取多个套接字。这样，当有可用数据时，会迅速得到通知(因为正在等待的线程被唤醒)，而不必经常轮询，检查是否有可用数据。使用线程等待套接字的代码比轮询更简单，更不易出错。

5. 简单，但有时有风险

虽然 Java 线程工具非常易于使用，但当创建多线程程序时，应该尽量避免一些风险。

当多个线程访问同一数据项(如静态字段、可全局访问对象的实例字段或共享集合)时，需要确保它们协调了对数据的访问，以便都可以看到数据的一致视图，而且不会干扰另一方的更改。为了实现这个目的，Java 语言提供了两个关键字：synchronized 和 volatile，将在14.4 节讨论。

当从多个线程访问变量时，必须确保对该访问正确同步。对于简单变量，将变量声明成 volatile 也许就足够，但在大多数情况下，需要同步。

如果要使用同步来保护对共享变量的访问，必须确保在程序中所有访问该变量的地方都使用同步。

6. 不要做过头

虽然线程可以大大简化许多类型的应用程序，但过度使用线程可能危及程序的性能及其可维护性。线程消耗了资源，因此在不降低性能的情况下，创建线程的数量是有限制的。尤其在单处理器系统中，使用多个线程不会使主要消耗 CPU 资源的程序运行得更快。

13.2 线程创建

Java 提供了线程类 Thread 来创建多线程的程序。其实，创建线程与创建普通的类的对象的操作是一样的，线程就是 Thread 类或其子类的实例对象。每个 Thread 对象描述了一个单独的线程。要产生一个线程，有下述两种方法。

(1) 需要从 java.lang.Thread 类派生一个新的线程类，重载其 run()方法。

(2) 实现 Runnable 接口，重载 Runnable 接口的 run()方法。

13.2.1 继承 Thread 类创建线程类

Thread 类是在 java.lang 包中定义的。一个类只要继承了 Thread 类，此类就称为多线程操作类。在 Thread 子类中，必须明确地覆写 Thread 类中的 run()方法。此方法为线程的主体。多线程的定义语法如下：

```
class 类名称 extends Thread{                    //继承 Thread 类
    属性...;                                   //类中定义属性
    方法...;                                   //类中定义方法
    //覆写 Thread 类中的 run 方法，此方法是线程的主体
    public void run(){
        线程主体;
    }
}
```

【例 13-1】 继承 Thread 类实现多线程。

```
class MyThread extends Thread{                  //继承 Thread 类，作为线程的实现类
    private String name;                        //表示线程的名称
    public MyThread(Stringname){
        this.name=name;                         //通过构造方法配置 name 属性
    }
    public void run(){                          //覆写 run 方法，作为线程的操作主体
        for(int i=0;i<5;i++){
            System.out.println(name+"第 "+(i+1)+"次取得玩具玩");
        }
    }
}
public class Test01_1Thread{
    public static void main(String args[]){
        MyThread mt1=new MyThread("小孩线程 A ");   //实例化对象
        MyThread mt2=new MyThread("小孩线程 B ");   //实例化对象
        mt1.run();                                  //调用线程主体
        mt2.run();                                  //调用线程主体
    }
}
```

程序运行结果如图 13-1 所示。

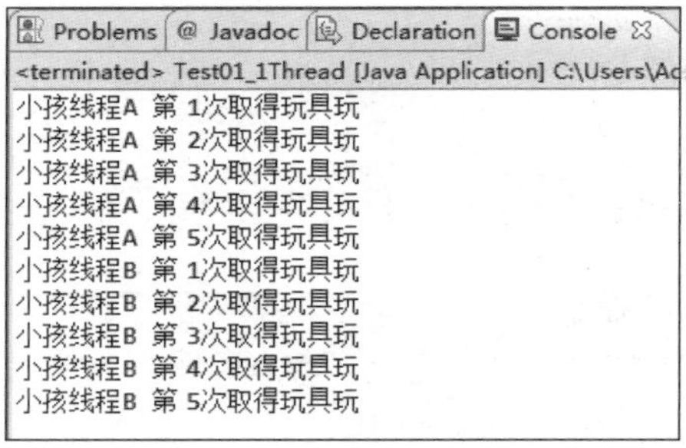

```
Problems @ Javadoc Declaration Console
<terminated> Test01_1Thread [Java Application] C:\Users\Ac
小孩线程A 第 1次取得玩具玩
小孩线程A 第 2次取得玩具玩
小孩线程A 第 3次取得玩具玩
小孩线程A 第 4次取得玩具玩
小孩线程A 第 5次取得玩具玩
小孩线程B 第 1次取得玩具玩
小孩线程B 第 2次取得玩具玩
小孩线程B 第 3次取得玩具玩
小孩线程B 第 4次取得玩具玩
小孩线程B 第 5次取得玩具玩
```

图 13-1　例 13-1 的程序运行结果

从以上运行结果可以看出，对于一个玩具，小孩 A 玩了 5 次后，轮到小孩 B 玩 5 次，这不适合多线程抢占资源的本质。如何才能正确启动线程呢？

如果要正确地启动线程，不能直接调用 run()方法，应该调用从 Thread 类中继承而来的 start()方法，代码如下：

```
mt1.start();                          //启动多线程
mt2.start();                          //启动多线程
```

修改例 13-1 的代码如下：

```
class MyThread extends Thread{               //继承 Thread 类，作为线程的实现类
    private String name ;                    //表示线程的名称
    public MyThread(String name){
        this.name=name ;                     //通过构造方法配置 name 属性
    }
    public void run(){                       //覆写 run 方法，作为线程的操作主体
        for(int i=0;i<5;i++){
            System.out.println(name+"第 "+(i+1)+"次取得玩具玩") ;
        }
    }
}
public class Test01_2Thread{
    public static void main(String args[]){
        MyThread mt1=new MyThread("小孩线程 A ");    //实例化对象
        MyThread mt2=new MyThread("小孩线程 B ");    //实例化对象
        mt1.start() ;                        //调用线程主体
        mt2.start() ;                        //调用线程主体
    }
}
```

程序运行结果如图 13-2 所示（注：程序运行结果是不肯定的，以下只是其中的一种）。为什么会这样呢？查看官方源码中 start()方法的定义。

```
public synchronized void start() {
    if(threadStatus !=0)
        throw new IllegalThreadStateException();
```

```
        ...
        start0();
        ...
    }
    private native void start0();
```

Problems @ Javadoc Declaration Console
<terminated> Test01_2Thread [Java Application] C:\Users\A
小孩线程A 第 1次取得玩具玩
小孩线程B 第 1次取得玩具玩
小孩线程A 第 2次取得玩具玩
小孩线程B 第 2次取得玩具玩
小孩线程A 第 3次取得玩具玩
小孩线程B 第 3次取得玩具玩
小孩线程A 第 4次取得玩具玩
小孩线程B 第 4次取得玩具玩
小孩线程A 第 5次取得玩具玩
小孩线程B 第 5次取得玩具玩

图 13-2　例 13-1 修改后的程序运行结果

从上述代码中发现，在调用一个类中的 start()方法时，可能抛出 IllegalThreadStateException 异常。一般在重复调用 start()方法时抛出这个异常。而实际上，此处真正调用的是 start0()方法，此方法在声明处用 native 关键字声明，该关键字表示调用本机的操作系统函数，因为多线程的实现需要依靠底层操作系统支持。

【例 13-2】 使用多线程模拟售票。

假设影院有 3 个售票口，分别用于向儿童、成人和老人售票。影院为每个窗口配发 100 张电影票，分别是儿童票、成人票和老人票。3 个窗口需要同时卖票，而现在只有 1 位售票员。这位售票员相当于 1 个 CPU，3 个窗口相当于 3 个线程。通过程序，创建这 3 个线程。

程序代码如下：

```
class MutliThread extends Thread{
    private int ticket=5;                    //每个线程都拥有 5 张票
    MutliThread(String name){
        super(name);                         //调用父类带参数的构造方法
    }
    public void run(){
        while(ticket>0){
            System.out.println(ticket--+" is saled by "+Thread.currentThread
            ().getName());
        }
    }
}
public class Test02Thread {
    public static void main(String [] args){
        MutliThread m1=new MutliThread("售票窗口 1");
        MutliThread m2=new MutliThread("售票窗口 2");
        MutliThread m3=new MutliThread("售票窗口 3");
```

```
        m1.start();
        m2.start();
        m3.start();
    }
}
```

程序运行结果如图 13-3 所示(注：程序运行结果是不肯定的,以下只是其中的一种)。

```
Problems @ Javadoc Declaration Console
<terminated> Test02Thread [Java Application] C:\Users\Adr
5 is saled by 售票窗口1
5 is saled by 售票窗口 3
5 is saled by 售票窗口 2
4 is saled by 售票窗口1
4 is saled by 售票窗口 3
3 is saled by 售票窗口 3
2 is saled by 售票窗口 3
1 is saled by 售票窗口 3
3 is saled by 售票窗口1
4 is saled by 售票窗口 2
2 is saled by 售票窗口1
1 is saled by 售票窗口1
3 is saled by 售票窗口 2
2 is saled by 售票窗口 2
1 is saled by 售票窗口 2
```

图 13-3　例 13-2 的程序运行结果

从结果可以看到,每个线程分别对应 5 张电影票,线程之间无任何关系,说明每个线程之间是平等的,没有优先级关系,因此都有机会得到 CPU 的处理。但是结果显示,这 3 个线程并不是依次交替执行,而是在 3 个线程同时被执行的情况下,有的线程被分配时间片的机会多,票被提前卖完,而有的线程被分配时间片的机会比较少,票迟一些卖完。

可见,利用扩展 Thread 类创建的多个线程,虽然执行的是相同的代码,但彼此相互独立,且各自拥有资源,互不干扰。

13.2.2　实现 Runnable 接口创建线程类

在 Java 中,也可以通过实现 Runnable 接口的方式实现多线程。Runnable 接口中只定义了一个抽象方法。

```
public void run();
```

通过 Runnable 接口实现多线程的代码如下：

```
class 类名称 implements Runnable{            //实现 Runnable 接口
    属性...;                                 //类中定义属性
    方法...;                                 //类中定义方法
    public void run(){  }                    //覆写 Runnable 接口中的 run 方法线程主体
}
```

【例 13-3】　通过实现 Runnable 接口的方法实现多线程。

```
class MyThread implements Runnable{                   //实现 Runnable 接口,作为线程的实现类
    private String name ;                             //表示线程的名称
    public MyThread(String name){
        this.name=name ;                              //通过构造方法配置 name 属性
    }
    public void run(){                                //覆写 run 方法,作为线程的操作主体
        for(int i=0;i<10;i++){
            System.out.println(name+"运行,i="+i);
        }
    }
}
public class Test03Runnable{
    public static void main(String args[]){
        MyThread mt1=new MyThread("线程 A "); //实例化对象
        MyThread mt2=new MyThread("线程 B "); //实例化对象
        Thread t1=new Thread(mt1);                    //实例化 Thread 类对象
        Thread t2=new Thread(mt2);                    //实例化 Thread 类对象
        t1.start();                                   //启动多线程
        t2.start();                                   //启动多线程
    }
}
```

程序运行结果如图 13-4 所示(注：程序运行结果是不肯定的,以下只是其中的一种)。

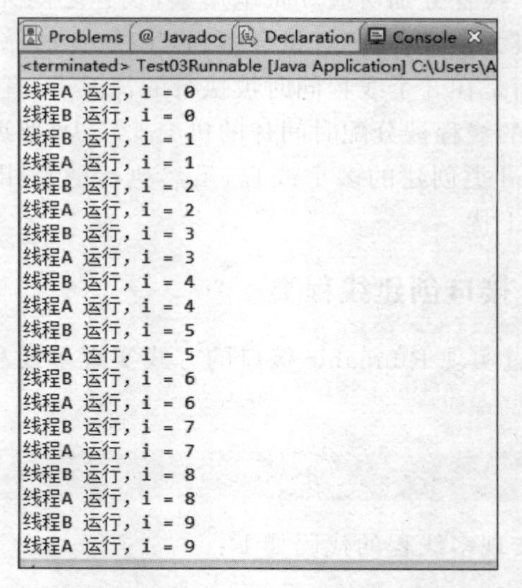

图 13-4　例 13-3 的程序运行结果

13.2.3　线程间的资源共享

通过实现 Runnable 接口来实现线程间的资源共享。

现实中也存在这样的情况。比如,模拟一个火车站的售票系统。假如当日从 A 地发往 B 地的火车票只有 5 张,且允许所有窗口卖这 5 张票,那么,每一个窗口相当于一个线程。这时和前面的例子不同的是所有线程处理的是同一个资源,即 5 张车票。如果还用前述方

式创建线程，显然是无法实现的。该怎样处理呢？程序代码如下：

```
class MutliThread implements Runnable{
    private int ticket=5;                    //每个线程都拥有 5 张票
    public void run(){
        while(ticket>0){
            System.out.println("票"+ticket--+" is saled by "+Thread.
            currentThread().getName());
        }
    }
}
public class Test Runnable{
    public static void main(String[] args){
        MutliThread m=new MutliThread();
        Thread t1=new Thread(m,"售票窗口 1");
        Thread t2=new Thread(m,"售票窗口 2");
        Thread t3=new Thread(m,"售票窗口 3");
        t1.start();
        t2.start();
        t3.start();
    }
}
```

程序运行结果如图 13-5 所示（注：程序运行结果是不肯定的，以下只是其中的一种）。

```
Problems  @ Javadoc  Declaration  Console
<terminated> TestRunnable [Java Application] C:\Users\Adr
票5 is saled by 售票窗口 1
票3 is saled by 售票窗口 3
票4 is saled by 售票窗口 2
票1 is saled by 售票窗口 3
票2 is saled by 售票窗口 1
```

图 13-5　通过 Runnable 接口来实现线程间的资源共享

结果正如分析的那样，程序在内存中仅创建了一个资源，新建的三个线程都是基于访问这同一资源，并且由于每个线程上运行相同的代码，因此它们的功能相同。

可见，如果现实中要求必须创建多个线程来执行同一项任务，而且多个线程之间共享同一个资源，就可以使用实现 Runnable 接口的方式来创建多线程程序。而这一功能通过扩展 Thread 类无法实现。想想看，为什么？

实现 Runnable 接口相对于扩展 Thread 类来说，具有无可比拟的优势。这种方式不仅有利于程序的健壮性，使代码能够被多个线程共享，而且代码和数据资源相对独立，从而特别适合多个具有相同代码的线程去处理同一资源的情况。这样一来，线程、代码和数据资源三者有效分离，很好地体现了面向对象程序设计的思想。因此，几乎所有的多线程程序都是通过实现 Runnable 接口的方式来完成的。

13.3 线程常用方法

系统线程类 Thread 提供了许多方法供程序员调用。常用的线程操作方法见表 13-1。

表 13-1 线程操作的主要方法及说明

方法名称	说明
public Thread(Runnable target)	接收 Runnable 接口子类对象，实例化 Thread 对象
public Thread(Runnable target,String name)	接收 Runnable 接口子类对象，实例化 Thread 对象，并设置线程名称
public Thread(String name)	实例化 Thread 对象，并设置线程名称
public static Thread currentThread()	返回目前正在执行的线程
public final String getName()	返回线程的名称
public final int getPriority()	发挥线程的优先级
public boolean isInterrupted()	判断目前线程是否被中断。如果是，返回 true；否则返回 false
public final boolean isAlive()	判断线程是否在活动。如果是，返回 true；否则返回 false
public final void join() throws InterruptedException	线程的强制运行
public final synchronized void join(long millis) throws InterruptedException	等待 millis 毫秒后，线程死亡
public void run()	执行线程
public final void setName(String name)	设定线程名称
public final void setPriority(int newPriority)	设定线程的优先值
public static void sleep(long millis) throws InterruptedException	使目前正在执行的线程休眠 millis 毫秒
public void start()	开始执行线程
public static void yield()	将目前正在执行的线程暂停，允许其他线程执行
public final void setDaemon(boolean on)	将一个线程设置成后台运行
public final void setPriority(int newPriority)	更改线程的优先级

13.3.1 操作线程名称

在 Thread 类中，通过 getName()方法取得线程的名称，通过 setName()方法设置线程的名称。线程的名称一般在启动线程前设置，但也允许为已经运行的线程设置名称。允许两个 Thread 对象有相同的名字，但为了清晰，应该尽量避免这种情况。另外，如果程序并没有为线程指定名称，系统会自动地为线程分配一个名称。

【例 13-4】 操作线程名称。

```
class MyThread implements Runnable{   //实现 Runnable 接口
```

```
    public void run(){                              //覆写 run 方法
        for(int i=0;i<3;i++){
            System.out.println(Thread.currentThread().getName()
                +"运行,i="+i);                        //取得当前线程的名字
        }
    }
}
public class Test04ThreadName{
    public static void main(String args[]){
        MyThread mt=new MyThread();                 //实例化 Runnable 子类对象
        new Thread(mt).start();                     //系统自动设置线程名称
        new Thread(mt,"线程-A").start();             //手工设置线程名称
        new Thread(mt).start();                     //系统自动设置线程名称
        new Thread(mt).start();                     //系统自动设置线程名称
    }
}
```

程序运行结果如图 13-6 所示(注：程序运行结果是不肯定的,以下只是其中的一种)。

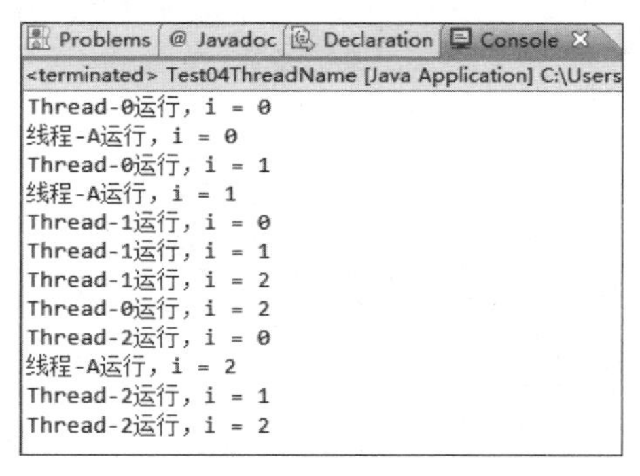

图 13-6　例 13-4 的程序运行结果

说明：从运行结果中发现,没有设置线程名称的其余三个线程对象的名字都是很有规律的：Thread-0、Thread-1 和 Thread-2。从之前讲解的 static 关键字可以知道,在 Thread 类中必然存在一个 static 类型的属性,用于为线程自动命名。

13.3.2　测试线程是否处于活动状态

使用 isAlive()方法测试线程是否处于活动状态。如果线程已经启动且尚未终止,则为活动状态。

测试代码：TestAlive.java。

```
class MyThread implements Runnable{         //实现 Runnable 接口
    public void run(){                      //覆写 run 方法
        for(int i=0;i<3;i++){
            System.out.println(Thread.currentThread().getName()
                    +"运行,i="+i);           //取得当前线程的名字
        }
```

```
    }
}
public class Test Alive{
    public static void main(String args[]){
        MyThread mt=new MyThread();                //实例化 Runnable 子类对象
        Thread t=new Thread(mt,"线程 A");          //实例化 Thread 对象
        System.out.println("线程开始执行之前是否活动 -->"+t.isAlive());
                                                   //判断是否启动
        t.start();                                 //启动线程
        System.out.println("线程开始执行之后 是否活动-->"+t.isAlive());
                                                   //判断是否启动
        for(int i=0;i<3;i++){
            System.out.println(" main 运行 -->"+i);
        }
        //以下的输出结果不确定
        System.out.println("代码执行之后是否活动 -->"+t.isAlive());
                                                   //判断是否启动


    }
}
```

程序运行结果如图 13-7 所示。

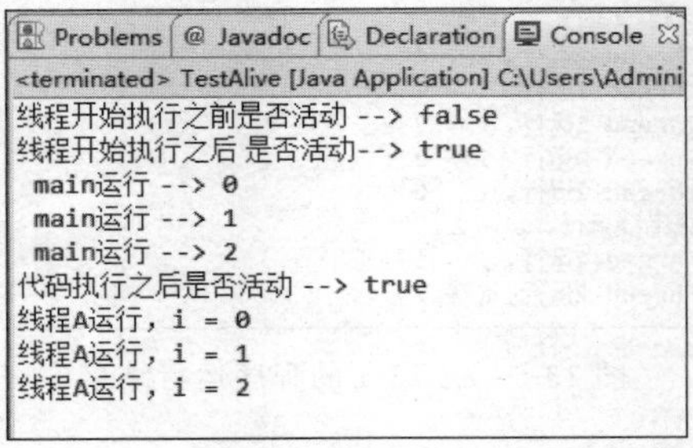

```
Problems  @ Javadoc  Declaration  Console
<terminated> TestAlive [Java Application] C:\Users\Admini
线程开始执行之前是否活动 --> false
线程开始执行之后 是否活动--> true
 main运行 --> 0
 main运行 --> 1
 main运行 --> 2
代码执行之后是否活动 --> true
线程A运行, i = 0
线程A运行, i = 1
线程A运行, i = 2
```

图 13-7　测试线程是否处于活动状态

以上加粗处运行结果不确定，因为主线程 main 和线程 A 争抢 CPU 资源，所以不知道哪一个线程先执行完。

13.3.3　等待线程终止 join()

Thread 提供了让一个线程等待另一个线程完成的方法：join()。当在某个程序执行流中调用其他线程的 join()方法时，调用线程将被阻塞，直到被 join()方法加入的 join 线程完成为止。

join()方法通常由使用线程的程序调用，以便将大问题划分成许多小问题，每个小问题分配一个线程。当所有的小问题都得到处理后，再调用主线程来进一步操作。

测试代码：Test Join.java。

```
class MyThread implements Runnable{        //实现 Runnable 接口
    public void run(){                     //覆写 run 方法
        for(int i=0;i<10;i++){
```

```
            System.out.println(Thread.currentThread().getName()+"运行,i="+i);
                                                  //取得当前线程的名字
        }
    }
}
public class Test Join{
    public static void main(String args[]){
        MyThread mt=new MyThread();              //实例化 Runnable 子类对象
        Thread t=new Thread(mt,"线程 A");         //实例化 Thread 对象
        t.start();                               //启动线程
        for(int i=0;i<10;i++){
            if(i>5){

                try{
                    t.join();                    //线程强制运行
                }catch(InterruptedException e){}
            }
            System.out.println("Main 线程运行 -->"+i);
        }
    }
}
```

程序运行结果如图 13-8 所示(注：程序运行结果是不肯定的,以下只是其中的一种)。

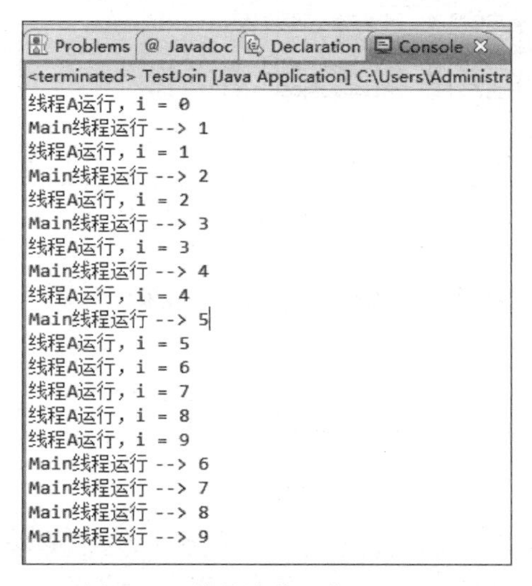

图 13-8　等待该线程终止 join()

13.3.4　线程睡眠

如果需要让当前正在执行的线程暂停一段时间,并进入阻塞状态,可以调用 Thread 类的静态 sleep()方法。sleep()方法有以下两种重载形式。

（1）static void sleep(long millis)：让当前正在执行的线程暂停 millis 毫秒，并进入阻塞状态。该方法受到系统计时器和线程调度器的精度和准确度的影响。

（2）static void sleep(long millis, int nanos)：让当前正在执行的线程暂停 millis 毫秒加 nanos 毫微秒，并进入阻塞状态。该方法受到系统计时器和线程调度器的精度和准确度的影响。

测试代码：Test Sleep.java。

```
import java.text.SimpleDateFormat;
import java.util.*;
public class Test Sleep {
    public static void main(String[] args) throws Exception {
        for(int i=0; i<10; i++){
            System.out.println("当前时间: "+new SimpleDateFormat("yyyy 年 MM 月
            dd 日 HH 时 mm 分 ss 秒").format(new Date()));
            //调用 sleep 方法,让当前线程暂停 1s
            Thread.sleep(1000);
        }
    }
}
```

程序运行结果如图 13-9 所示。

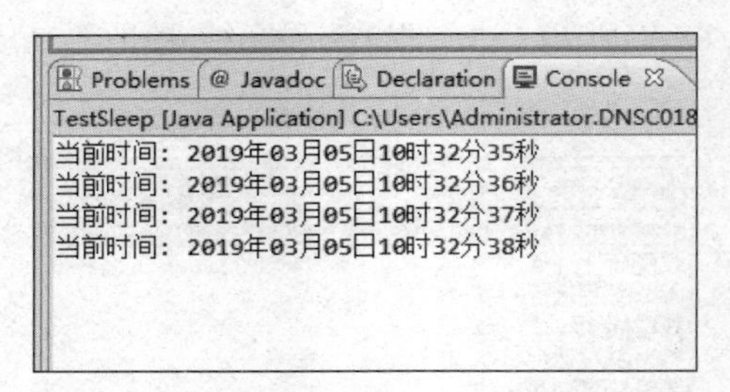

图 13-9　线程睡眠

调用 sleep()方法，使程序每一秒输出一次运行结果。

13.3.5　中断线程

当一个线程运行的时候，另一个线程可以直接通过 interrupt()方法中断其运行状态。

测试代码：Test Interrupt.java。

```
class MyThread implements Runnable {     //实现 Runnable 接口
    public void run(){                   //覆写 run 方法
        System.out.println("1.进入 run 方法");
        try {
            Thread.sleep(10000);         //线程休眠 10s
            System.out.println("2.已经完成了休眠");
        } catch(InterruptedException e){
```

```
            System.out.println("3.休眠被终止");
            return;                                     //返回调用处
        }
        System.out.println("4.run 方法正常结束");
    }
}
public class Test Interrupt {
    public static void main(String args[]){
        MyThread mt=new MyThread();                     //实例化 Runnable 子类对象
        Thread t=new Thread(mt, "线程");                //实例化 Thread 对象
        t.start();                                      //启动线程
        try {
            Thread.sleep(2000);                         //线程休眠 2s
        } catch(InterruptedException e){
            System.out.println("3.休眠被终止");
        }
        t.interrupt();                                  //中断线程执行
    }
};
```

程序运行结果如图 13-10 所示。

Problems @ Javadoc Declaration Console
<terminated> TestInterrupt [Java Application] C:\Users\Adm
1. 进入run方法
3. 休眠被终止

图 13-10　中断线程执行

13.3.6　线程优先级

每个线程执行时都具有一定的优先级。优先级高的线程获得较多的执行机会,优先级低的线程获得较少的执行机会。

每个线程默认的优先级都与创建它的父线程具有相同的优先级。默认情况下,main 线程具有普通优先级,由 main 线程创建的子线程也有普通优先级。

Thread 提供了 setPriority(int newPriority)和 getPriority()方法来设置和返回指定线程的优先级。其中,setPriority()方法的参数可以是一个整数,范围是 1～10,也可以是 Thread 类的 3 个静态常量。

(1) MAX_PRIORITY:其值是 10。

(2) MIN_PRIORITY:其值是 1。

(3) NORM_PRIORITY:其值是 5。

测试代码:Test TheadPriority.java。

```
class MyThread implements Runnable {      //实现 Runnable 接口
    public void run(){                    //覆写 run 方法
        for(int i=0; i<5; i++){
            try {
                Thread.sleep(500);        //线程休眠
            } catch(InterruptedException e){ }
```

```
                System.out.println(Thread.currentThread().getName()+"运行,i="+i);
                                                        //取得当前线程的名字
            }
        }
}

public class Test TheadPriority {
    public static void main(String args[]){
        Thread ta=new Thread(new MyThread(), "线程 A"); //实例化线程对象
        Thread tb=new Thread(new MyThread(), "线程 B"); //实例化线程对象
        Thread tc=new Thread(new MyThread(), "线程 C"); //实例化线程对象
        ta.setPriority(Thread.MIN_PRIORITY);           //优先级最低
        tb.setPriority(Thread.MAX_PRIORITY);           //优先级最低
        tc.setPriority(Thread.NORM_PRIORITY);          //优先级最低
        ta.start();                                    //启动线程
        tb.start();                                    //启动线程
        tc.start();                                    //启动线程
    }
}
```

程序运行结果如图 13-11 所示(注：每次运行结果不确定)。

```
Problems  @ Javadoc  Declaration  Console
<terminated> TestTheadPriority [Java Application] C:\Users\
线程B运行, i = 0
线程A运行, i = 0
线程C运行, i = 0
线程C运行, i = 1
线程B运行, i = 1
线程A运行, i = 1
线程B运行, i = 2
线程C运行, i = 2
线程A运行, i = 2
线程B运行, i = 3
线程C运行, i = 3
线程A运行, i = 3
线程B运行, i = 4
线程C运行, i = 4
线程A运行, i = 4
```

图 13-11　线程按优先级别运行

测试代码：TestMainPriority.java。

```
public class TestMainPriority {
    public static void main(String args[]){
        System.out.println("主方法的优先级:"+Thread.currentThread().getPriority
());                                       //取得主方法的优先级
        System.out.println("MAX_PRIORITY="+Thread.MAX_PRIORITY);
        System.out.println("NORM_PRIORITY="+Thread.NORM_PRIORITY);
        System.out.println("MIN_PRIORITY="+Thread.MIN_PRIORITY);
    }
}
```

程序运行结果如图 13-12 所示。

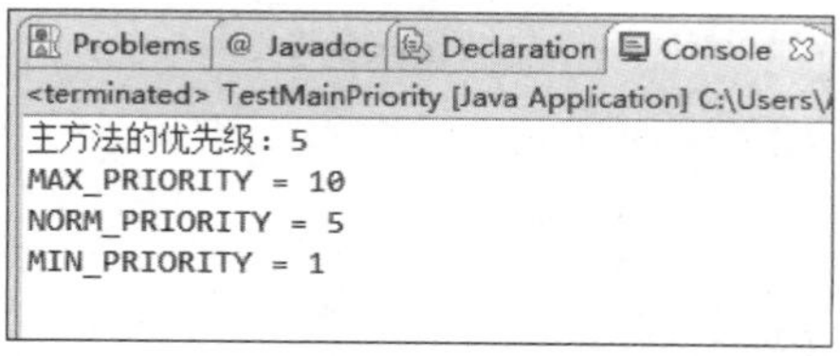

```
Problems @ Javadoc Declaration Console
<terminated> TestMainPriority [Java Application] C:\Users\
主方法的优先级：5
MAX_PRIORITY = 10
NORM_PRIORITY = 5
MIN_PRIORITY = 1
```

图 13-12　线程的静态常量

13.4 线程同步

对于一个多线程的程序，如果是通过 Runnable 接口实现的，意味着类中的属性将被多个线程共享。多条线程并发修改共享资源，容易引发线程安全问题。在 Java 中，引入同步监视器来解决这个安全问题。

13.4.1 为什么要线程同步

以之前的卖票程序来讲，如果多个线程同时操作，有可能出现卖出票为负数的问题，如例 13-5 所示。

【例 13-5】 未加入同步的售票程序。

```
class MyThread implements Runnable{
    private int ticket=5;                    //假设一共有 5 张票
    public void run(){
        for(int i=0;i<100;i++){
            if(ticket>0){                    //还有票
                try{
                    Thread.sleep(500);       //加入延迟
                }catch(InterruptedException e){
                    e.printStackTrace();}
                System.out.println("卖票:ticket="+ticket--);
            }
        }
    }
}
public class Test05Sync{
    public static void main(String args[]){
        MyThread mt=new MyThread();          //定义线程对象
        Thread t1=new Thread(mt);            //定义 Thread 对象
        Thread t2=new Thread(mt);            //定义 Thread 对象
        Thread t3=new Thread(mt);            //定义 Thread 对象
        t1.start();t2.start();t3.start();
    }
}
```

程序运行结果如图 13-13 所示。

从运行结果可以发现，程序中加入了延迟操作，所以在运行的最后出现了负数的情况。

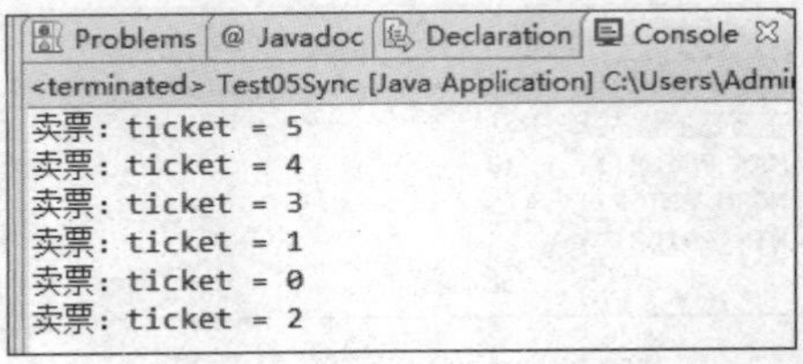

Problems @ Javadoc Declaration Console
<terminated> Test05Sync [Java Application] C:\Users\Admi
卖票: ticket = 5
卖票: ticket = 4
卖票: ticket = 3
卖票: ticket = 1
卖票: ticket = 0
卖票: ticket = 2

图 13-13　例 13-5 的程序运行结果

那么,为什么会产生这个问题呢?

从上述代码可以发现,对于票数的操作步骤如下:

(1) 判断票数是否大于 0。大于 0,表示还有票可以卖。

(2) 如果票数大于 0,则卖票出去。

但是,在操作代码中,在第 1 步和第 2 步之间加入了延迟操作,那么,一个线程有可能在还没有对票数执行减操作之前,其他线程就已经将票数减少了,于是出现票数为负的情况。

13.4.2　使用同步解决问题

如果想解决上述问题,必须使用同步。所谓同步,是指多个操作在同一个时间段内只能有一个线程执行,其他线程要等待此线程完成之后才可以继续执行。

解决资源共享的同步操作,可以使用同步代码块和同步方法两种方式来完成。

1. 同步代码块

在代码块加上 synchronized 关键字,称为同步代码块。

同步代码块格式如下:

```
synchronized(同步对象){
    需要同步的代码;
}
```

【例 13-6】 使用同步代码块解决上述同步问题。

```
class MyThread implements Runnable {
    private int ticket=5;                          //假设一共有 5 张票
    public void run(){
        for(int i=0; i<100; i++){
            synchronized(this){                    //要对当前对象同步
                if(ticket>0){                      //还有票
                    try {
                        Thread.sleep(300);         //加入延迟
                    } catch(InterruptedException e){
                        e.printStackTrace();
                    }
                    System.out.println("卖票:ticket="+ticket--);
                }
            }
```

```
            }
        }
}
public class Test06Sync {
    public static void main(String args[]){
        MyThread mt=new MyThread();       //定义线程对象
        Thread t1=new Thread(mt);         //定义 Thread 对象
        Thread t2=new Thread(mt);         //定义 Thread 对象
        Thread t3=new Thread(mt);         //定义 Thread 对象
        t1.start();
        t2.start();
        t3.start();
    }
}
```

程序运行结果如图 13-14 所示。

```
Problems @ Javadoc Declaration Console
<terminated> Test06Sync [Java Application] C:\Users\Admini
卖票: ticket = 5
卖票: ticket = 4
卖票: ticket = 3
卖票: ticket = 2
卖票: ticket = 1
```

图 13-14　例 13-6 的程序运行结果

2. 同步方法

除了将需要的代码设置成同步代码块外，也可以使用 synchronized 关键字，将一个方法声明成同步方法。

同步方法定义格式如下：

```
synchronized 方法返回值 方法名称(参数列表){}
```

同步方法定义的完整格式如下：

```
访问权限{public|default|protected|private} [final] [static] [synchronized] 返回
值类型|void 方法名称(参数类型 参数名称,...)[throws Exception1,Exception2]{
        [return [返回值|返回调用处]];
}
```

【例 13-7】 使用同步方法解决上述问题。

```
class MyThread implements Runnable {
    private int ticket=5;                 //假设一共有 5 张票
    public void run(){
        for(int i=0; i<100; i++){
            this.sale();                  //调用同步方法
        }
    }

    public synchronized void sale(){      //声明同步方法
```

```
        if(ticket>0){                          //还有票
            try {
                Thread.sleep(300);             //加入延迟
            } catch(InterruptedException e){
                e.printStackTrace();
            }
            System.out.println("卖票:ticket="+ticket--);
        }
    }
}

public class Test07Sync {
    public static void main(String args[]){
        MyThread mt=new MyThread();            //定义线程对象
        Thread t1=new Thread(mt);              //定义 Thread 对象
        Thread t2=new Thread(mt);              //定义 Thread 对象
        Thread t3=new Thread(mt);              //定义 Thread 对象
        t1.start();
        t2.start();
        t3.start();
    }
}
```

程序运行结果如图 13-15 所示。

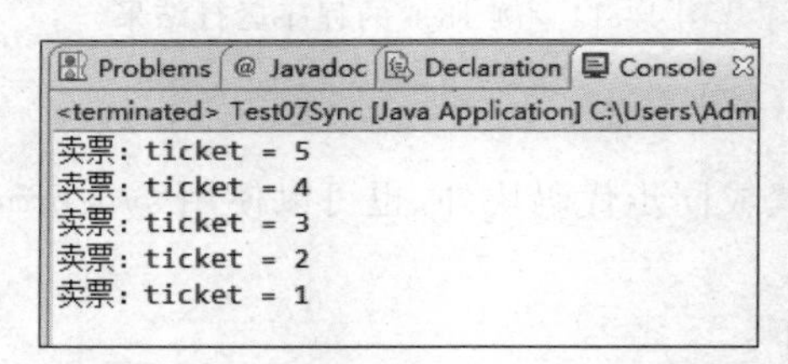

图 13-15　例 13-7 的程序运行结果

13.4.3　死锁

同步可以保证资源共享操作的正确性，但是过多同步也会产生问题。由于线程可能进入堵塞状态，而且由于对象可能拥有"同步"方法——除非同步锁定被解除，否则线程不能访问那个对象——所以一个线程完全可能等候另一个对象，而另一个对象又在等候下一个对象，以此类推。这个"等候"链最可怕的情形就是进入封闭状态——最后那个对象等候的是第一个对象！此时，所有线程都会陷入无休止地相互等待状态，大家都动弹不得，称为"死锁"。尽管这种情况并非经常出现，一旦碰到，程序调试将变得异常艰难。

就语言本身来说，尚未直接提供防止死锁的帮助措施，需要谨慎设计，加以避免。如果需要调试一个死锁的程序，是没有任何窍门可用的。

为减少出现死锁的可能，不提倡使用 Thread 的 stop()、suspend()、resume()以及 destroy()方法。

【例 13-8】　猫狗争吃产生死锁。

```
class Cat {                                   //定义猫类
```

```
    public void say(){
        System.out.println("猫对狗说:"你给我大鱼,我就把大骨头给你。"");
    }
    public void get(){
        System.out.println("猫得到大鱼了。");
    }
}
class Dog {                                                    //定义狗类
    public void say(){
        System.out.println("狗对猫说:"你给我大骨头,我就把大鱼给你。"");
    }
    public void get(){
        System.out.println("狗得到大骨头了。");
    }
};
public class Test08DeadLock implements Runnable {
    private static Cat tom=new Cat();                          //实例化 static 型对象
    private static Dog wangcai=new Dog();                      //实例化 static 型对象
    private boolean flag=false;                                //声明标志位,判断哪个先说话
    public void run(){                                         //覆写 run 方法
        if(flag){
            synchronized(tom){                                 //同步猫
                tom.say();
                try {
                    Thread.sleep(500);
                } catch(InterruptedException e){
                    e.printStackTrace();
                }
                synchronized(wangcai){
                    tom.get();
                }
            }
        } else {
            synchronized(wangcai){
                wangcai.say();
                try {
                    Thread.sleep(500);
                } catch(InterruptedException e){
                    e.printStackTrace();
                }
                synchronized(tom){
                    wangcai.get();
                }
            }
        }
    }
    public static void main(String args[]){
        Test24DeadLock t1=new Test24DeadLock();                //控制猫
        Test24DeadLock t2=new Test24DeadLock();                //控制狗
        t1.flag=true;
```

```
        t2.flag=false;
        Thread thA=new Thread(t1);
        Thread thB=new Thread(t2);
        thA.start();
        thB.start();
    }
}
```

程序运行结果如图 13-16 所示。

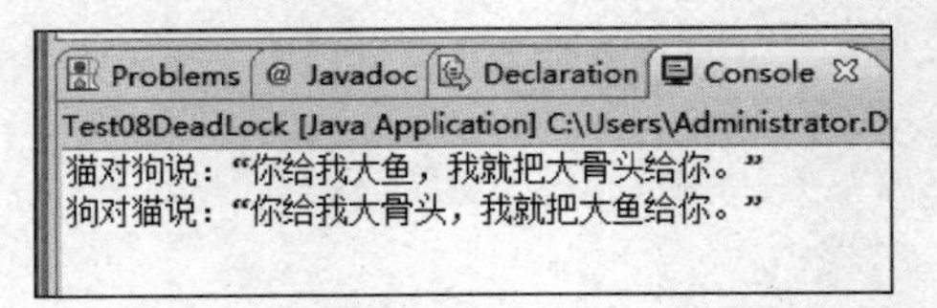

图 13-16　例 13-8 的程序运行结果

以上程序由于过多地同步而产生了死锁，猫永远无法要到狗的鱼，狗也无法要到猫的大骨头。在实际工作中，应通过谨慎的设计来避免死锁。

13.5 应用实例

案例　生产者及消费者

1. 案例要求

假设仓库中只能存放一件产品，生产者将生产出来的产品放入仓库，消费者将仓库中的产品取走消费。如果仓库中没有产品，生产者可以将产品放入仓库，否则停止生产并等待，直到仓库中的产品被消费者取走为止。如果仓库中放有产品，消费者可以将产品取走消费，否则停止消费并等待，直到仓库中再次放入产品为止。显然，这是一个同步问题，生产者和消费者共享同一资源，并且生产者和消费者之间彼此依赖，互为条件向前推进。编写程序解决这个问题。

2. 案例分析

线程之间的关系是平等的，彼此之间不存在任何依赖。它们各自竞争 CPU 资源，互不相让，并且无条件地阻止其他线程对共享资源的异步访问。然而，有很多现实情况要求不仅要同步地访问同一个共享资源，而且线程间彼此牵制，通过相互通信来向前推进。那么，多个线程之间如何通信呢？

传统的思路是利用循环检测的方式来实现，通过重复检查某一个特定条件是否成立，决定线程的推进顺序。比如，一旦生产者生产结束，就继续利用循环检测来判断仓库中的产品是否被消费者消费，消费者也是在消费结束后立即使用循环检测的方式来判断仓库中是否又放进产品。显然，这些操作很耗费 CPU 资源，不值得提倡。那么，有没有更好的方法来解决这类问题呢？

首先，当线程在继续执行前需要等待一个条件方可继续执行时，仅有 synchronized 关键字是不够的。因为虽然 synchronized 关键字可以阻止并发更新同一个共享资源，实现了同步，但是它不能用来实现线程间的消息传递，也就是所谓的通信。在处理此类问题的时候必须遵循一种原则，即对于生产者，在没有生产之前要通知消费者等待，在生产之后马上通知消费者消费；对于消费者，在消费之后要通知生产者已经消费结束，需要继续生产新的产品。

Java 提供了 3 个非常重要的方法来巧妙地解决线程间的通信问题，分别是：wait()、notify()和 notifyAll()。它们都是 Object 类的方法，因此每一个类都默认拥有它们。

虽然所有的类都默认拥有这 3 个方法，但是只有在 synchronized 关键字的作用范围内，并且是同一个同步问题中搭配使用这 3 个方法时，才有实际的意义。

这些方法在 Object 类中声明的语法格式如下：

```
final void wait() throws InterruptedException
final void notify()
final void notifyAll()
```

其中，调用 wait()方法可以使调用该方法的线程释放共享资源的锁，然后从运行状态退出，进入等待状态。

3. 案例实现

```
package ch14Thread;
public class Test PC {
    public static void main(String[] args) {
        Bread s=new Bread();
        new Consumer(s).start();
        new Producer(s).start();
    }
}
class Bread {
    private char c;
    private boolean isProduced=false;                //标志是否被生产者生产出来
    public synchronized void putShareChar(char c) {  //同步方法 putShareChar()
        if(isProduced) {                             //如果产品还未消费，则生产者等待
            try {
                wait();                              //生产者等待
            } catch(InterruptedException e) {
                e.printStackTrace();
            }
        }
        this.c=c;
        isProduced=true;                             //标记已经生产
        notify();                                    //通知消费者已经生产，可以消费
    }
    public synchronized char getShareChar() {        //同步方法 getShareChar()
        if(!isProduced) {                            //如果产品还未生产，则消费者等待
            try {
                wait();                              //消费者等待
            } catch(InterruptedException e) {
                e.printStackTrace();
            }
        }
```

```
            isProduced=false;                               //标记已经消费
            notify();                                       //通知需要生产
            return this.c;
        }
}
class Producer extends Thread {                             //生产面包线程
    private Bread s;
    Producer(Bread s){
        this.s=s;
    }
    public void run(){
        for(char ch='A'; ch <='D'; ch++){
            try {
                Thread.sleep((int)(Math.random() * 3000));
            } catch(InterruptedException e){
                e.printStackTrace();
            }
            s.putShareChar(ch);                             //将面包放入仓库
            System.out.println("面包"+ch+" 被生产者生产出来。");
        }
    }
}
class Consumer extends Thread{                              //消费者线程
    private Bread s;
    Consumer(Bread s){
        this.s=s;
    }
    public void run(){
        char ch;
        do {
            try {
                Thread.sleep((int)(Math.random() * 3000));
            } catch(InterruptedException e){
                e.printStackTrace();
            }
            ch=s.getShareChar();                            //从仓库中取出面包
            System.out.println("面包"+ch+"被消费者取走。");
        } while(ch !='D');
    }
}
```

程序运行结果如图 13-17 所示。

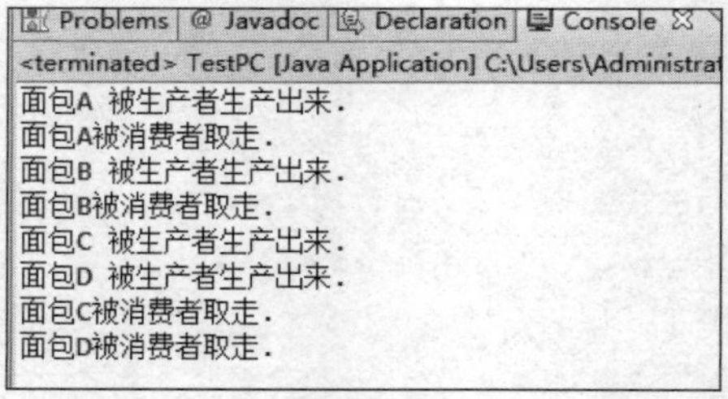

```
Problems | @ Javadoc | Declaration | Console
<terminated> TestPC [Java Application] C:\Users\Administrat
面包A 被生产者生产出来.
面包A被消费者取走.
面包B 被生产者生产出来.
面包B被消费者取走.
面包C 被生产者生产出来.
面包D 被生产者生产出来.
面包C被消费者取走.
面包D被消费者取走.
```

图 13-17　应用实例运行结果

本章小结

(1) 将一个程序转换成多个独立运行的子任务,每个子任务就是一个线程。每个线程独立运行,而且有自己的专用CPU。一些基础机制会自动分割CPU的时间。

(2) 要创建一个线程,有下述两种方法。

① 需要从java.lang.Thread类派生一个新的线程类,重载它的run()方法。

② 实现Runnable接口,重载其中的run()方法。

(3) 在Thread类中,通过getName()方法取得线程的名称,通过setName()方法设置线程的名称。

(4) 使用isAlive()方法测试线程是否处于活动状态。如果线程已经启动且尚未终止,则为活动状态。

(5) Thread提供了让一个线程等待另一个线程完成的方法:join()。当在某个程序执行流中调用其他线程的join()方法时,调用线程将被阻塞,直到被join()方法加入的join线程完成为止。

(6) 如果需要让当前正在执行的线程暂停一段时间,并进入阻塞状态,调用Thread类的静态sleep()方法。

(7) 当一个线程运行的时候,另外一个线程可以直接通过interrupt()方法中断其运行状态。

(8) 每个线程执行时都具有一定的优先级。优先级高的线程获得较多的执行机会,优先级低的线程获得较少的执行机会。

(9) 对于一个多线程的程序,如果通过Runnable接口实现,意味着类中的属性将被多个线程共享,多条线程并发修改共享资源容易引发线程安全问题。在Java中,引入同步监视器来解决这个安全问题。

(10) 同步可以保证资源共享操作的正确性,但是过多同步会产生死锁。

习 题

1. 简述在Java中,wait()和sleep()方法的不同之处。

2. 编写一个Java应用程序,在主线程中再创建两个线程:第一个线程负责给出某个汉字,第二个线程负责让用户在命令行输入第一个线程给出的汉字。

3. 用两个线程玩猜数字游戏。第一个线程负责随机给出1~100之间的一个整数,第二个线程负责猜出这个数。要求每当第二个线程给出猜测后,第一个线程都会提示"猜小了""猜大了"或"猜对了"。猜数之前,要求第二个线程等待第一个线程设置好要猜测的数。第一个线程设置好猜测数之后,两个线程还要互相等待,原则是:第二个线程给出猜测后,等待第一个线程给出提示;第一个线程给出提示后,等待第二个线程给出猜测,如此循环,直到第二个线程给出正确的猜测后,两个线程进入死亡状态。

参考文献

[1] 邱加永.Java程序开发实用教程[M].北京：清华大学出版社，2014.
[2] 龚炳江，文志诚.Java程序设计慕课版[M].北京：人民邮电出版社，2016.
[3] 方腾飞，魏鹏，程晓明. Java并发编程的艺术[M]. 北京：机械工业出版社，2015.
[4] 软件开发技术联盟. Java开发实例大全(提高卷)[M]. 北京：清华大学出版社，2016.
[5] 覃遵跃.Java项目开发实践[M]. 长沙：中南大学出版社，2015.
[6] 吴育锋.Java面向对象编程[M]. 杭州：浙江大学出版社，2015.
[7] 刘新编.Java编程实战宝典[M]. 北京：清华大学出版社，2014.
[8] 高洪岩.Java多线程编程核心技术[M]. 北京：机械工业出版社，2015.
[9] 张伟编.Java程序设计详解[M]. 南京：东南大学出版社，2014.
[10] 明日科技.Java项目案例分析[M].北京：清华大学出版社，2012.
[11] 杨厚群.Java程序设计习题解析与实验指导[M].北京：中国铁道出版社，2015.
[12] 张桂珠.Java面向对象程序设计习题解答与实验[M] .4版.北京：北京邮电大学出版社，2015.
[13] 王宗亮.Java程序设计任务驱动式实训教程[M].北京：清华大学出版社，2015.
[14] 杨雨佳.关于Java软件的性能测试分析[J].电脑知识与技术，2016(15)：120-121.
[15] 解紫莹，景慎艳.提高Java数据库访问效率的策略研究[J].福建电脑，2016(2)：143，167.
[16] 郭明昆，柴志雷.嵌入式Java处理器的方法调用机制[J].计算机工程，2014(1)：68-71.
[17] 史广.Java并发工具包对并发编程的优化[J].吉林省教育学院学报，2016(8)：78-81.
[18] Steven John Metsker，William C.Wake.Java设计模式[M].张逸，史磊，译.2版. 北京：电子工业出版社，2012.
[19] Budi Kurniawan. Java编程指南[M].闫斌，贺莲，译. 北京：机械工业出版社，2015.
[20] Gary B.Shelly. Java实例导学[M]. 董庆霞，李雪非，译.北京：北京大学出版社，2004.
[21] Sharon Biocca Zakhour，Sowmya Kannan，Raymond Gallardo.Java语言导学[M]. 董笑局，薛建新，吴帆，译. 5版. 北京：机械工业出版社，2015.